D1924701

Leguane

Wolfgang Schmidt
Friedrich-Wilhelm Henkel

Leguane

Biologie, Haltung und Zucht

78 Farbfotos
18 Zeichnungen

E.U.
VERLAG
EUGEN
ULMER

Das Foto auf dem Umschlag zeigt Petrosaurus thalassinus.

Foto auf Seite 2: Brachylophus fasciatus.

Fotos auf Seite 10:
Oben: Diese Landschaft in Nordamerika ist die Heimat zahlreicher Wüstenleguane.
Unten: Tropischer Regenwald in Costa Rica.

Die Deutsche Bibliothek – CIP-Einheitsaufnahme

Schmidt, Wolfgang:
Leguane : Biologie, Haltung und Zucht / Wolfgang Schmidt ;
Friedrich-Wilhelm Henkel. – Stuttgart : Ulmer, 1995
ISBN 3-8001-7309-3
NE: Henkel, Friedrich-Wilhelm

Das Werk einschließlich aller seiner Teile ist urheberrechtlich geschützt.
Jede Verwertung außerhalb der engen Grenzen des Urheberrechtsgesetzes ist ohne Zustimmung des Verlages unzulässig und strafbar.
Das gilt insbesondere für Vervielfältigungen, Übersetzungen, Mikroverfilmungen und die Einspeicherung und Verarbeitung in elektronischen Systemen.

© 1995 Eugen Ulmer GmbH & Co.
Wollgrasweg 41, 70599 Stuttgart (Hohenheim)
Printed in Germany
Lektorat: Ulrich Commerell
Herstellung: Thomas Eisele
Einbandgestaltung: Alfred Krugmann
Mit einem Foto von Friedrich-Wilhelm Henkel
Satz: Steffen Hahn GmbH, Kornwestheim
Druck und Bindung: Friedrich Pustet, Regensburg

Vorwort

Ein Buch über Leguane (Iguanidae) zu schreiben, ist ein eigenwilliges, ehrgeiziges, man könnte schon fast sagen verrücktes Vorhaben, denn keine andere Echsenfamilie ist derart vielgestaltig und das in jeder erdenklichen Beziehung: Alleine schon die Größe: von einem bis 2 m lang werdenden Grünen Leguan oder 7 bis 8 kg wiegenden Wirtelschwanzleguan bis hin zu zierlichen, zerbrechlich wirkenden *Anolis* haben wir alle erdenklichen Vertreter.

Oder die Lebensräume: von der Meeresküste bis zur Schneegrenze, von extrem heißen Wüstengebieten und kühlen Hochgebirgswüsten bis zum tropischen Regenwald, vom Äquator bis in gemäßigte Zonen und in Südamerika sogar bis ins unwirtliche subantarktische Feuerland. Arten, die lockere Sanddünen, den Boden, Felsen, Bäume, Zweige oder große Laubblätter bewohnen – alles finden wir bei den Iguaniden, wobei wir die Meeresechsen (Galapagos) noch gar nicht ins Spiel gebracht haben.

Und dann die Ernährung: Vom Kleintierjäger bis zum reinen Vegetarier gibt es alle Übergänge, wobei es auch sehr ausgefallene Geschmacksrichtungen gibt, wie Ameisen, Kakteen, Meeresalgen. Und dann das Sozialverhalten: Einzelgänger, feste Paarbindungen, größere Gruppen mit hierarchischem Aufbau, Haremsgruppen und die Verständigung mit einer Fülle optischer Signale und den entsprechenden Verhaltensweisen.

Dann die unterschiedlichen Körperformen und die Farben – beinahe alles, was man sich vorstellen kann. Auch geographisch sind die Leguane interessant. Zwei Gattungen leben auf Madagaskar als Bruchstück des alten südamerikanischen Kontinents, drei Gattungen auf den Galapagos-Inseln tausend Kilometer vom südamerikanischen Festland entfernt und noch ein paar tausend Kilometer weiter auf den Fidschi-Inseln zwei Arten, verdriftet und dort angespült von Mittel- oder Südamerika auf Treibholz, eine fast unglaubliche Art der Besiedlung. Ich denke, der Leser hat es schon bemerkt, daß ich ebenfalls der Faszination der Iguaniden erlegen bin, und das schon seit vielen Jahren. Bei all diesen Arten, unterschiedlichen Formen und Anpassungstypen ergibt sich natürlich das Problem, daß ein Buch über Biologie, Haltung, Pflege und Zucht der Iguaniden jeden denkbaren Rahmen sprengen würde, wüßte man nur genug über die verschiedenen Arten und Gattungen. Davon sind wir aber weit entfernt, nur von wenigen Arten ist die Fortpflanzungsbiologie und das Verhalten gut bekannt, bei vielen kennen wir nur Bruchstücke wie aus einem Mosaik, von den meisten wissen wir so gut wie nichts.

Ganze Gattungen und geographische Regionen sind herpetologisch-terrari-

Nur Dank internationaler Schutzmaßnahmen können die Meeresechsen *(Amblyrhynchus cristatus)* auf den Galapagos-Inseln überleben.

stisch bisher nicht erschlossen, so daß man kaum mehr als die Namen dieser Arten kennt, und, wenn man Glück hat, deren ungefähre Verbreitung. Ein weites Betätigungsfeld mit höchstwahrscheinlich spannenden Problemen und Ergebnissen warten hier auf den herpetologisch-terraristisch Interessierten. Aber, wenn man Neuland begehen will, sollte man alles, was einem vielleicht nutzt, in Erfahrung bringen können, und darum mußte dieses Buch hier geschrieben werden, bei denen die beiden Autoren alles über die Biologie, Haltung und Zucht der verschiedenen Arten zusammengetragen haben.

Rudolf Wicker, Frankfurt a. M.

Dank der Autoren

Unser besonderer Dank gilt den zahlreichen Terrarianern, die durch ihre wertvollen Informationen und Erfahrungen sowie durch das Überlassen ihrer Aufnahmen maßgeblich zum Zustandekommen dieses Buches beigetragen haben.

Ganz besonders erwähnt seien folgende, in alphabetischer Reihenfolge genannte: Lutz Bädermann, Chemnitz; Uwe Bartel, Dinslaken; Dr. Bartmann, Dortmund; Harald Danz, Ahnatal; Jochen Diezel, Krefeld; Axel Fläschendräger, Halle-Neustadt; Sebastian Heinecke, Wuppertal; Peter Hoch, Waldkirch; Vaclav Hottmar, Velvarycs; Gunther Köhler, Haunau; Walter Kunstek, Kerkrade/NL; Klaus Liebel, Herne; Petr Necas, BRNO/CS; Roland Nordenbruch, Dinslaken; Frank Philipp, Jessen; Joachim Sameit, Bergkamen; Erwin Schröder, Kiel; Robert Schuhmacher, Witten; Jürgen Thoenes, Wachtendonk; Dieter Vogel, Frankfurt; Roland Zobel, Herne.

Ganz besonders bedanken möchten wir uns bei Herrn PD Dr. Wolfgang Böhme, Museum Alexander König, Bonn, und Herrn Rudolf Wicker, Leiter des Exotariums, Frankfurt, für die kritische Durchsicht des Manuskripts und zahlreiche Hinweise. Nicht zuletzt gilt unser Dank unseren Ehefrauen für die Geduld und das Schreiben des Manuskripts.

Bergkamen und Soest,
im Herbst 1994

Wolfgang Schmidt
Friedrich-Wilhelm Henkel

Inhalt

Vorwort 5
Dank der Autoren 7

Lebensweise, Habitus und Vorkommen der Leguane 11

Zur Abstammung und Systematik 11
Verbreitung und Biotop 13
Begegnung mit der Vorzeit 16
Körperbau, Vielgestaltigkeit sowie zahlreiche Besonderheiten 19
Haut, Beschuppung und Häutung 27
Färbung und Farbwechsel 29
Sinnesorgane 31
Aktivität 35
Verhalten 36
Alter 44

Fortpflanzung 45

Einleitung 45
Geschlechtsunterschiede 46
Weitere Voraussetzungen für die Zucht 48
Fortpflanzungsverhalten 52
Vorratsbefruchtung und Trächtigkeit 54
Eiablage und Geburt 55
Parthenogenese und Fragen zur Genetik 59
Über den Einfluß der Inkubationstemperatur auf das Geschlechterverhältnis 61

Terrarienhaltung 63

Artenschutz 63
Leguane im Terrarium 66
Standort des Terrariums 67
Selbstbau oder Kauf? 68
Was bei der Planung eines Leguanterrariums zu bedenken ist 69
Terrarientypen 73
Das Freilandterrarium 78
Die freie Haltung im Zimmer 80
Terrariengestaltung und -einrichtung 82
Bepflanzung 87
Überwinterung 89
Vergesellschaftung mit anderen Tieren 91
Zucht, Eizeitigung und Aufzucht von Leguanen 92
Ernährung 99
Vitamine, Mineralstoffe und Aminosäuren 103
Erkrankungen und ihre Behandlung 104

Terrarientechnik 110

Allgemeines 110
Heizung 111
Beleuchtung 114
Sprüh- und Nebelanlagen 117

Iguana delicatissima, der Karibik-Leguan, lebt nur noch auf einigen kleinen Inseln in der Karibik.

Artenbeschreibungen 120

Anolinae 120
- Anolis 120
- Chamaeleolis 154
- Polychrus 158
- Pristidactylus 159

Basiliscinae 162
- Basiliscus 162
- Corytophanes 167
- Laemanctus 170

Iguaninae 172
- Brachylophus 173
- Ctenosaura 174
- Cyclura 180
- Dipsosaurus 182
- Iguana 184
- Sauromalus 186

Oplurinae 188
- Chalarodon 189
- Oplurus 190

Sceloporinae 194
- Callisaurus 195
- Cophosaurus 196
- Crotaphytus 197
- Gambelia 201
- Holbrookia 203
- Petrosaurus 204
- Phrynosoma 205
- Sceloporus 208
- Urosaurus 215
- Uta 216

Tropidurinae 218
- Leiocephalus 218
- Liolaemus 223
- Phymaturus 236
- Plica 237
- Tropidurus 239

Literatur 242
Bildnachweis 246
Register 247

Lebensweise, Habitus und Vorkommen der Leguane

Bei kaum einer anderen Reptilienfamilie stellt sich die Frage nach der Familienzugehörigkeit so sehr wie bei den Leguanen. Denn einwandfreie und äußerlich gut erkennbare Merkmale fehlen, die eine Zuordnung zu dieser Echsenfamilie leicht ermöglichen.

Zur Abstammung und Systematik

Grob gesagt, charakterisiert man die Leguane als eine Echsengruppe des Südkontinents Gondwana, die im Gegensatz zu Agamen und Chamäleons die ursprüngliche pleurodonte Bezahnung beibehalten haben, also kein akrodontes Gebiß wie jene entwickelt haben. Da nun aber alle übrigen Echsenfamilien wie Geckos, Skinke, Eidechsen, Schleichen, Warane usw. ebenfalls diesen ursprünglichen Gebißtyp beibehalten haben, kennzeichnet dies die Leguane als Gruppe natürlich nicht sehr gut.

Dementsprechend ist die systematische Einteilung der Leguane seit vielen Jahren im Fluß und auch strittig, da es wie gesagt einfache Schlüsselmerkmale nicht gibt. Erst die Kombination verschiedener Merkmalskonstellationen erlaubt eine Gruppierung innerhalb der Familie. Eine extreme Auffassung vertreten jüngst Frost & Etheridge (1989). Sie lösen die Igunidae in acht selbständige Familien auf, während sie gleichzeitig die Agamidae zur Unterfamilie, also Agaminae, der Chamäleons degradieren! Eine ausführliche Kritik dieses Konzeptes findet sich bei Böhme (1990) Buchbesprechung. Richtig ist wohl nur, daß es einige Leguangruppen gibt, die wie z. B. die Anolinae, eventuell tatsächlich näher mit den altweltlichen Agamen und Chamäleons verwandt sind als mit anderen Leguanen in der Neuen Welt, aber hier sind noch viele Forschungen nötig, um ein klares Bild der verwandtschaftlichen Evolution zeichnen zu können.

Wir nehmen hier daher einen konservativen, den Leser weniger verwirrenden Standpunkt ein und betrachten die verschiedenen Leguangruppen als Unterfamilie, etwa nach dem von Lang (1989) gegebenen Schema:

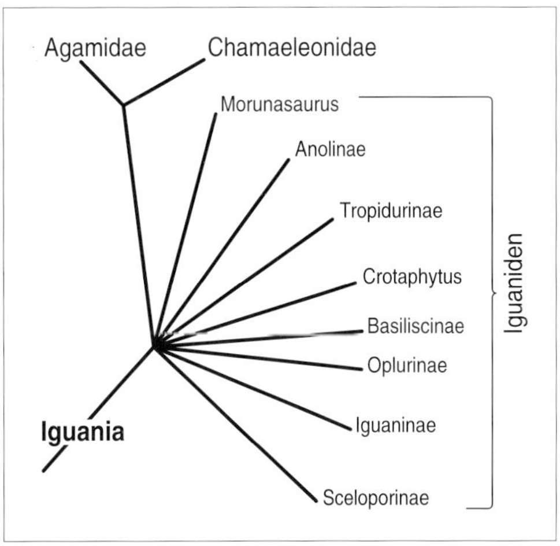

Überblick über die diesem Buch zugrundeliegende Systematik:

Klasse: **Kriechtiere** (Reptilia)
Ordnung: **Eigentliche Schuppenkriechtiere** (Squamata)
Unterordnung: **Echsen** (Sauria)
Zwischenordnung: **Iguania** (Leguanartige)

Familie: **Iguanidae** (Leguane)

Unterfamilien:

Iguaninae	Basiliscinae	Anolinae	Sceloporinae	Tropidurinae	Oplurinae
(Eigentliche Leguane)	(Basilisken)	(Anolis)	(Stachelleguane)	(Kielschwanz-leguane)	(Madagaskar-Leguane)

Das Verwirrspiel betrifft aber nicht nur die Familie bzw. die Unterfamilien an sich, sondern zieht sich auch bis in die einzelnen Gattungen durch. So wies z. B. Peters bereits 1970 nach, daß *Anolis equestris* der Gattung *Chamaeleolis* näher verwandt ist als irgendeinem anderen *Anolis.*

Folgerichtig versuchte man, die Gattung *Anolis* in zahlreiche Gattungen aufzuteilen, Savage & Guyer (1989). Aber auch dies wurde schnell wieder in Frage gestellt (Blair 1989; Cannatella & De Queiroz 1989).

Da speziell die Terraristik auf eine gewisse Beständigkeit der Namen angewiesen ist und auch eine größere Überarbeitung der Familie der Iguanidae nicht in Sicht ist, belassen wir es bei der herkömmlichen Nomenklatur. Wegen der besonders großen Anzahl an Widersprüchen gehen wir teilweise sogar noch einen Schritt zurück, z. B. belassen wir alles bei der ursprünglichen Gattung *Anolis* (vgl. auch Obst, Richter und Jacob 1984, sie sehen in der schon in der vor längerer Zeit aufgestellten Gattung *Norops* nur eine Untergattung der *Anolis*).

Die Familie der Leguane gehört zur Klasse der Reptilien und dort zur Reptiliengruppe Squamata. Sie stellt die formenreichste Echsenfamilie überhaupt dar.

Die Squamaten entstanden vor etwa 195 Millionen Jahren im Trias, erst viel später entwickelten sich vor etwa 100 Millionen Jahren in der Neuen Welt die Leguane. Das Entstehungsgebiet liegt wahrscheinlich im heutigen Nordamerika. Bereits kurz nach der Trennung von Europa und Asien hat sich dort diese selbständige Familie entwickelt. Auf-

Vorkommen und Verbreitungsgebiete der Leguane.

grund fehlender Konkurrenzen von anderen Echsengruppen haben die Leguane die erstaunlichsten Anpassungen vollzogen und nahezu alle Lebensräume in ihrem Verbreitungsgebiet besetzt.

Die ältesten fossilen Funde stammen aus dem Oligozän von Nordamerika.

Verbreitung und Biotop

Das heutige Verbreitungsgebiet umfaßt fast ganz Amerika, ungefähr ab dem Südwesten Kanadas bis hin zur Südspitze des Kontinents nach Feuerland. Ferner leben noch einige Arten auf den Fidschi- und Tonga-Inseln, wo auch heute noch das einzige Berührungsgebiet mit der Familie der Agamen *(Gonocephalus godeffroyi)* liegt.

Die Verbreitung auf diesen Inseln und auch auf den fernab des südamerikanischen Festlandes liegenden Galapagos-Inseln läßt sich nur durch passive Verdriftung erklären. Höchstwahrscheinlich sind die Leguane als Folge von Unwettern auf Baumstämmen als blinde Passagiere mit Hilfe der Meeresströmungen zu diesen Inseln gelangt und haben dort die unbesetzten Nischen besiedelt.

Schwieriger zu erklären ist da schon die Verbreitung der Leguane auf Madagaskar. Dieses isolierte Verbreitungsgebiet liegt wie eine Insel inmitten des riesigen Verbreitungsgebietes der Agamen. Früher ging man einmal davon aus, daß ganz Afrika zuerst von Leguanen besiedelt war und daß diese später von den dann dort einwandernden Agamen erfolgreich verdrängt wurden, die aber Madagaskar niemals erreicht haben.

Dies erscheint nur schwer nachvollziehbar, da noch weitere Tiergruppen ihre nächsten Verwandten in Amerika haben und fossile Funde von Leguanen aus Afrika bis heute fehlen. Leichter erklären läßt es sich durch die Kontinentaldrift. Danach hat sich Madagaskar erst viel später von dem ostgondwanischen Urkontinent (Afrika) getrennt, also zu einer Zeit, als die Leguane auf dem westgondwanischen Urkontinent (Südamerika) bereits verbreitet waren. Es wird heute vermutet, daß über eine kurze erdgeschichtliche Epoche eine Landverbindung zwischen Südamerika über die Antarktis bis nach Madagaskar bestand, über welche die Leguane dorthin gelangten. Dieses geschah zu einem Zeitpunkt, an dem sich Madagaskar bereits von Afrika gelöst hatte.

Um einen groben Überblick über die Verbreitung der Gattungen zu vermitteln, haben wir den einzelnen Unterfamilien je eine Gattungsübersicht vorangestellt, die Angaben zur Verbreitung, zum Lebensraum und zum benötigten Terrarium enthält. Dabei haben wir das Verbreitungsgebiet wie folgt eingeteilt:

Nordamerika	1
Mittelamerika	2
Karibik	3
Amazonasgebiet	4
Südamerika mit Ausnahme des Amanzonasgebiets	5
Fidschi und Tonga	6
Galapagos	7
Madagaskar und die Komoren	8

Innerhalb dieses riesigen Verbreitungsgebietes haben die Leguane sich den unterschiedlichsten Bedingungen und Lebensräumen angepaßt, was auch Ausdruck in der enormen Vielfalt an Arten und Formen findet.

Selbst auf kleinem Gebiet findet man teilweise eine erstaunliche Anzahl an Arten und Unterarten. So z. B. in der Karibik, wo selbst auf kleinen Inseln mehrere Arten bzw. Unterarten der Gattung *Anolis* nebeneinander vorkommen. Neben der meist maßgeblichen Anpassung an die unterschiedlichen ökologischen Nischen, läßt sich dies aber auch besonders durch erdgeschichtliche Schwankungen des Meeresspiegels erklären. So stieg während den Zwischeneiszeiten der Meeresspiegel global erheblich und überflutete die kleinen Inseln fast vollständig, lediglich die Vulkanspitzen schauten noch aus dem Wasser heraus. Als Folge bildeten sich so im Laufe von zigtausenden von Jahren aus einer Art mehrere Unterarten. Als dann der Wasserspiegel sank und die Inseln wieder vollständig aus dem Wasser ragten, lebten nun auf einer Insel mehrere Unterarten einer Art. Während anderer Epochen sank der Meeresspiegel teilweise sogar so stark, daß eine Wiedereinwanderung vom Festland möglich war und es so häufig zu Verbastardisierungen kam. Ein Umstand, der enorm zu der erstaunlichen Arten- und Formenfülle der karibischen *Anolis* beigetragen hat.

Bei der Eroberung neuer Lebensräume haben die Leguane erstaunlichste Anpassungen vollzogen. Man kann sagen, daß es einen klassischen Leguanbiotop nicht gibt. Vielmehr bewohnen die einzelnen Arten die unterschiedlichsten ökologischen Nischen und haben sich diesen oft hervorragend angepaßt. So findet man eine erstaunliche Anzahl an Leguanen sogar in der an sich lebensfeindlichen Wüste. Selbst an einem der heißesten Punkte der Erde im »Death Valley« (USA) leben noch verschiedene Leguan-Arten, wie z. B. *Phrynosoma platyrhinos.* Um dort zu überleben, fängt diese Art den spärlichen Niederschlag mit ihrem Körper regelrecht auf.

Für die Regenwasserernte richten sich die Krötenechsen hoch auf, hinten immer höher als vorne, so daß das Wasser den Körper entlang zum Maul fließen kann (»rain-harvesting«). Dieser Umstand wird durch einen speziellen Schuppenaufbau, der zu einer gewissen Kapillarwirkung befähigt ist, und der besonderen Anordnung und Ausprägung des Schuppenkleides noch begünstigt (W. C. Sherbrooke 1990). Ähnliches ist nur noch von dem australischen Moloch *(Moloch horridus)* bekannt.

Gerade die in diesen heißen Gegenden lebenden Arten wie z. B. *Sceloporus magister* haben sich den hohen Temperaturen derart angepaßt, daß sie sie für wichtige Körperfunktionen teilweise benötigen. Während diese Art auch bei Temperaturen von 20 bis 30 °C aktiv ist und frißt, arbeiten ihre Verdauungsorgane jedoch erst ab 37 °C. Dies muß für eine artgerechte Haltung unbedingt berücksichtigt werden. Gegen zu hohe Temperaturen schützen sich die meisten Arten, indem sie sich einfach im Sand vergraben.

Auch die Regenwälder werden von zahlreichen Leguanen bewohnt. Dort haben sie sich auf ganz spezielle Biotope spezialisiert, wie z. B. *Plica plica,* eine Art, die nur an dicken Baumstämmen entlang von Bachläufen im Urwald vorkommt.

Eine Vielzahl von unterschiedlichsten Biotopen bewohnen die Arten der Gattung *Anolis.* Einige leben in den Baumkronen, andere an den Baumstämmen, wieder andere auf den Zweigen und den Blättern, in Büschen, an Steinen entlang von Bachläufen, in die sie sich bei Gefahr sogar zurückziehen, oder einfach auf Wiesen.

Alle Übergänge von der Wüste zum Regenwald werden natürlich auch von zahlreichen Arten bewohnt. Sogar in den unterschiedlichsten Höhenlagen findet man noch Leguane. So leben einige Arten direkt im Brandungsgebiet der Meere und wieder andere Arten findet man noch in mehr als 5000 m Höhe in den Anden.

Ebenso erstaunlich ist die Vielzahl der *Liolaemus*-Arten, die den südlichen Teil Südamerikas bewohnen und dort noch in höchsten Hochlagen (wie beispielsweise *Liolaemus l. leopardinus* und *Liolaemus nigromaculatus kuhlmanni*) anzutreffen sind. Während einige von ihnen in Wäldern an Baumstämmen leben, bewohnen andere karge Steinwüsten oder Biotope, die denen unserer einheimischen Lacertiden ähneln.

Dies soll nur einen kurzen Überblick geben, da die Leguane in ihrem Lebensraum fast alle ökologischen Nischen bewohnen. Daher würde es den Rahmen dieses Buches sprengen, hier einmal alle kurz darzustellen. Deshalb haben wir versucht, in den Übersichten über die einzelnen Unterfamilien den Gattungen jeweils die typischen Biotope zuzuordnen.

Baumbewohner	A
Buschbewohner	B
Felsenbewohner	C
Bodenbewohner	
Graslandschaft	D
Spärlicher Bewuchs und Steine	E
Sand	F

Begegnung mit der Vorzeit

Hat man einmal die Gelegenheit, die großen Meeresechsen *(Amblyrhynchus cristatus)* oder aber die teilweise noch größeren und wuchtigeren Wirtelschwanzleguane *(Cyclura)* in der freien Natur zu beobachten, so fühlt man sich unweigerlich in die Urzeit zurückversetzt, in der riesige Reptilien die Erde beherrschten. Wie Überbleibsel aus längst vergessenen Zeiten muten da besonders die auf den 1000 km westlich von Ecuador liegenden Galapagos-Inseln lebenden Meeresechsen an.

Gerade sie, die wohl den höchsten Grad an Spezialisiertheit unter den Leguanen erreicht haben, sind nicht urtümlich, wie häufig angenommen wird, sondern vielmehr besonders hervorragend an eine ökologische Nische angepaßt, die sonst von keiner Echse genutzt wird. Trotzdem weisen sie eine urtümlich anmutende Lebensweise auf, da sie auch zur Nahrungssuche ins Wasser oder besser ins Meer gehen. Man bezeichnet sie deshalb auch häufig als die einzige meeresbewohnende Echse der Erde. Außer den Meeresechsen wurden lediglich das Leistenkrokodil *(Crocodylus acutus)* sowie eine Krokodilteju-Art *(Dracaena quianensis)* frei schwimmend im Meer gefunden.

Im Gegensatz zu diesen Arten ernähren sich die Meeresechsen aber ausschließlich von Algen, die sie sowohl über als auch tauchend unter Wasser regelrecht von den Felsen abweiden. Dabei packen sie die Algen mit den Zähnen und reißen sie mit einer ruckartigen Kopfbewegung ab, während sie sich mit ihren kräftigen Krallen am Untergrund festhalten, um nicht von der Strömung weggerissen zu werden. Die Fortbewegung der bis zu 1,45 m großen Leguane im Wasser erfolgt durch Seitwärtsbewegungen des abgeplatteten Schwanzes, wobei die Echsen ihre Gließmaße eng an den Körper pressen und so mit einer erstaunlichen Leichtigkeit und Schnelligkeit schwimmen. Dabei können sie bis zu 100 m weit auf die offene See hinaus schwimmen, bis zu 5 m tief tauchen und etwa 15 Minuten lang unter Wasser bleiben.

Um in dieser rauhen, für Reptilien eigentlich lebensfeindlichen Umgebung zu überleben, mußten die Echsen zahlreiche Anpassungen vornehmen. Die meiste Zeit verbringen sie dicht am Meeresrand auf Felsklippen oder dem Lavasandstrand, wo sie lange Sonnenbäder nehmen, bevor sie bei Einsetzen der Ebbe in das kalte Wasser steigen. Um jetzt nicht sofort die gespeicherte Wärme wieder zu verlieren, können sie die unmittelbar unter der Haut liegenden Arterien zusammenziehen, so daß das Blut lediglich in den tieferen Schichten zirkuliert und der Wärmeaustausch langsamer vonstatten geht. Nach der Nahrungsaufnahme und bevor der Wärmeverlust zu groß wird, kehren die Meeresechsen wieder zum Strand zurück.

Da sie bei der Nahrungsaufnahme große Mengen an Salz zu sich nehmen, müssen sie dieses im Körper speichern und anschließend wieder ausscheiden können, ohne daß ihr eigener Elektrolythaushalt dadurch beeinträchtigt wird. Dies erfolgt durch auf der Vorderseite des Kopfes liegende Drüsen, in denen das überschüssige Salz gesammelt wird, bevor es einfach wie eine kleine Sprühwasserfontäne ausgeniest wird.

Wegen ihrer einmaligen Lebensweise, die bereits Charles Darwin (1835) bewunderte, sind die Meeresechsen häufig Objekt zahlreicher Untersuchungen geworden, so daß wir heute viele Einzelheiten aus ihrem Leben kennen.

Von der Meeresechse sind bis heute 7 Unterarten, die alle auf unterschiedlichen Inseln leben, beschrieben worden.

Die Männchen sind ausgesprochen territorial und leben immer in kleinen Gruppen, bestehend aus einem Männchen und mehreren Weibchen. Dort wo die Art noch recht häufig vorkommt, leben die kleinen Gruppen in unmittelbarer Nachbarschaft zueinander und man kann auf einige Klippen bis zu 100 Tiere entdecken. Bekannteste Verhaltensweise sind die Kommentkämpfe der Männchen während der Fortpflanzungszeit, wo die Rivalen ihre Kräfte messen, indem sie die Köpfe gegeneinander stellen und versuchen, den Gegner vom Kampfplatz zu drücken. Dabei kommt es nie zu ernsthaften Verletzungen. Anders das Verhalten der trächtigen Weibchen. Da auf einigen Inseln geeignete Eiablageplätze (tiefere Sandstellen, die nicht vom Meer überflutet werden) zwischen den Lavafelsen sehr rar sind, führen sie regelrechte Beschädigungskämpfe aus, damit das stärkste Weibchen den besten Eiablageplatz erhält. Hat sich ein Weibchen durchgesetzt, so gräbt es einen etwa 30 cm tiefen Gang und legt am Ende 2 bis 3 weichschalige Eier. Anschließend verschließt das Weibchen den Gang wieder und tarnt die Ablagestelle sorgfältig. Nach etwa 112 Tagen schlüpfen die 23 cm langen Jungtiere.

Nicht so bekannt, aber ebenso eindrucksvoll, sind die landbewohnenden Leguane der Galapagos-Inseln, wie z. B. der Drusenkopf *Conolophus subcristatus*. Bei ihnen handelt es sich um sehr massige und plumpe Tiere, die sich ausschließlich von Opuntien ernähren. Sie sind sogar in der Lage, die Kakteen mit Stacheln zu fressen.

Heute sind leider gerade sie besonders stark vom Aussterben bedroht, was verschiedene Ursachen hat. So stellen z. B. die von den Menschen eingeschleppten Ratten den Gelegen nach. Aber eine viel größere Gefahr geht von den verwilderten Ziegen aus. Sie stellen nicht nur eine Nahrungskonsequenz dar, vielmehr führte ihr totaler Kahlfraß auf der Insel Barrington dazu, daß die kleinen Leguane keine Deckung mehr fanden und alle (ausnahmslos) dem Galapagoshabicht, von dem sie schon immer gejagt wurden, zum Opfer fielen. Heute existieren lediglich einige ausgewachsene Exemplare dieser Art, die in einer Zuchtstation vermehrt werden sollen.

Relativ unbeachtet im Gegensatz zu den Galapagos-Leguanen sind die teilweise noch größer werdenden Wirtelschwanzleguane der Gattung *Cyclura,* deren Erkennungsmerkmale die in Wirteln angeordnete Schwanzbeschuppung sowie bestimmte Fuß- und Zehenschuppen sind. Überall in ihrem relativ kleinen Verbreitungsgebiet sind diese riesigen pflanzenfressenden und bodenbewohnenden Leguane, die mit zu der altertümlichsten Gruppe der Leguane gehören, vom Aussterben bedroht.

Während sie auf dem Festland wahrscheinlich schon in grauer Vorzeit von anderen Echsen verdrängt wurden, konnten sie in der Karibik überleben und zahlreiche Arten und Unterarten hervorbringen. Nach Schwarz und Carey (1977) unterteilt man die Gattung in 8 Arten und 14 Unterarten. Heute sind die Tiere durch Biotopvernichtung (sie besiedeln nur kleine Verbreitungsgebiete), durch die Bejagung durch den Menschen und durch das Einwandern des Grünen Leguans, der zu Nahrungszwecken (»Baumhühnchen«) überall angesiedelt wurde, verdrängt. Es bleibt nur zu hoffen, daß Biotopschutz und umfangreiche Arterhaltungsschutzprogramme diesen Riesen ein Überleben ermöglichen.

Einzigartige Erfolge verzeichnet da das Exotarium des Frankfurter Zoos, welches inzwischen jährlich Nachzuchten von *Cyclura cornuta* erzielt.

Körperbau, Vielgestaltigkeit sowie zahlreiche Besonderheiten

Die Leguane stellen wahrscheinlich nicht nur die artenreichste, sondern auch die vielgestaltigste Echsenfamilie der Welt dar, so daß eine einheitliche Typenbeschreibung nicht möglich ist. Dies ist wohl eine Folge der fast konkurrenzlosen Anpassung an zahllose Lebensräume, die in der übrigen Welt von verschiedenen Echsengruppen besiedelt wurden, welche teilweise später auch in die Neue Welt eingewandert sind.

Durch diese vielfältige eigenständige Entwicklung haben sich eine ganze Reihe recht erstaunlicher Analogien mit anderen Reptilienfamilien entwickelt. Unter einer Analogie versteht man eine äußere Ähnlichkeit, die sich unabhängig voneinander, durch Herausforderung der Umwelt, entwickelt hat und die zeigt, daß die Natur auf dasselbe Problem mit der Zeit häufig die gleiche Lösung entwickelt.

Gerade die Familie der Leguane stellt ein lohnendes Studienobjekt für den Evolutionsparallelismus dar. Da nicht alle Analogien erwähnt werden können, nennen wir nur einige Beispiele. Am auffälligsten ist die teilweise verblüffende Ähnlichkeit in der Körperform mit den Agamen, von denen sich die einzelnen Arten rein äußerlich kaum unterscheiden. Deshalb wurden sie früher auch häufig als eine Familie betrachtet. Aber die Übereinstimmungen sind noch viel weitergehend, teilweise bis in die kleinsten Details. So bewohnt *Polychrus marmoratus* den gleichen Lebensraum – die Art lebt auf Zweigen in Büschen und Bäumen –, wie die Chamäleons in der Alten Welt. Als Anpassung an diesen Biotop besitzen sie ebenfalls lange Divertikel an der Lunge und den Augen, die genauso beweglich sind wie die der Chamäleons, auch sie können in alle Richtungen gedreht werden, um auf diese Weise Futtertiere ausfindig zu machen, ohne dabei den eigenen Standort durch eine Körperbewegung zu verraten. Auch erbeuten sie ihre Futtertiere, indem sie durch kurzes Vorschnellen der Zunge das Insekt ergreifen. Sogar zu den Erdchamäleons finden sich Analogien. So lebt die Gattung *Chamaelinorops* ebenfalls auf dünnen Zweigen im Unterholz der Wälder und hat parallel ein fast identisches Schutzverhalten entwickelt. Wird ein *Anolis* der Gattung *Chamaelinorops* von einem Prädator belästigt, so fällt der kleine Leguan in den Zustand der Akinese (sich-tot-stellen), winkelt dabei seine Gliedmaßen an, versteift seinen ganzen Körper und läßt sich wie ein Stück trockenes Holz einfach auf den Boden fallen, wo er hofft, im Wirrwarr der kleinen Ästchen und Blätter unentdeckt zu bleiben. Handelt es sich bei dem Prädator um einen Vogel, der nun prüfen will, ob da etwas Freßbares zu Boden gefallen ist, so wird er dafür dem »Ästchen« *(Anolis)* einige prüfende Schnabelhiebe versetzen. Ein äußerst komplizierter Skelettaufbau schützt die Leguane nun davor, den Zustand der Akinese aufgeben zu müssen. Die Art besitzt eine hochaberrante Wirbelstruktur. Bei ihr befindet sich über der Wirbelsäule ein kompliziertes Sparrenwerk aus akzessorischen Bögen, die dem Rückgrat seinen besonderen mechanischen Schutz verleihen (Forsgaard 1982). Man kann sich dieses leicht als Dach über der Wirbelsäule vorstellen, das vor allem das Rükkenmark schützen soll. Diese Knochenpanzerung wäre unter der beschriebenen Deutung ein überragender Selektionsvorteil (Böhme 1982). Einen ähnlichen Skelettaufbau findet man nur noch bei den Erdchamäleons, die ein ökologisches Nischenäquivalent in der Alten Welt darstellen. Ebenfalls wie diese besitzen die *Chamaelinorops* endolymphatische Kalksäcke. Diese Drüsen stehen über einem Ductus endolymphaticus mit dem statischen Organ in Verbindung. Bei diesen Tiergattungen hat es vermutlich die Aufgabe, dafür zu sorgen, daß die Tiere beim Fallen sich immer in die Bauchlage manövrieren, um somit in den Schutz des Doppelskeletts zu kommen (Böhme 1982).

Weitere Beispiele für Analogien wären das Haftvermögen der Geckos und das zahlreicher *Anolis*-Arten, sowie die Anpassung an Extremklimate, wie das der Wüstenteufel und die Krötenechse vollzogen haben. Die Arten beider Gattungen besitzen ein äußerst bizarres ähnliches Aussehen und sind in der Lage, den Tau bzw. den spärlichen Niederschlag mit dem Körper aufzufangen und in die Mundwinkel zu leiten. Ebenfalls vergleichen lassen sich die sogenannte Sandfische, einige Arten aus der Gattung *Scincus* in der Sahara und der nordamerikanische Leguan *Uma notata,* die sich beide im Sand wie ein Fisch im Wasser bewegen können. Dieser Leguan taucht im wahrsten Sinne des Wortes im Sand unter und schwimmt unter der Oberfläche durch wellenförmige Bewegungen noch ein ganzes Stück weiter, ehe er in sicherer Entfernung von dem Eintauchort verharrt. Diese Liste ließe sich noch um einiges weiter fortsetzen, doch an diesen wenigen Beispielen kann man schon recht gut erkennen, wie perfekt sich der Evolutionsparallelismus entwikkelt hat.

Die meisten Leguan-Arten besitzen eine wohl proportionierte Echsengestalt, wobei der Kopf häufig relativ groß, der Körper langgestreckt und meist höher als breit ist. Die Gliedmaßen sind fast immer gut und sehr kräftig entwickelt und dabei der Fortbewegung auf dem artengemäßen Substrat angepaßt.

So sind die Zehen aller Leguane mit mehr oder weniger gut ausgeprägten Krallen besetzt. Mit ihnen finden die Tiere sicheren Halt auf rauhen oder ungleichmäßigen Untergründen. Wie gut sich die einzelnen Arten festkrallen können, kann man an den Meeresechsen beobachten, die sogar beim Weiden in der Meeresbrandung noch einen sicheren Halt auf den Felsen finden. Die zweite genauso wichtige Funktion der Krallen liegt in ihrer Verwendung als Grabwerkzeuge, da viele Weibchen zur Eiablage tiefe Höhlen graben und einige Arten sogar selbst gegrabene Wohnhöhlen bewohnen.

Langgezogene Schuppen an den Hinterrändern der Zehen erlauben es dem Fransenleguan, mühelos feinen Flugsand zu überqueren.

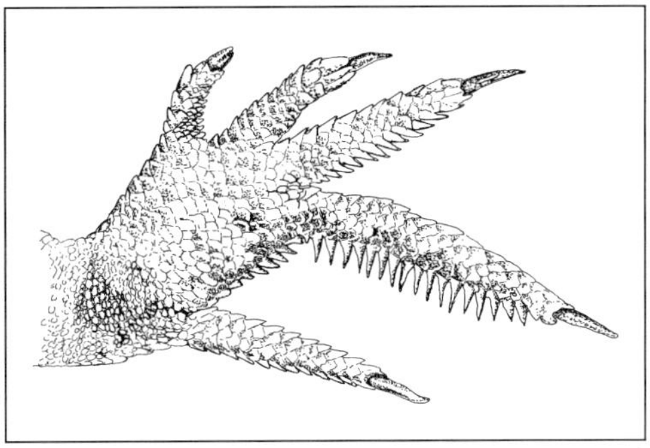

Zahlreiche Leguan-Arten, die in Wüstengebieten leben, haben eine Reihe von anatomischen Besonderheiten hervorgebracht, die ein Leben auf und in dem Sand überhaupt erst ermöglichen. So besitzen die Fransenzehenleguane der Gattung *Uma* an den Zehen der Hinterfüße kammartig verlängerte Schuppen, die an Fransen erinnern. Diese Schuppen verhindern ein Einsinken der Tiere selbst auf lockerem Flugsand. Ihre Kopfform ist keilförmig und dient dazu, besonders leicht in den lockeren Sand einzutauchen. Damit nun der feine Sand nicht in die Körperöffnungen eindringen kann, besitzen die Leguane an der vorderen Hälfte der Ohren vergrößerte Schuppen, die den Sand abhalten. Außerdem können sie die Nase sowie die Augen hermetisch verschließen. Eine weitere anatomische Besonderheit stellt auch die Schnauze dar. Während normalerweise der Oberkiefer auf dem Unterkiefer aufliegt, besitzen sie einen vergrößerten Oberkiefer, der den Unterkiefer umschließt und somit ebenfalls das Eindringen von Sandkörnern verhindert.

Eine ganz erstaunliche Anpassung haben die Basilisken vorgenommen. Da die Leguane fast alle ausschließlich in Wassernähe vorkommen, müssen sie dieses auch zur Flucht aufsuchen. Damit sie nun nicht zur leichten Beute für die zahlreichen Feinde unter den Wassertieren werden, haben sich an den Hinterfüßen die Zehen mit kleinen Hautsäumen verbreitert, so daß die Tiere aufrecht auf den Hinterbeinen über das Wasser laufen können. Dies ist nur möglich, da die Leguane eine ernorme Geschwindigkeit (über 10 km/h) erreichen und infolge der schnellen Beinbewegung die Wasseroberfläche nur kurz berühren (Marx 1966). Sie können quasi aus jeder Position heraus über das Wasser laufen, vom Land, aus dem Sprung und sogar aus dem Wasser heraus. Sie überqueren selbst 400 m breite Seen auf diese Weise.

Der Schwanz ist recht unterschiedlich lang ausgebildet und kann bei einigen Arten sogar das vierfache der Kopf/Rumpflänge erreichen. Die Leguane der Gattungen *Hoplocercus* und *Uracentron* besitzen z. B. kurze, sehr breite und grob beschuppte sägeartige Schwänze. Aber nicht nur in der Länge variiert der Schwanz beträchtlich, auch im Aussehen weist er zahlreiche Besonderheiten auf. Meistens ist er langgestreckt, einfach rund und wird nach hinten immer dünner.

Ähnlich wie die Eidechsen und die Geckos können zahlreiche, aber nicht alle Leguan-Arten ihren Schwanz aktiv abwerfen (Autotomieverhalten). Ob sie auch ähnliche Sollbruchstellen in Form von Hohlkörpern in der Mitte einiger basaler Schwanzwirbel besitzen oder ob ihre Sollbruchstellen zwischen den einzelnen Schwanzwirbeln liegen, ist bisher nicht bei allen Arten untersucht worden. Im Gegensatz zu den Eidechsen und den Geckos ist das Regenerationsvermögen zahlreicher Leguan-Arten nur minimal. Der regenerierte Schwanz erreicht bei ihnen niemals mehr die Originallänge, so daß er seine ursprünglichen Aufgaben nicht mehr erfüllen kann. Häufig ist das Regenerat nur ein kleiner Stummel oder Kegel, der von einer Art Lederhaut umgeben ist. Hingegen besitzen zahlreiche *Anolis*-Arten eine Sollbruchstelle und ihr Schwanz regeneriert wieder auf fast die ursprüngliche Länge. Der biologische Sinn dieses Schutzverhaltens ist es, daß sich der Angreifer auf den sich im ersten Moment noch stark windenden und zukkenden Schwanz konzentriert und somit von dem Leguan ablenkt, damit dieser sich unbehelligt in Sicherheit bringen kann.

Dieser Mechanismus wird von *Callisaurus draconoides* sogar aktiv ausgenutzt. Wird ein Gitterschwanzleguan von einem Raubtier bedroht, so stellt der Leguan sich hoch auf, biegt den Schwanz über den Kopf und führt mit ihm pendelnde Bewegungen aus, die den Angreifer reizen sollen nach dem Schwanz zu schnappen, der dann abreißt und somit den Schaden begrenzt.

Die wichtigste Aufgabe des Schwanzes ist, wie bei vielen Reptilien auch, die einfache Bewegungskoordination beim Laufen, Klettern und Springen. Besonders wichtig wird dies beim aufrechten Laufen auf den Hinterbeinen, da der Schwanz dann noch als Gegengewicht funktioniert. Einige Arten, die an oder im Wasser leben, besitzen auch einen seitlich stark abgeflachten Schwanz, den sie als Antrieb nutzen.

Nur wenige Arten besitzen einen regelrechten Greifschwanz, den sie zur sicheren Fortbewegung und zum Verankern beim Klettern im Geäst nutzen. Dies sind vor allem sich langsam (chamäleonhaft) fortbewegende Arten aus den Gattungen *Phenacosaurus, Polychrus* und *Xiphicercus.*

Eine ebenfalls sehr wichtige Funktion ist das Schwanzwedeln als Kommunikationsmittel, da es teilweise fester Bestandteil des Balzverhaltens ist. Zur Verstärkung haben einige Arten auch Kämme oder hohe Stachelschuppenreihen auf der Schwanzoberseite, was die optische Bedeutung noch verstärkt. Wir wollen nicht vergessen zu erwähnen, daß einige Arten zur Verteidigung oder beim Turnierkampf peitschenähnliche Schläge gegen den Gegner ausführen können.

Die größte Leguan-Art ist der Grüne Leguan *(Iguana iguana)* mit einer stattlichen Gesamtlänge von bis zu 1,8 m und einem etwa 8 cm hohen Rückenkamm als Signalorgan. Die meisten Arten bleiben aber erheblich kleiner. Einige besitzen neben dem häufig vorhandenen Rückenkamm noch weitere verschiedene Signalorgane wie Kopfhelme, Hautsäume und Kehlanhänge, die besonders beim Balz- und beim Drohverhalten von besonderer Bedeutung sind.

Sehr eindrucksvoll sind die Körperkämme bei den Basilisken, deren Männchen vom Kopf bis zum Schwanz hohe Hautsegel aufweisen, die im Rückenbereich von Knochenstrahlen gehalten werden. Sicherlich auch eine wichtige Rolle spielen diese Körperanhänge bei sozialen Verhaltensweisen, wie z. B. bei der Partnersuche (Art und Geschlechtserkennung), da ähnliche Arten häufig in ein und demselben Lebensraum gemeinsam vorkommen. Sehr wichtig dürfte in diesem Zusammenhang auch die Farbe der Kehlwamme sein. Daneben dienen

Mechanismus des Zungenbeins
bei den Anolis-Arten.

die Signalorgane und Körperanhänge sicherlich im besonderen Maße auch zur optischen Vergrößerung, z. B. beim Imponieren und Drohen. So stellen sich die Tiere beim Drohen hoch auf, richten den Nacken- und Rückenkamm auf und spreizen die Kehlanhänge ab. Ein sehr eindrucksvolles Beispiel für dieses Verteidigungsverhalten wird von *Corythophanes cristatus* beschrieben. Wird ein Helmleguan von einer Schlange bedroht, so präsentiert er ihr seine abgeflachte Seite, richtet seinen Körper hoch auf und spreizt Kehl- und Nackenkamm. Dadurch erscheint die Höhe des Tieres erheblich vergrößert und suggeriert der Schlange, daß sie den Leguan nicht verschlingen kann. Gegenüber anderen Angreifern führt der Leguan nickende Bewegungen aus und springt den Prädator an, um ihn mit seinen kräftigen Kiefern zu beißen. Dieses Verhalten zeigen die Tiere nie gegenüber Schlangen.

Besonders auffällig sind auch die farbigen Kehlwammen der baumbewohnenden *Anolis*-Arten, die sich bis auf die Brust erstrecken können. Fast immer besitzen die Männchen eine wesentlich größere Kehlwamme, die gewöhnlich zusammengefaltet unter dem Körper liegt. Durch einen verwickelten Hebelmechanismus wird ein zweites Zungenbein mit Muskelkraft vom Körper weggedrückt, wodurch sich die Kehlhaut fächerartig spannt und die leuchtenden Farben erst richtig zum Vorschein kommen. Bei allen Arten sorgen die Hautlappen und Körperkämme auch für ein Auflösen der

Konturen im Habitat. Wie schwer die Leguane teilweise in ihrem natürlichen Biotop zu entdecken sind, zeigt sich besonders an den Basilisken, die man tagsüber immer erst während der Flucht entdeckt.

Ein nahezu einheitliches Aussehen weisen die zahlreichen *Anolis*-Arten auf, die auch die artenreichste Gattung innerhalb der Leguane darstellen. Bei Ihnen hat der Kopf eine dreieckige Form mit langgestreckten Kiefern. Der Körper ist sehr schlank und langgestreckt, dies wird durch den teilweise extrem langen Schwanz noch verstärkt.

Eine Besonderheit der *Anolis* sind die Haftpolster an ihren Zehen. Mit ihnen sind die Tiere in der Lage, auch an glatten, senkrechten und sogar überhängenden Substraten sicheren Halt zu finden und sich sogar dort fortzubewegen. Dadurch war es den *Anolis* möglich, Lebensräume zu erobern, die für andere Echsen völlig unzugänglich sind, wie z. B. Palmenblätter, glatte Baumstämme und Felswände. Erst viel später erhielten sie Konkurrenz von den einwandernden Geckos, die aber auf die nächtliche Aktivität auswichen.

Das Haftvermögen ist bei den einzelnen Arten recht unterschiedlich ausgeprägt. Bei einigen Arten entwickeln sich die Haftpolster bereits wieder zurück, wie z. B. bei den auf dem Boden lebenden *Grasanolis*-Arten. Andere Arten besitzen ein so enormes Haftvermögen, daß dieses selbst ein mehrfaches ihres Körpergewichtes tragen kann. Dies ist auch notwendig, damit die *Anolis* einen sicheren Halt beim Sprung an eine glatte Fläche erhalten. Viele Arten nutzen ihre Fähigkeit auch für die Fortpflanzung, so paaren sie sich bevorzugt an glatten, für Feinde nicht zu erreichenden Stellen.

Erst Hiller (1968) entdeckte den Aufbau und die Funktionsweise des Haftmechanismus, indem er die Haftborsten mit Hilfe eines Rasterelektronenmikroskopes auf ihren morphologischen Aufbau untersuchte. Früher einmal ging man davon aus, daß die Tiere durch Ankrallen (man stellte sich die Haftborsten als kleine Krallen vor) am Untergrund Halt finden oder man führte das Haften auf Vakuumkräfte zurück.

Erst die elektronenmikroskopischen Untersuchungen zeigten den wahren Aufbau der feinen Hafthärchen und ließen Rückschlüsse auf ihre Funktionsweise zu. Am Ende der einzelnen Haftborsten sind diese mehrfach aufgespalten und unterteilen sich weiter in mehrere dicht beieinander liegende Endstrukturen. Diese Endstrukturen sind nur noch 0,2 μm breit und weisen eine unterschiedliche Länge auf. Am Ende zeigen alle eine plattenförmige Erweiterung von 0,2 bis 0,3 μm im Durchmesser, die in der Mitte eine leichte Vertiefung aufweist. Diese Endstücke liegen alle auf einer

Ebene, die sich wegen der Biegung der Haftborsten fast senkrecht zur Zehenlängsachse befinden.

Durch zahlreiche Experimente fand Hiller die Funktionsweise der Haftborsten heraus. Dafür ließ er *Anolis carolinensis* und *A. roquet extremus* an verschiedenen Substraten hochlaufen, die alle eine unterschiedliche Oberflächenspannung hatten. Dabei zeigte sich, daß das Haftvermögen proportional zur Oberflächenspannung zunahm, was bedeutet, daß der Haftmechanismus nach dem physikalischen Prinzip der Adhäsion (Anheften verschiedener Körper aneinander, als Folge der Molekularkräfte der Oberflächenmoleküle) funktioniert. Der komplizierte Aufbau der Haftborsten ist erforderlich, um den nötigen engen Oberflächenkontakt mit den Substraten herzustellen, damit sich die Anziehungskräfte durch die enge Berührung voll entfalten können. Das Haftvermögen ist also die Summe der unendlich vielen kleinen Kräfte, die durch die Berührung der Endstrukturen der Haftborsten mit dem Untergrund wirksam werden. Daß es sich bei dem Haftvermögen um einen rein physikalischen Vorgang handelt, beweist auch die Tatsache, daß tote Tiere ihr Haftvermögen nicht verlieren und sogar an einer Glasscheibe hängenbleiben können. Da für das reine Hängen an einer senkrechten Fläche keine Energie aufgewandt werden muß, ist es die bevorzugte Schlafstellung vieler *Anolis*-Arten.

Als letztes bleibt die Frage, wie die *Anolis* dieses Haftvermögen einsetzen und wie sie sich anschließend vom Untergrund wieder lösen können. Das aktive Anheften geschieht durch Andrücken der Haftborsten an das Substrat. Das Ablösen erfolgt durch Aufrollen der Zehen von vorne nach hinten, so daß die Haftborsten fortschreitend entlastet und somit die adhärenten Kräfte unterbrochen werden.

Weitere Besonderheiten, die in diesem Zusammenhang erwähnt werden müssen, sind z. B. die fast perfekte Steinmimese einiger *Phrynosoma*-Arten. Durch ihr bizarres Äußeres und ihre Schutzfärbung sind die Tiere in der Natur kaum auszumachen. Entsprechend verhalten sie sich auch. Bei Annäherung eines Feindes pressen sie sich dicht auf den Boden und verharren wie erstarrt. Erst im letzten Moment bzw. erst bei Berührung suchen sie ihr Heil in der Flucht.

Viele der großen Leguan-Arten besitzen in der Nase gelegene Salzdrüsen, die nur zur extrarenalen Elektrolytausscheidung dienen, welches sehr wichtig für den Wasser- und Elektrolythaushalt der Tiere ist. Durch ein sich in regelmäßigen Abständen wiederholendes »Niesen« werden vor allem Natrium-, Kalium- und Chlorionen ausgeschieden. Das ganze ist ein rein physiologischer Vorgang und sollte deshalb nicht als eine »Erkältung« gedeutet werden. Bei einigen Arten sind die Salzausscheidungen so extrem, daß sie zu einem weißlichen Belag auf den Scheiben des Terrariums führen.

Haut, Beschuppung und Häutung

Die wichtigste Aufgabe der Haut ist es, wie bei allen Reptilien, die Tiere vor Austrocknung und schnellem Wärmeverlust zu bewahren und mechanischen Schutz gegen äußere Einflüsse zu bieten. Gleichzeitig dient sie noch zur Informationsübertragung Umwelt-Tier. Die Haut ist trocken und zeigt sich als äußeres Schuppenkleid. Im Gegensatz zu anderen Tieren ist sie sehr drüsenarm.

Auch im Aufbau unterscheidet sie sich kaum von der anderer Reptilien. Sie besteht aus drei Schichten. Einer äußeren Schicht (Epidermis), die wieder aus mehreren Schichten besteht. Sie bildet den eigentlichen Schutzwall gegen alle äußeren Einflüsse. In ihrer untersten Schicht bilden sich laufend neue Zellen, die im Laufe der Zeit mit Keratin, einem zähen, faserigen Protein, gefüllt und in die oberen Schichten gedrückt werden. Die oberste Schicht besteht am Ende nur noch aus abgestorbenen keratinhaltigen Zellen und kann daher nicht mehr erneuert werden bzw. mitwachsen. Aus diesem Grund müssen sich die Tiere in regelmäßigen Abständen häuten.

Unter der Epidermis liegt die Lederhaut, auch Cutis oder Dermis genannt. Diese Schicht besteht aus einem reich mit Kollagenfasern ausgestatteten Bindegewebe. In ihr liegen die Farbzellen, verlaufen die Blut- und Lymphgefäße sowie die Nervenbahnen. Einige dieser Nerven ziehen sich bis in die Oberhaut, wo sie in kleinen Verdickungen oder in besonderen Sinnesflecken enden.

Unter der Dermis liegt die Unterhaut oder Subcutis. Sie besteht nur noch aus einer Schicht Bindegewebe, die die Haut mit der darunterliegenden Muskulatur verbindet.

Da die Epidermis aus abgestorbenen Keratinzellen besteht und somit nicht mehr wachsen kann – Leguane aber wachsen Zeit ihres Lebens – und sich die Hornhaut durch Beanspruchung der Umwelt ständig abnutzt, muß sie laufend erneuert werden. Dies geschieht durch regelmäßiges Häuten. Dabei wird die Oberschicht der Haut des gesamten Körpers abgestreift. Erkennen kann man das Einsetzen des Häutungsprozesses an dem sich stumpf Färben der Haut. Bei zahlreichen Arten können sich auch kurz vorher die Augen eintrüben. Die Haut löst bei den meisten Leguanen in ziemlich großen unregelmäßigen Fetzen ab, wobei sich nicht alle Stellen gleichzeitig häuten, sondern es mehrere Tage dauern kann, bis die Häutung vollendet ist. Einige Arten, so unter anderem auch die *Anolis,* neigen dazu, sich in großen Stücken oder sogar in einem fast einzigen zusammenhängenden Stück zu häuten. Dabei kann es vorkommen, daß die Tiere ihre eigene Haut fressen. Die erste Häutung findet meist bereits kurz nach dem Schlupf oder wenige Tage später statt. Bei einigen lebendgebärenden Arten hat man festgestellt, daß die Jungtiere ihre Haut bereits im Uterus des Mutterleibes wechseln.

Die Dauer der Zeitspanne zwischen den einzelnen Häutungen ist stark abhängig von den verschiedensten Umwelteinflüssen wie Temperatur, Feuchtigkeit und Nahrungsangebot, aber auch von dem Wachstum der einzelnen Arten. So häuten sich die Jungtiere meist häufiger als ausgewachsene Tiere.

Während der Terrarienhaltung ist auf eine ordentliche Häutung zu achten. An ihr erkennt man unter anderem verschiedene Haltungsfehler, wie z. B. zu niedrige oder zu hohe relative Luftfeuchtigkeit, einen falsch gewählten Temperaturbereich und nicht ausgewogene Ernährung. Erkennt man diese Probleme, so müssen die Haltungsbedingungen optimiert werden (Hilfe bei Häutungsschwierigkeiten siehe Krankheiten). Sehr wichtig ist es, bei den *Anolis*-Arten darauf zu achten, daß sich die alte Haut vollständig von den Füßen abgelöst hat, da sonst die Haftwirkung der Haftpolster nicht mehr wirksam wird und die Tiere häufig nicht mehr in der Lage sind, sich ihre Nahrung selbst zu fangen.

Äußerlich sichtbar ist die Haut als eine Art Schuppenkleid. Dabei sind die Schuppen nach einem artspezifischen Muster angeordnet, weshalb das Schuppenkleid häufig als Erkennungsmerkmal für die Systematiker dient. Jedoch kann es auch innerhalb einer Art zu einer gewissen meist populationsabhängigen Variabilität kommen. Im Kopfbereich spricht man nicht mehr von Schuppen, sondern von Schildern, da die Schuppen dort häufig wesentlich größer sind. Beim Schuppenkleid unterscheidet man zwei unterschiedliche Typen. Zum einen die dachziegelartig überlappenden Schuppen und zum anderen die Granularbeschuppung. Bei ihr sind die Schuppen nebeneinander angeordnet. Die einzelnen Schuppen unterscheiden sich erheblich in Größe, Aussehen und Funktion. Sie können ein- oder mehrfach gekehlt sein – wobei das Ende der Rückenschuppen bei den Stachelleguanen (Unterfamilie Sceloporinae) in einer Art Stachelspitze ausläuft, weshalb die Leguane auch ihren Namen erhalten haben – eine flache Bauweise oder eine kegelförmige aufweisen. Zahlreiche Arten besitzen aber auch zu Dornen und Stacheln umgebaute Schuppen, die den Tieren als passive Bewaffnung oder zumindest zur

Arterkennung dienen. Den stacheligsten Leguan der Welt stellt wohl die Krötenechse dar, zumal ihr ganz flacher Körper mit Dornen und stacheligen Tuberkeln übersäht ist. Eine wichtige Funktion, die diesen bizarren Schuppen zukommt, nachgewiesen bisher zumindest für *Phrynosoma cornutum,* liegt darin, daß sie, analog wie der Dornenteufel aus Australien, durch winzige Kanälchen – in diesen Schuppen der verhornten Epidermis – das Wasser aufgrund der Kapillarwirkung bis zum Maul fließen lassen können (Sherbrooke 1990).

Als wichtige Drüsen der Haut müssen die Femoraldrüsen, die meist längs der hinteren Unterseite der Oberschenkel verlaufen, erwähnt werden. Ihre Funktion ist aber bis heute noch nicht abschließend geklärt worden. Es scheint jedoch sicher, daß sie sexuelle Duftstoffe enthalten, mit denen die Männchen die Weibchen anlocken bzw. ihr Revier kennzeichnen.

Färbung und Farbwechsel

In der Unterhaut befinden sich alle für die Färbung wichtigen Pigmentzellen, die dort schichtweise angeordnet sind. Die unterste Schicht bilden die dunklen Melanophoren, das sind Zellen, die teilweise lange Verästelungen bis über die anderen Farbzellen aufweisen. Ihr Inhalt besteht aus dem dunkelbraunen Pigment Melanin. Sie sind verantwortlich für die Hell-Dunkel-Färbung, für dunkle Farbtöne und bei zahlreichen Arten auch für den Farbwechsel.

Über ihnen befindet sich eine Schicht Guanophoren. Diese Zellen enthalten das farblose halbkristalline Guanin, welches einen guten Reflektor für das einfallende Licht darstellt. Bei der Reflektion verändert es jedoch das Farbspektrum des einfallenden Lichtes. Ohne das Zusammenspiel mit den anderen Farbzellen würden die Guanophoren im Normalfall lediglich die Wirkung »hell« hervorrufen. Wird das Licht aber auf eine ganz bestimmte Weise gebrochen, so sorgen sie für die blaue Färbung. Einen ähnlichen Effekt kann man täglich am Himmel beobachten.

Über den Guanophoren liegen die Lipophoren, sie können gelbe und rote Farbpigmente enthalten. Fällt nun das von den Guanophoren auf eine bestimmte Wellenlänge reflektierte Licht – welches für sich allein für die blaue Färbung gesorgt hätte – auf eine Schicht Guanophoren, die mit gelben Farbpigmenten gefüllt sind, so entsteht die Farbe Grün.

Morgens, wenn die Tiere versuchen möglichst schnell ihre Vorzugstemperatur zu erreichen, fließt das Melanin in die weitreichenden Verästelungen und überlagert so den größten Teil der anderen

Farbpigmente, so daß die Tiere sehr dunkel gefärbt sind. Auf diese Weise können sie möglichst viel Sonnenwärme resorbieren. Während die Temperaturen steigen und die Tiere sich bis auf ihre Vorzugstemperatur erwärmt haben, färben sich die Leguane immer heller, bis sie ihre Normalfärbung zeigen. In der Dämmerung können die Tiere dann bereits wieder eine dunkle Färbung aufweisen. Diese Veränderungen erfolgen häufig in einer Art von Tagesrhythmus.

Auch für den eigentlichen Farbwechsel, wie ihn nur wenige *Anolis*-Arten zeigen, ist das Melanin verantwortlich, so kommt der Farbwechsel durch die Überlagerung der Farbpigmente mit Melanin zustande. Interessanterweise wird der Farbwechsel bei den Leguanen nicht durch das Nervensystem gesteuert, sondern bei ihnen wird alles durch das Hormon Intermedin gesteuert, welches das Melanin in den Zellen verteilt. So sind die Leguane im Gegensatz zu zahlreichen anderen Reptilien auch noch nach Durchtrennung des Rückenmarks zum Farbwechsel befähigt.

Ein weiterer Auslöser zum Farbwechsel, der bisher nur bei den Krötenechsen *(Phrynosoma)* nachgewiesen wurde, ist die unmittelbare Reaktion auf Licht. Immer wenn die Lichtstrahlen auf bestimmte Hautsinneszellen fallen, wird dadurch direkt die Produktion des Hormons Intermedin veranlaßt, welches dann wiederum den Farbwechsel bewirkt.

Am bekanntesten und am besten untersucht ist innerhalb der Familie der Leguane der Farbwechsel bei *Anolis carolinensis.* Diese Tiere besitzen eine Farbskala von Braun bis leuchtend Smaragdgrün, weshalb sie in den USA auch fälschlicherweise Chamäleons genannt werden.

Ihre Färbung ist von den unterschiedlichen Faktoren wie den Lichtverhältnissen, den Temperaturen und dem Ernährungszustand des Leguans abhängig. Häufig zeigen daher kranke und unterernährte Tiere nur eine sehr matte und stumpfe Färbung.

Neben dem Licht ist auch immer eine ganz bestimmte Temperatur für das Zustandekommen des Farbwechsels entscheidend. So bleibt *Anolis carolinensis* bei niedrigen Temperaturen immer braun und wird erst bei fast 40 °C leuchtend hellgrün (Körpertemperatur, nicht Umgebungstemperatur).

In fast allen Leguan-Populationen kommt es hin und wieder zu Individuen mit dunkler bis fast schwarzer Färbung. Diesen Tieren fehlen meist die Guanophoren und die Lipophoren. Umgekehrt gibt es auch Tiere, denen die Melaninzellen oder sogar alle Farbzellen fehlen. Treten diese Eigenschaften in einer Population auf, wo sie durch geographische Bedingungen von Vorteil sind, so kommt es durch Selektion zur Entwicklung einer einheitlichen Färbung. Auf diese Weise hat sich eine weiß gefärbte Population von *Holbrookia maculata ruthveni* gebildet. Die Tiere leben in Gebieten Neumexikos, deren Böden aus weißem Sand oder schneeweißen Gipsdünen bestehen. Diese Leguane sind in ihrem natürlichen Habitat fast unsichtbar, weshalb sie sich gegen die normalgefärbten Tiere durchsetzen konnten. Exemplare der gleichen Art, die in benachbarten Gebieten leben, sind wesentlich dunkler gefärbt. Tarnung ist auch die immer noch wirksamste und am weitesten verbreitete Form der Abwehr. Neben der Tarnung dient die Färbung vor allen Dingen auch der innerartlichen Erkennung und Kommunikation.

Die männlichen Jungtiere einiger Leguan-Arten tarnen sich vor den dominanten Männchen, indem sie die Färbung der Weibchen annehmen, wie z. B. *Crotaphytus collaris.* Dies soll sie vor Nachstellungen und Bedrohung durch das dominante Männchen schützen. In der ersten Zeit nach dem Schlupf weisen die Jungtiere noch eine eigene Jugendfärbung auf. Aber bereits im Alter von etwa 1 1/2 Monaten nehmen die Männchen die typische Weibchenzeichnung an. Erst kurz vor Erreichen der Geschlechtsreife färben sich die Jungtiere um und nehmen die typische Männchenzeichnung an.

Bei einigen Arten nordamerikanischer Leguane nehmen die Weibchen ein bestimmtes Trächtigkeitsfarbkleid – leuchtend rote Flecken an den Flanken – an, welches als Warnzeichen für die Männchen dient. Abschließend sei noch die Kehlsackfärbung der verschiedenen *Anolis*-Arten erwähnt. Sie kommt aber nicht durch einen Farbwechsel oder ähnliches zustande, vielmehr wird beim Aufstellen des Zungenbeines der Kehlsack derart gespannt, daß die Zwischenhaut mit ihren leuchtenden Farben gut sichtbar wird.

Sinnesorgane

Wie alle Reptilien besitzen auch die Leguane ein ausgeprägtes, recht kompliziertes und angeborenes Instinktverhalten, welches ihnen ein Zurechtfinden in fremden Lebensräumen häufig recht schwierig macht. Die hauptsächlichen Sinnesorgane, mit denen die Leguane sich in ihrer Umgebung zurechtfinden und mit welchen sie räumliche Lageveränderungen wahrnehmen, sind die Augen, die Nase und die Ohren.

Das alle anderen überragende Sinnesorgan stellt dabei das Auge dar. Da es sich bei fast allen Leguanen um am Tage aktive Echsen handelt, erfolgen die wichtigsten Funktionen aufgrund optischer Wahrnehmungen. Dazu gehört unter anderem das Erkennen von Feinden, das Suchen und Jagen von Futtertieren, fast das gesamte Sozialverhalten wie die Suche und das Erkennen von Geschlechtspartnern, das Kommunikationsverhalten und das Aggressionsverhalten. Diese wichtige Rolle spielt der optische Sinn selbst noch bei den dämmerungsaktiven Arten.

Die Leguane besitzen wie alle Wirbeltiere ein Linsenauge. Diese Augenform gilt allgemein als die am höchsten entwickelte. Mit ihnen sind die Tiere aber aufgrund der Augenstellung fast nur zum monokularen Sehen befähigt. Lediglich im vorderen Bereich überschneiden sich die Gesichtsfelder um etwa 25 ° und ermöglichen dort ein binokulares Sehen. Bei einigen *Anolis*-Arten, besonders auffällig bei *Polychrus marmoratus,* aber auch bei vielen weiteren Arten, sind die Augen beweglich und können mehr oder weniger nach allen Seiten verdreht werden. Diese Arten verfügen dann auch meist über wesentlich größere binokulare Sehfelder.

Früher einmal wurde behauptet, daß zu einem optimalen Scharfsehen ein binokulares Sehen erforderlich ist. Wer aber beobachtet hat, auf welche Entfernung ein *Anolis* ein Kerbtier noch entdeckt und zielsicher darauf zuläuft, um es geschickt durch einen Vorstoß mit dem Maul zu ergreifen, wird wohl kaum Zweifel an der Sehfähigkeit der Tiere haben. Wie genau das Scharfsehen funktioniert, ist nicht geklärt. Vermutlich ist für das sehr gute Scharfsehen eine doppelte Blendeinrichtung von Lidloch und Pupille verantwortlich, sowie zwei Foveae (Gruben), die die ins Auge einfallenden Lichtstrahlen in die Mitte der Retina leiten.

Auf der Retina sitzen die eigentlichen Sehzellen. Man unterscheidet zweierlei Arten. Zum einen die Stäbchen, sie bewirken ein Sehen bei Nacht und im Dämmerungslicht. Mit ihnen können die Tiere selbst feinste Strukturunterschiede im Dämmerungslicht, z. B. am Boden der Regenwälder, wahrnehmen. Und zum anderen die Zapfen, sie gelten als die urtümliche Form der Sehzellen und ermöglichen das Sehen bei hellem Licht, aber auch das sehr wichtige Farbsehen. Die Leguane besitzen beide Arten von Sehzellen und sind somit vermutlich auch in der Lage Farben zu sehen, was sehr wichtig für das Sozialverhalten ist.

Eine Besonderheit weisen die beiden dämmerungsaktiven *Anolis*-Arten, *A. argenteolus* und *A. lucius* auf, welche zwei transparente Schuppen im unteren Augenlid besitzen, die sie gegen zu grelles Licht wie eine Sonnenbrille vor die Augen schieben können (Williams & Hecht 1955).

Besonders erwähnt werden muß hier auch, daß die Tiere immer eine ausgewogene Ernährung benötigen, da die Stäbchen das Rhodopsin enthalten, welches sich bei unzureichender Vitamin A-Versorgung abbaut und somit die Sehfähigkeit beeinträchtigt.

Ebenfalls zu den Sinnesorganen gehört das Scheitelauge oder Parietalauge. Zahlreiche Echsen weisen eine Augenmimikry als Zeichnungsmuster um das Organ auf. Das augenartige Organ liegt auf der Oberseite des Kopfes. Es stellt das Ende verschiedener, fast ausschließlich lichtempfindlicher Sinneszellen dar, welche im Pinealkörper enden, der in direkter Verbindung zum Gehirn steht.

Die genaue Bedeutung und Funktion ist noch immer nicht befriedigend geklärt. Man nimmt an, daß es sich um ein rudimentäres Überbleibsel eines auf der Kopfseite gelegenen Auges handelt, wie man es heute noch bei urtümlichen Wirbeltieren wie dem Neunauge findet. Bei einigen Leguan-Arten konnte man mit Hilfe elektronenmikroskopischer Untersuchungen in dem Gewebe des Scheitelauges Zellschichten finden, die denen der Netzhaut und der Sehzellen entsprechen.

Heute vermutet man, daß die Tiere mit Hilfe des Parietalauges ihren endogenen Rhythmus steuern, dazu gehört auch die Regulation der Körpertemperatur, die Dauer der Sonnenbäder und auch Körperfunktionen wie Wachen oder Schlafen. Da man auch UV-Licht-empfindliche Zellen gefunden hat, läßt sich unter anderem auf diese Weise wahrscheinlich erklären, weshalb eine UV-Bestrahlung im Terrarium aktivitätsfördernd ist.

Über die Bedeutung des Geruchssinns gibt es keine abschließenden Beurteilungen. Wie alle Reptilien besitzen auch die Leguane in der Nasenhöhle auf einer Membran die Geruchsepithelien, die die eigentliche Wahrnehmung der Geruchsstoffe leisten. Dabei sind die Sinnesepithelien bei den einzelnen Arten unterschiedlich stark ausgeprägt. So besitzen zahlreiche Arten der Gattung *Anolis* nur noch stark verringerte Bezirke mit Riechhaaren. Untersuchungen von Curio & Mobuis (1978) zeigten, daß *Anolis lineatopus* seine Beute ausschließlich anhand optischer Merkmale erkennt und dabei ein ausgeprägtes angeborenes Beuteschemata besitzt.

Den Einsatz von Nase und Jakobsonschem Organ beim Erkennen der Beute schlossen die Autoren zumindest für diese Art aus. Wohl aber bejahten sie eine Überprüfung des mit dem Maul ergriffenen Insekts mit dem Jakobsonschen Organ.

Neben den Sinneszellen der Nase besitzen alle Leguane auch das sogenannte Jakobsonsche Organ. Dabei handelt es sich um ein kompliziertes paariges Sinnesorgan, welches unabhängig von der Nase Duftstoffe erkennen kann. Allerdings müssen hierfür die Duftstoffe im Speichel gelöst werden und dann mittels der Zunge über einen Gang zum Jakobsonschen Organ geleitet werden. Einige Reptilien-Arten, so zum Beispiel die Warane, verlassen sich sehr stark auf diesen Geruchssinn und sind deshalb unentwegt mit Züngeln beschäftigt. Grundsätzlich würde man eine derartige Funktion bei den Leguanen eher verneinen, da sie eine dicke fleischige Zungen besitzen, die kaum zum Transport von Duftstoffen geeignet erscheint. Und doch zeigen alle Beobachtungen anhand zahlreicher Leguan-Arten, besonders während der Paarungszeit, daß sie mit der Zunge laufend Äste und andere Gegenstände berühren oder aber einfach den Geschlechtspartner bezüngeln. Es scheint, als sei die Leistungsfähigkeit des Jakobsonschen Organs bei den Leguanen nicht so hoch entwickelt, daß Duftstoffe in der Luft ausreichen, um sie wahrzunehmen. Vielmehr müssen die Duftstoffe mit der Zunge von einem Substrat und dann wahrscheinlich auch höher konzentriert aufgenommen werden. Untersuchungen hierzu gibt es wenige, jedoch wird in der gesamten Literatur auf das Züngeln hingewiesen.

Besonders wichtig scheint es bei der Wahrnehmung von sexuellen Lockstoffen zu sein. Was würde es auch sonst für einen Sinn ergeben, wenn die Männchen einiger Leguan-Arten während der Fortpflanzungszeit ihr Revier mit dem Sekret der Femoralporen kennzeichnen, indem sie ihre Oberschenkel überall an Ästen, Steinen und Bodenerhebungen entlangscheuern. Aber nicht nur bei der Fortpflanzung und der damit verbundenen Erkennung der Geschlechter und deren Paarungsbereitschaft scheint das Jakobsonsche Organ eine Rolle zu spielen. Vielmehr wurde bei zahlreichen in kleinen Gruppen lebenden Leguan-Arten häufig ein Zungenschnellen beobachtet. Dieses dient sicherlich dem individuellen Erkennen der Tiere innerhalb einer Gruppe und beugt somit Aggressionshandlungen vor.

Eine weiter unstrittige Aufgabe des Jakobsonschen Organs scheint die Identifizierung des Beutetieres zu sein, denn wenn die Leguane einen unappetitlichen Futterbrocken versehentlich mal ergriffen haben, spucken sie ihn sofort wieder aus. Freilandbeobachtungen zum Benutzen des Jakobsonschen Organs wurden 1980 von Gavelle veröffentlicht.

Als letztes wichtiges Sinnesorgan muß das Ohr erwähnt werden. Es ähnelt im Aufbau und in der Funktion dem aller höheren Wirbeltiere. Nur einige Leguan-Arten wie *Holbrookia* zeigen die Tendenz, das Trommelfell, die Paukenhöhle und die Eustachische Röhre zurückzubilden, wahrscheinlich benutzen sie dann Knochen zur Schalleitung. Messungen zur Hörleistung der einzelnen Arten fehlen bis heute.

In diesem Zusammenhang muß die Stimmfähigkeit zahlreicher Leguan-Arten erwähnt werden, von denen einige ein gewisses Stimmrepertoir besitzen. Leider fehlen auch hier bis heute Sonagrammuntersuchungen von Lautäußerungen. Die wichtigste Frage bei der Funktion der Laute ist die Frage nach dem Adressaten. Hierbei gibt es zwei Möglichkeiten, einmal die innerartliche Kommunikation und zum anderen ein Verteidigungsverhalten gegen mögliche Prädatoren.

Beide Funktionen scheinen bei den Leguanen eine Rolle zu spielen. So zeigt sich, daß besonders die kehlwammenlosen *Anolis*-Arten (*A. vermiculatus* und *A. lucius*) stimmfähig sind. Vielleicht dient hier die Stimme als Ersatz für den sonst spezifisch gefärbten vorstülpbaren Kehlsack. Auffallend ist, daß diese Arten oft in dämmrigen Habitaten leben, wo optische Signale sicherlich eine geringere Bedeutung haben als akkustische. Auf der anderen Seite sollen die laut fauchenden Laute einiger anderer Arten eher einen möglichen Feind abschrecken. Erzeugt werden die Laute in der Verdickung des Arytänoidknorpels, der sich interessanterweise mehrfach unabhängig voneinander innerhalb der Gattung *Anolis* entwickelt hat (vgl. Böhme, Hutterer & Bings 1985).

Die ursprüngliche Aufgabe des Ohrs stellt der Gleichgewichtssinn dar, welche für die Leguane wahrscheinlich immer noch die wichtigere ist.

Aktivität

Die Leguane gehören wie alle Reptilien zu den wechselwarmen Tieren. Dies bedeutet, daß sie nicht in der Lage sind, wie die Säugetiere und die Vögel ihre Körpertemperatur selbstständig zu erhöhen und konstant zu halten. Vielmehr sind sie abhängig von der Umgebungstemperatur und, besonders die Arten aus höheren Lagen, auch von der Sonneneinstrahlung. Da die Leguane eine bestimmte »Betriebstemperatur« für die lebenswichtigen Funktionen benötigen, ist ihr Verbreitungsgebiet eigentlich auf die wärmeren Regionen der Neuen Welt begrenzt.

Die erstaunlichste Anpassung an eigentlich zu kalte Lebensräume hat *Liolaemus multiformis* vollbracht. Diese Art bewohnt in den Anden Höhenlagen bis über 5000 m. Für die Fortpflanzung nutzt die Art nicht etwa den »wärmeren« Sommer (gemeint ist die Umgebungstemperatur), sondern vielmehr bringt sie ihre Jungen im Winter zu Welt. Der Grund dafür liegt in der wesentlich längeren Sonnenscheindauer in dieser Jahreszeit, in der die Leguane recht schnell ihre Vorzugstemperatur erreichen können und dann ihre Hauptaktivität an den Tag legen. Durch die Sonnenbäder kann sich *L. multiformis* so sehr aufheizen, daß ihr Körper etwa 30 °C wärmer ist als die kühle Umgebungstemperatur.

Die eigentliche Temperaturregelung erfolgt mittels Hell-Dunkel-Färbung. So zeigen die Tiere morgens eine dunklere Färbung, die sich mit steigenden Temperaturen immer heller färbt. Steigen die Temperaturen weiter an, so suchen die Leguane je nach Art entweder den Schatten auf oder verbringen die heiße Zeit des Tages vergraben im Sand bzw. versteckt in ihrer Wohnhöhle.

Im Exotarium Frankfurt machte man bei der Aufzucht kleiner *Cyclura cornuta* die interessante Beobachtung, daß die Tiere, die den morgendlichen günstigsten Platz zum »Sonnen« für sich erobern konnten, natürlich schneller ihre optimale Betriebstemperatur erreichten, was sich positiv auf ihr Wachstum und auf die soziale Stellung auswirkte (Kunik 1990).

Neben den rein tagaktiven Formen weisen zumindest einige kubanische *Anolis*-Arten eine gewisse Dämmerungs- bzw. Nachtaktivität auf. Sie sind zu dieser späten Aktivitätszeit übergegangen, weil auch die meisten Insekten Kubas ausschließlich nachts aktiv sind. Im Terrarium sieht man die Tiere häufig am Tage schlafen.

Neben den unterschiedlichen Tagesabläufen spielt besonders für die Arten aus Nordamerika, dem südlichen Südamerika sowie für die zahlreichen Hochlandarten der Jahresrhythmus eine gewisse Rolle. So verbringen zahlreiche Arten eine teilweise mehrmonatige Winterruhe, versteckt in geschützten frostsicheren Quartieren. Diese Winterruhe muß nicht immer so streng sein, wie bei unseren einheimischen Amphibien und Reptilien, die sich über ein halbes Jahr lang verborgen halten. Vielmehr können gerade die Arten aus den Übergangsgebieten (zwischen im Winter immer kalten und im Winter milden Klimaten) auch eine von kurzen Aktivitätsphasen unterbrochene Winterruhe an den Tag legen. Während der Terrarienhaltung müssen diese Arten unbedingt überwintert werden, da eine Winterruhe häufig wichtige Voraussetzung für eine erfolgreiche Nachzucht ist und die Tiere eine wesentlich höher Lebenserwartung aufweisen.

Verhalten

In diesem Abschnitt wollen wir nur einen kleinen Überblick über das Verhaltensrepertoir der Leguane geben. Auf den ersten Blick könnte man meinen, daß gerade das Verhalten der Leguane ausreichend erforscht ist, besonders angesichts der amerikanischen Literaturfülle. Doch bei genauem Literaturstudium stellt man fest, daß bisher nur wenige Arten einiger Gattungen genauer untersucht wurden und selten einmal miteinander verglichen wurden. Angesichts der Arten- und Formenvielfalt dürfte auch hier noch eine Menge zu entdecken sein.

Fast alle Leguan-Arten sind tagaktiv. Morgens, bereits kurz nach Sonnenaufgang, kann man die Tiere an besonders sonnenexponierten Plätzen beobachten, wie sie versuchen, möglichst schnell ihre Vorzugstemperatur zu erreichen. Um möglichst große Teile der Körperoberfläche von der Sonne bestrahlen zu lassen, platten sie ihren Körper dorsiventral ab und/oder nehmen eine dunkle Färbung an. Ein Verhalten, das sie auch im Terrarium zeigen, dabei liegen sie meist direkt unter einem Strahler. Im Terrarium besetzt immer das dominante Tier den günstigsten Platz, was bei der gemeinsamen Aufzucht mehrerer Jungtiere, wie schon erwähnt, zu Schwierigkeiten führen kann.

Nach dem morgendlichen Aufwärmen durchstreifen die Leguane ihren Lebensraum auf der Suche nach Futter. Da es sich um rein visuell orientierte Echsen handelt, unterbrechen z. B. die Großleguane ihre Futtersuche durch eine abrupte vertikale Kopfbewegung, um sich einen Überblick über ihre Umgebung zu verschaffen und mögliche Gefahren rechtzeitig zu entdecken. Man bezeichnet es deshalb auch häufig als Neugierverhalten, welches durch verschiedene spezifische Schlüsselreize (ungewohnte akkustische oder optische Signale) ausgelöst werden kann.

Die meiste Zeit des Tages verbringen sie jedoch ruhend auf einem Vorzugsplatz. Meist sind dies günstig gelegene Stellen, von denen aus sie die ganze Umgebung im Auge behalten können.

Steigt die Temperatur im Laufe des Tages weiter an, so färben sich die Leguane heller und suchen schattige Plätze auf. Steigen die Temperaturen weiter, versuchen sie sich durch hoch Aufstellen und dauerndes Kehlsackventilieren ein wenig Kühlung zu verschaffen. Die Arten, die in echten Wohnhöhlen leben, ziehen sich in diese bei zu hohen Temperaturen zurück.

Wieder andere, wie der Chuckwalla *(Sauromalus obesus)*, verbergen sich in Felsspalten, denen sich die Tiere morphologisch hervorragend angepaßt haben. So besitzt der Chuckwalla einen sehr breiten und flachen Körperbau und kann sich problemlos in dünne Spalten zwängen, in die er auch vor möglichen Feinden flieht.

Da die Art zusätzlich in der Lage ist, ihr Körpervolumen durch sich Aufblasen um einiges zu steigern, finden die Leguane so absolut sicheren Halt in den Felsspalten. Ohne ein Brecheisen ist es völlig unmöglich, die Tiere unverletzt aus ihrem Versteck zu holen. Die in dem Gebiet lebenden Indianer sollen die Tiere fangen, indem sie sie mit der Lanze durchbohren und somit die Luft herauslassen.

Sinken die Temperaturen wieder etwas, so zeigen viele Arten eine zweite aktive Phase, bevor sie gegen Abend die geschützten Schlafplätze aufsuchen. Zahlreiche *Anolis*-Arten schlafen ungeschützt auf den letzten frei hängenden Blättern dünner Äste, wo sie nur schwer von Feinden zu erreichen sind.

Häufig kann man bei den Leguanen auch Komfortverhalten beobachten, wie z. B. das Kratzen mit den Hinterbeinen am Kopf oder am Körper oder aber einfach nur das Scheuern der Haut an einem Stein oder einem Baumstamm. Am häufigsten beobachtet man dieses Verhalten während der Häutung. Einige *Anolis*-Arten unterstützen den Vorgang der Häutung aktiv, indem sie die Haut mit dem Maul abziehen und teilweise sogar fressen.

Ihre große Beliebtheit verdanken die großen Leguan-Arten, besonders der Grüne Leguan, nicht nur ihrem imposanten Aussehen, sondern auch in ganz besonderem Maße ihrer »Zahmheit«. Die Tiere gewöhnen sich allgemein im Terrarium recht schnell ein und zeigen dann kaum noch Flucht- und Aggressionsverhalten gegenüber dem Pfleger. Man kann gut beobachten, wie die Fluchtdistanz im Laufe der Zeit geradezu dahinschmilzt. Auch lernen die Leguane ihre Pfleger visuell zu erkennen und von anderen Personen zu unterscheiden. Häufig können sie auch anhand optischer Merkmale, die sie mit der Zeit erlernt haben, genau seine Absicht erkennen. So kann es passieren, daß wenn der Pfleger mit einer Handvoll Grünfutter in das Terrarienzimmer kommt, die Tiere bereits zur Frontscheibe kommen und versuchen ihm entgegenzulaufen. Neben der Zutraulichkeit ist auch besonders die Standorttreue der Tiere, die sogar eine freie Haltung im Zimmer möglich macht, für ihre Beliebtheit verantwortlich. So kommt es, daß einzelne Terrarianer eine Beziehung zu ihren Leguanen haben, ähnlich wie Hundehalter zu ihrem Hund.

In diesen Rahmen gehören eine ganze Reihe von Anekdoten, für die der Platz in diesem Buch nicht reichen würde. Wir möchten deshalb nur kurz einige Beobachtungen über die Haltung eines Grünen Leguans bei Herrn Wolfgang Kittig berichten, da ein Autor sie selbst gemacht hat. Bei besagtem Leguan handelt es sich um ein großes zahmes Tier, welches einzeln frei in der Wohnung und im Garten gehalten wurde. Jeden Morgen zu einer fast immer gleichen Zeit kletterte der Leguan von seinem Schlafplatz auf dem Wohnzimmerschrank an der Gardine runter auf den Boden. Von dort lief er durch das Wohnzimmer, den Korridor und die Küche, um dann durch die Terassentür hinaus in den Garten zu gelangen, wo er an einer Seite des Gewächshauses hochklettern konnte und schließlich den

Tag auf dessen Dach verbrachte. Pünktlich abends um 17.oo Uhr lief er den gleichen Weg zurück. Für den normalen Besucher war es schon ein erstaunliches Erlebnis, wenn der Leguan nach Zeitvorgabe – dem Gastgeber bereitete es ein besonders Vergnügen, das Kommen des Leguans vorherzusagen – vom Gewächshaus herunterkam und, ohne die Besucher zu beachten, durch das Wohnzimmer lief und an der Gardine hochkletterte, um seinen Schlafplatz zu erreichen. Diese Haltung ging über Jahre problemlos. Nur kam es hin und wieder vor, daß der Nachbar aufgeregt herüberkam und bat, den Drachen wieder aus seinem Gemüsegarten zu entfernen.

Das Kennenlernen von Lebensräumen und anderen Tieren spielt in der Natur wahrscheinlich bei allen visuell orientierten Echsen eine entscheidende Rolle. Da die Leguane so andere Mitglieder der Population mehr oder weniger individuell unterscheiden können, wird vermutlich so die innerartliche Auseinandersetzung stark reduziert (mündl. Mitt. Wicker).

Begegnet ein Leguan einer anderen Echse, so »begrüßt« er sie erst einmal durch unterschiedliche Verhaltensweisen. Diese Verhaltensweisen sind stark von dem Lebensraum abhängig. So »begrüßen« sich bodenbewohnende *Liolaemus*-Arten einander durch eine kurze Frequenz von Liegestützen, ähnlich wie die Agamen. Bei den Liegestützen handelt es sich um ein schnelles rhythmisches Einknicken der Vorderextremitäten. Diese Verhaltensweise wird sowohl beim Droh- als auch beim Balzverhalten gezeigt. Handelt es sich bei dem »Begrüßten« um ein unterlegenes Tier, so antwortet es mit wenigen flachen Liegestützen, ehe es sich zur Beschwichtigung flach auf den Boden drückt. Gleichstarke Tiere gehen hier meist in Droh- und Imponierverhalten über. Andere Leguane, wie die baumbewohnenden *Anolis*-Arten, präsentieren ihre auffällig gefärbte Kehlwamme und begrüßen einander zusätzlich durch heftige Nickbewegungen.

Dieses Verhalten soll immer eine Reaktion bei dem anderen Tier provozieren. Anhand derer erkennt der Leguan, um was für ein Tier es sich bei dem Gegenüber handelt (Artzugehörigkeit, Geschlecht und sehr wichtig auch die innere Gestimmtheit, z. B. Paarungsbereitschaft). Das Erkennen erfolgt hier nicht rein anhand der Körperform oder der Färbung. Sehr wichtig ist hier auch der »Takt«, – gemeint sind die rhythmischen Bewegungen von Kehlwamme, Kopf und/oder Körper – der selbst bei nah verwandten Arten meist recht unterschiedlich ist.

Neben der Funktion, von dem anderen zu erfahren, wer er ist, dient es aber auch besonders dazu, sein Revier abzugrenzen oder einfach auch nur seinen Aufenthaltsort zu verteidigen. Viele Arten weisen ein ausgesprochenes Revierverhalten auf. So besetzen in der Regel die Männchen ein Gebiet, welches sie gegen andere Männchen verteidigen. Bei einigen Arten besetzen aber auch Paare feste Aktionsräume und vertreiben aus ihnen Eindringlinge der eigenen Art und teilweise auch fremde Arten, damit es zu keiner unerwünschten Futterkonkurrenz kommt. Wie ausgeprägt dieses Verhalten sein kann, zeigt sich an den *Crotaphytus*-Arten, die ihr Revier nicht einfach nur verteidigen, sondern jede Echse bis zur eigenen Körpergröße gleich verschlingen. Im Terrarium sind diese Arten nur paarweise, auch nicht mit den eigenen Jungtieren, zu vergesellschaften. Bei anderen Leguan-Arten zeigen die Männchen nur während der Fortpflanzungszeit ein mehr oder weniger stark ausgeprägtes Revierverhalten.

Eine ganz andere Art von Revierverhalten ist das Verteidigen der Eiablageplätze einiger Leguan-Weibchen. Zu Beginn der Fortpflanzungszeit oder aber zu Beginn der Eiablage bilden z. B. die Nashornleguan-Weibchen für eine gewisse Zeit feste Reviere, in denen sie während der ersten Tage kein weiteres Tier mehr dulden. Dieses Verhalten hat die Aufgabe, den Eiablageplatz besonders gegen andere Weibchen zu verteidigen, damit diese nicht, wenn sie ihre Eier vergraben wollen, die anderen wieder frei legen. Auch die Männchen, die sich frei in den Revieren der Weibchen bewegen, werden erst einige Tage später wieder geduldet (münd. Mitt. R. Wicker).

Wichtige Bestandteile des Sozialverhaltens sind das Droh- und Imponierverhalten. Man unterscheidet die unterschiedlichen Arten am Kopfnicken, das häufig mit gesteigerter Aggressivität immer heftiger wird. So drohen ranghöhere Männchen einem gleichgeschlechtlichen rangniederen Artgenossen durch heftiges Kopfnicken, um ihn z. B. von seinem Platz zu verdrängen. Rangniedere Tiere fliehen in der Regel sofort und zeigen Beschwichtigungsgesten.

Ruckartiges Kopfnicken hingegen kann man hauptsächlich während der Balz beobachten. Weitere Drohverhalten sind das Breitseitdrohen. Dabei pressen die Leguane den Rumpf seitlich zusammen, blasen ihren Kehlsack auf und stellen, wenn vorhanden, die Körperanhänge und Kämme auf, um die seitlichen Körperumrisse des drohenden Tieres erheblich zu verbessern. Nicht mehr als ein reines Abwehrsignal stellt das laute Fauchen einzelner Arten dar.

Für die Terrarienhaltung ergeben sich zwei unterschiedliche Typen als Konsequenz aus deren natürlicher Lebensweise. Zum einen die Leguane, die in Gruppen gemeinsam gehalten werden können, wie z. B. einige der großen Leguan-Arten. Bei ihnen wird in der Regel recht schnell eine Rangordnung ausgemacht und es kommt nur noch während der Fortpflanzungszeit zu Aggressionsverhalten. Häufig kann man auch bei ihnen ein Zukneifen der Augen beobachten, was als eine Art Beschwichtigungsgeste gilt.

Zum anderen die nicht vergesellschaftbaren Arten. Zu diesen gehören zahlreiche *Anolis*-Arten. Bei ihnen scheinen die Beschwichtigungsgesten im Verhaltensmuster nicht so stark oder gar nicht ausgeprägt zu sein, was auf mangelnde soziale Kontakte zurückzuführen ist. Lediglich anhand der Färbung erkennt man das unterlegene Tier, welches aber häufig trotzdem Ziel weiterer Attacken des dominanten Leguans ist. Außerdem besitzen die Männchen einen sehr ausgeprägten Reviersinn und dulden häufig kein weiteres Männchen in ihrem Lebensraum, so unter Umständen auch nicht einmal eine andere *Anolis*-Art in ihrem Terrarium. Bei ihnen kommt es schnell zu einer Beißerei mit Todesfolge. Tips, welche Arten man vergesellschaften kann, wie z. B. grüne Arten mit braunen Arten, sind mit größter Vorsicht zu überprüfen.

In der Natur stellt dieses Verhalten kein Problem für die *Anolis* dar. Die männlichen Tiere sind den ganzen Tag damit beschäftigt, ihr Revier durch Interaktion erkenntlich zu machen. Dabei spreizen sie ihre Kehlwamme, wenn vorhanden, und vergrößern ihre Seitenansicht durch Aufstellen der Körperanhänge an Kopf und Rücken. Dringt ein fremdes Männchen in das Revier ein, so geht das Verhalten recht schnell vom Imponier- zum Drohverhalten über. Dem fremden Männchen wird durch Abspreizen der Kehlwamme und Aufstellen der Hautsäume sowie Breitseitdrohen gedroht. Zeigt dies keine Wirkung, wird unmißverständlich die Kampfbereitschaft zum Ausdruck gebracht. Dafür wird das Maul ein Stück aufgesperrt, wobei die auffallend rot gefärbten Mundschleimhäute zum Vorschein kommen, und gleichzeitig wird die rote hoch gewölbte Zunge ein kleines Stück aus dem Maul geschoben. Der andere erwiedert das Verhalten sofort und so stehen sich die beiden Kontrahenten in den schönsten Farben hoch aufgerichtet gegenüber und führen ruckartige Bewegungen aus. *Anolis nebulosus* kann sich dabei zur optischen Vergrößerung sogar auf die Hinterbeine stellen. Dieses Verhalten entlädt sich schnell in eine Beißerei, wobei der Unterlegene anschließend schleunigst das Weite sucht, meist noch einige Zeit verfolgt von dem anderen Männchen.

An komplexen Verhaltensweisen unterscheidet man die besonders bei den großen Leguanen üblichen Komment-

Kämpfende Meeresechsen.

kämpfe. Bei ihnen handelt es sich um ein reines Kräftemessen mit dem Ziel, den Gegner zu unterwerfen. Besonders bekannt geworden sind hier die Untersuchungen von Eibl-Eibesfeldt (1955) an der Meeresechse. Bei ihnen besetzen die Männchen feste Reviere, in denen sie nur Weibchen dulden. Versucht nun ein Einzelgänger in ein bestehendes Revier einzudringen, so wird er durch Imponier- und Drohverhalten begrüßt. Zeigt der Eindringling kein Fluchtverhalten, sondern nähert sich langsam, so versucht der Revierinhaber dem Eindringling einen Stoß mit dem Schädeldach zu versetzen und ihn auf diese Weise wieder aus dem Revier zu drücken. Gelingt ihm das nicht sofort, so kommt es zum eigentlichen Kommentkampf. Dabei drükken die Männchen mit ihrer gesamten Kraft Schädel an Schädel gegeneinander, nur unterbrochen von kurzen Droheinlagen. Am Ende, der Kampf kann mehrere Stunden dauern, weicht das unterlegene Tier.

Bei diesen Kämpfen kommt es nicht zu Verletzungen, denn eine besondere morphologische Anpassung schützt sie davor. So besitzen sie auf dem Schädeldach kegelförmige Hornkugeln, die als

Höcker äußerlich sichtbar sind. Diese Höcker sind unbeweglich in flachen Knochenvertiefungen gebettet, so daß sie bei jedem Stoß eine Art Puffer bilden.

Ganz anders verhält es sich bei den Beschädigungskämpfen. Bei ihnen versuchen die Tiere, sich absichtlich zu verletzen. Häufig fehlt es auch an festen und strengen Regeln wie beim Kommentkampf. Meist kommt es nach einer kurzen Drohphase zu einer Beißerei, so auch bei einigen Arten im Anschluß an einen Turnierkampf.

Regelrechte Turnierkämpfe mit Schwanzschlägen führt *Tropidurus delanonis* aus (Eibl-Eibesfeldt 1967). Dabei stellen sich die Leguane seitlich gegenüber auf, springen in ein bis zwei Sprüngen an den Gegner heran, peitschen ihn mit dem Schwanz, ehe sie dann wieder davonspringen.

Ebenfalls interessant sind die verschiedenen Verteidigungsverhalten, wie das schon beschriebene Abwehrverhalten des Helmleguans gegenüber Schlangen oder das Verteidigungsverhalten einiger Krötenechsen-Arten, welches bisher von *Phrynosoma coronatum, P. cornutum* und *P. solare* bekannt ist. Werden diese Leguane von einem Feind, z. B. einem Hund, in die Enge getrieben, so pumpen sie Blut durch das Zusammendrücken bestimmter Blutgefäße in die Nickhaut. Es handelt sich dabei um ein seitlich gelegenes drittes Augenlid, welches bei diesen Tieren bemerkenswert dünn ist. Das Blut wird dann durch feine Risse in kleineren Blutgefäßen der angeschwollenen Nickhaut als haarfeiner Strahl oder besser Spritzer bis zu über 1 m weit herausgepreßt. Auf diese Weise versuchen die Leguane, fein verteilte Blutstropfen dem Gegner in die Augen zu spritzen. Welche Eigenschaften die Flüssigkeit (das Blut) besitzt, wurde bisher noch nicht untersucht, sie soll aber die Augen und die Schleimhaut des Angreifers reizen.

Um sich innerartlich vor den Angriffen dominanter Männchen zu schützen, zeigen kleine, geschlechtsreife Männchen des Grünen Leguans ein ähnliches Erscheinungsbild und Verhalten wie die Weibchen (sexuelle Mimikry). Dieses nutzen sie auch aus, um sich mit den Weibchen zu verpaaren, während das dominante Männchen abgelenkt ist (Köhler 1991). In derartigen Fällen zeigen sich die Weibchen jedoch wenig kooperativ und versuchen, die jungen Männchen abzuwehren. Bemerkt das dominante Männchen das Geschehen, so kommt es herbeigeeilt, um das kleine Tier zu vertreiben (Dugan 1982).

Wir beenden hier unsere kurze Beschreibung des Verhaltens. Wer nähere Informationen sucht, dem seien die deutschsprachigen Arbeiten von Eibl-Eibesfeldt (diverse), Kästle (Andenanolis, 1967), Köhler (Grüner Leguan, 1991) und Kunik (Nashornleguane, 1990) empfohlen.

Alter

Vor der Anschaffung eines Leguans sollte man sich immer fragen, ob man überhaupt in der Lage und Willens ist, den begehrten Leguan bis an sein Lebensende zu pflegen. Dazu gehört neben dem artgemäßen Terrarium auch die richtige und hochwertige Ernährung. Ferner sollte man den täglich anfallenden Zeitaufwand und die eventuell erforderliche Urlaubsvertretung bedenken, da man für einen sehr langen Zeitraum die Verantwortung für ein Lebewesen übernehmen will. Die Langlebigkeit von Reptilien bei artgemäßer Terrarienhaltung ist sprichwörtlich.

Deshalb einige Beispiele:

Anolis sagrei	ca. 8 Jahre
Anolis porcatus	ca. 8 Jahre
Cyclura ssp.	ca. 40 Jahre
Iguana iguana	ca. 30 Jahre

Fortpflanzung

Im folgenden Abschnitt wollen wir das gesamte Fortpflanzungsverhalten in all seinen Einzelheiten, ausführlich und detailliert, zusammengefaßt darstellen, soweit dies bei einer derart variablen Tierfamilie überhaupt möglich ist.

Einleitung

Gerade in unserer heutigen Zeit mit der immer weiter um sich greifenden Biotopzerstörung und der damit verbundenen Bestandsabnahme, kommt der erfolgreichen Nachzucht im Terrarium eine existentielle Bedeutung zu. Wie im folgenden Kapitel Genetik ausführlich erläutert, sind die Voraussetzungen, um von einer biologisch sinnvollen Arterhaltungszucht zu sprechen, für Einzelpersonen äußerst schwierig zu realisieren, da hierzu immer eine enorme Individuenzahl vonnöten ist. Aber auch ohne diesen wissenschaftlichen Nutzen ist eine Nachzucht im Terrarium für die Terraristik unumgänglich, da zahlreiche Arten in kürzester Zeit in der freien Natur ausgestorben sein werden und ein Rückgriff auf diesen natürlichen Bestand verboten oder nicht mehr möglich ist. Um einige Arten wenigstens als Terrarientiere in Zoos und bei Terrarianern zu erhalten, wird es daher unumgänglich sein, sich zu Zuchtgemeinschaften oder ähnlichem zusammenzuschließen. Eine Vorreiterrolle bei den Leguanen spielt hier die Iguana-AG in der DGHT (Kontaktadresse: Gunther Köhler, Liesingstr. 11 in 63457 Hanau), die jährliche Treffen zum persönlichen Kennenlernen und Informationsaustausch veranstaltet und regelmäßige Rundschreiben an ihre Mitglieder versendet.

Dies bedeutet aber auch für jeden einzelnen Terrarianer, daß er sich auf eine Art oder zumindest auf eine geringe Artenzahl beschränken muß und, wenn möglich, eine größere Anzahl an Individuen und Zuchtpaaren pflegt, um einer genetischen Verarmung so gut es geht vorzubeugen.

Ein weiterer Effekt dieser Spezialisierung ist sicherlich, daß auf diese Weise noch der bis heute recht dürftige Wissensstand über die Ansprüche und Lebensweise unserer Tiere erheblich erweitert wird. Schon heute ist der Beitrag der privaten herpetologischen Forschung an neuen Erkenntnissen immens.

Ferner ist es von ganz besonderer Wichtigkeit, eine gewisse Auslese bei den Nachzuchten zu betreiben. Das fängt bereits beim Schlupf der Jungtiere an. So sollten alle Nachzuchten, die nicht aus eigener Kraft aus dem Ei schlüpfen, im Ei belassen werden. Sind sie jedoch bereits geschlüpft oder geboren worden, so sollte man alle Tiere mit Mißbildungen und die Kümmerlinge sofort aussortieren

Oben: Bei den Anolis-Arten erkennt man die Männchen leicht an der größeren Kehlwamme.
Mitte: Bei einigen Leguan-Arten besitzen die Männchen besondere Kennzeichen, wie 2 vergrößerte Schuppen hinter der Afteröffnung oder deutlich größere Femoralporen.

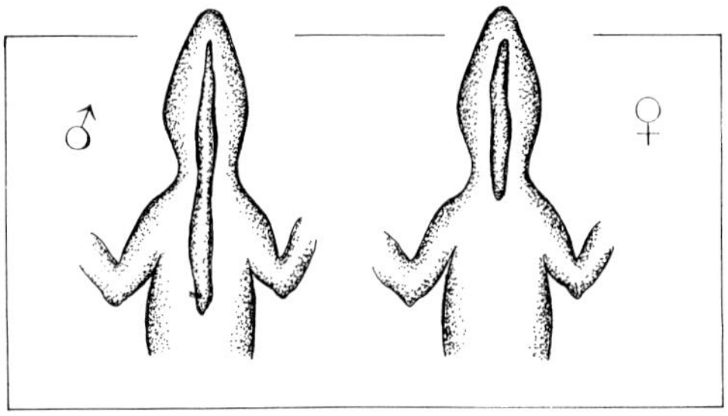

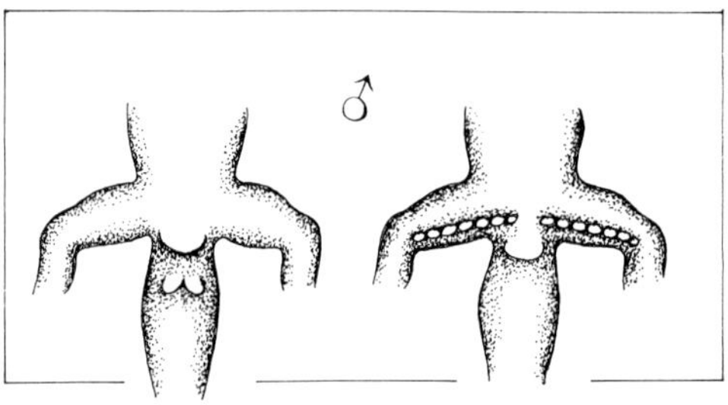

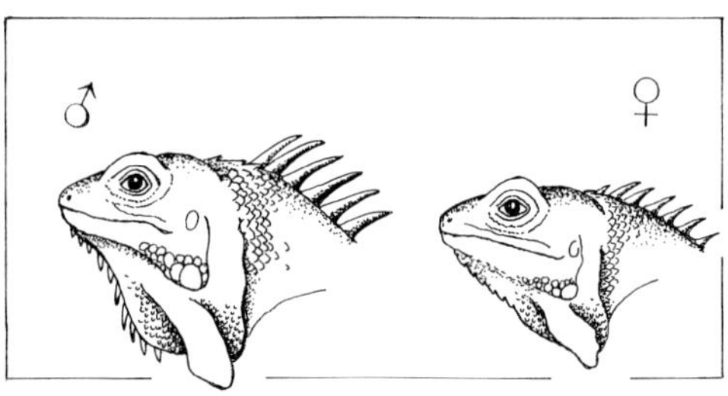

und nicht mehr zur Zucht verwenden. Selbstverständlich sollten nur mit einwandfreien, kräftigen und gesunden Tieren weitere Nachzuchten erzielt werden.

Unten: Die Männchen des Grünen Leguans besitzen einen um 30 % größeren Kehlsack als die Weibchen.

Geschlechtsunterschiede

Unabdingbare Voraussetzung für eine erfolgreiche Nachzucht von Leguanen ist es, daß man ein zweifelsfreies Pärchen einer Art besitzt. Dies wiederum setzt voraus, daß man die Geschlechter sicher bestimmen kann.

Pflegt man mehrere Tiere einer Art, so ist dies aber nicht immer leicht möglich. Nur bei wenigen Arten sind die Unterschiede im Aussehen zwischen den Geschlechtern so beträchtlich, daß man schon auf die Entfernung das Geschlecht bestimmen kann, wie z. B. bei *Basiliscus plumifrons.* Die Männchen dieser Art weisen im Gegensatz zu den Weibchen riesige Körper- und Helmfortsätze in Form von Hautsäumen auf.

Grundsätzlich sollte man immer versuchen, das Geschlecht anhand der Körperproportionen zu bestimmen, da die Männchen eine verbreiterte Schwanzwurzel aufgrund der Auswölbung der Hemipenistasche besitzen. Man vergleicht die Tiere, indem man sich die Schwanzwurzel entweder von oben ansieht, dabei wäre die der Männchen vom Ansatz her verbreitert, oder von der Seite, dabei weisen die Weibchen einen sich gleichmäßig verjüngenden Schwanz auf und die Männchen eine kurze Verdikkung hinter der Kloake, von deren Ende an sich der Schwanz ebenfalls gleichmäßig verjüngt. Meist läßt sich auf diese

Weise das Geschlecht bereits erkennen. Jedoch sind die Hoden und Hemipenistaschen der Männchen bei Arten, die eine jährliche Fortpflanzungsperiode aufweisen, während der inaktiven Zeit so stark verkleinert, daß der Unterschied mit dem Auge nicht feststellbar ist.

Die Männchen einiger Arten können auch einen größeren und breiteren Schädel als die Weibchen besitzen oder aber die Geschlechter weisen eine unterschiedliche Gesamtlänge auf. Dabei kann der Größenunterschied so gewaltig sein, daß aus einer Art bereits zwei verschiedene gemacht wurden.

Ferner ermöglichen häufig die Körperanhänge eine Geschlechtsunterscheidung. Dazu gehören der unterschiedlich ausgebildete Rückenkamm, der Kehlsack, z. B. beim Grünen Leguan, wo der Kehlsack der Männchen etwa 30% größer ist als bei den Weibchen, sowie Hörner am Kopf und die Kehlwamme. Letztere dient sicherlich bei vielen *Anolis*-Arten als leicht und einwandfrei zu erkennendes Geschlechtsmerkmal, da die Männchen eine wesentlich größere und teilweise auffälliger gefärbte Kehlwamme aufweisen. Auch bei anderen Leguan-Arten lassen sich anhand verschiedener Farbtöne der recht kleinen Kehlwamme die Geschlechter unterscheiden.

Während der Paarungszeit, teilweise aber auch während des ganzen Jahres, sind die Männchen einiger Arten wesentlich hübscher und auffälliger gefärbt als die Weibchen. Besonders deutlich kann man dies bei den *Sceloporus*-Arten beobachten. Aber auch bei einigen *Liolaemus*-Arten zeigen die Männchen während der Paarungszeit eine rote Bauch- und Flankenfärbung, die sie den Weibchen während der Balz präsentieren, sog. Hochzeitskleider.

Ein ebenfalls äußerlich feststellbares Merkmal sind die nur bei einigen Arten vorhandenen Femoralporen, die bei den Männchen immer wesentlich deutlicher ausgeprägt sind.

Große Schwierigkeiten das Geschlecht zu bestimmen, bereiten die Nachzuchten. Nur bei einigen wenigen Arten, z. B. aus den Gattungen *Crotaphytus, Petrosaurus, Callisaurus* und *Holbrookia,* besitzen die männlichen Tiere zwei oder mehrere große Schuppen direkt hinter der Kloake, anhand derer man die Tiere leicht unterscheiden kann.

Sehr zeitaufwendig und schwierig ist das Bestimmen des Geschlechts anhand bestimmter Verhaltensweisen. Denn es erfordert genaue Kenntnisse des Verhaltens, um festzustellen, ob das Tier nun Imponier- und Balzverhalten zeigt oder nicht.

Als weitere Möglichkeit bleibt nur noch das Sondieren, die Endoskopie und die Hormonbestimmung, wie sie oft bei anderen Reptilien-Arten angewandt wird, deren Geschlecht äußerlich nicht erkennbar ist. Leider sind diese Methoden sehr kostspielig und bei kleineren Arten nur bedingt durchführbar.

Weitere Voraussetzungen für die Zucht

Hat man die wichtigste Frage geklärt, ob es sich bei seinen Leguanen um ein Pärchen handelt, so muß man noch eine ganze Reihe weiterer Faktoren beachten, ehe man die gewünschten Nachzuchten erhält. So ist es wichtig zu wissen, wie alt die Tiere überhaupt sind. Denn zum einen kann es sein, daß die Tiere noch gar nicht die Geschlechtsreife erreicht haben oder zum anderen, daß sie bereits zu alt sind, um sich noch fortzupflanzen. Wer daher ganz sicher gehen will, besorgt sich immer Nachzuchten. Nur so erfährt man das genaue Alter der Tiere und die Leguane, immer artgerechte Pflege vorausgesetzt, befinden sich in der Regel in einem erheblich besseren Gesundheitszustand als die Wildfänge.

Auch heute mit all unserem Wissen liegt teilweise noch eine erheblich lange Zeit zwischen dem Erwerb und der erfolgreichen Nachzucht. Neben dem Alter spielt auch die Harmonie des gepflegten Paares und die Eingewöhnung eine gewisse Rolle. Immer wieder Schwierigkeiten bereitet das Nachgestalten der natürlichen Temperatur- und Feuchtigkeitsverhältnisse, besonders bei der Pflege noch relativ unbekannter Arten. Hier muß man teilweise jahrelang Erfahrungen sammeln und die Haltungsbedingungen immer wieder optimieren, ehe sich der gewünschte Erfolg einstellt.

Das Erreichen der Geschlechtsreife erfolgt in der Natur und im Terrarium meist zu unterschiedlichen Zeitpunkten. Da gesicherte Informationen nur für die Terrarienhaltung bestehen, beziehen wir uns auch ausschließlich auf diese. Während einige Großleguane wie *Iguana iguana* und *Ctenosaura similis* die Geschlechtsreife bereits nach achtzehn Monaten erreichen, benötigen andere Großleguane wie *Cyclura cornuta* dazu mehrere Jahre. Die klein bleibenden Leguan-Arten erreichen bereits nach einem Jahr die Geschlechtsreife, zahlreiche Arten sogar noch wesentlich eher. Die ganze Entwicklung ist natürlich stark abhängig von den Umweltfaktoren wie Nahrung, Temperatur, Photoperiode usw.

Der übliche Weg, sich Leguane zu beschaffen, sollte der Erwerb von Nachzuchten sein. Dabei ist es von Vorteil, bei Arten, die paarweise oder in Gruppen von einem Männchen mit mehreren Weibchen gehalten werden, sich die exakte Anzahl an Tieren zuzulegen und sie gemeinsam aufzuziehen. Meist gewöhnen sich die Tiere auf diese Weise problemlos aneinander. Bei Arten, die in Gruppen gehalten werden oder aber wo das Geschlecht als Jungtier nicht zweifelsfrei zu erkennen ist, empfiehlt es sich, mehr Tiere anzuschaffen und wenn möglich gemeinsam aufzuziehen. Durch regelmäßige Beobachtungen und Kontrollen erkennt man schnell, welche Tiere harmonieren und welche nicht. Bei den in Gruppen gepflegten Arten braucht man eigentlich nur die am stärksten unterdrückten Tiere auszusondern und abzugeben, meist kristallisiert sich nach einiger Zeit auf diese Weise eine harmonische Gruppe von selbst heraus. Bei Arten, die keinen jährlichen Fortpflanzungszyklus aufweisen, hat es sich als wesentlich günstiger erwiesen, wenn das Männchen wenigstens ein oder zwei Monate älter ist als das Weibchen.

Schwieriger ist es schon, zu einer bestehenden Gruppe oder zu einem eingewöhnten Tier einen neuen Partner dazuzusetzen. Meist klappt dies nach einer gewissen Zeit, aber häufig gibt es auch Probleme. Besonders älteren Tieren fällt die erneute Vergesellschaftung schwer. Um Ausfällen vorzubeugen, müssen die Tiere daher dauernd kontrolliert werden. Ein häufiger Grund für diese Ablehnung liegt in der Herkunft der einzelnen Tiere, da man beim Kauf meist kaum weiß, woher die einzelnen Leguane genau stammen und Arten mit einem riesigen Verbreitungsgebiet häufig auch eine gewisse Variation in Aussehen und Verhalten aufweisen.

Ist die Zusammenführung des Paares geglückt, so muß man teilweise sehr viel Geduld aufweisen, bis man die erste Nachzucht oder zumindest das erste Gelege erhält. Dies liegt unter anderem an den unterschiedlichen Fortpflanzungszyklen der einzelnen Arten, denn nur die wenigsten pflanzen sich das ganze Jahr hindurch fort, aber auch an der erforderlichen Synchronisation der Geschlechter.

Bei den meisten Arten ist die Reproduktionsperiode an die Jahreszeit gekoppelt, besonders bei den Arten aus den mittleren und höheren geographischen Breiten. Aber auch die tropischen Arten sind abhängig von gewissen zyklischen Veränderungen wie Regen und Trockenzeit, tägliche Sonneneinstrahlung usw.

Grundsätzlich unterscheidet man monozyklische Arten, das sind die Arten, die sich nur einmal im Jahr fortpflanzen, und polyzyklische Arten, dies sind Arten, die sich mehrmals im Jahr fortpflanzen.

Dabei weisen nicht nur die Arten, die aus den nördlichen und südlichen Randgebieten des Verbreitungsgebietes stammen, einen monozyklischen Fortpflanzungsrhythmus auf, sondern selbst der Grüne Leguan pflanzt sich nur einmal im Jahr fort.

Bei dieser Art wird die Fortpflanzungsperiode durch den Wechsel von der Regen- zur Trockenzeit ausgelöst. Dieser Übergang ist besonders durch ein stärkeres Windaufkommen gekennzeichnet. Durch die kühlende Wirkung des Windes wird es den Leguanen ermöglicht, sich längere Zeit zum Imponieren und Balzen auf sonnenexponierten Plätzen aufzuhalten. Später, während der Trokkenzeit, findet dann die Eiablage statt, also zu einer Zeit, wenn der Boden die geeigneten Temperaturen aufweist und die Gefahr von Überschwemmungen am geringsten ist. Zu Beginn der Regenzeit, wenn die Erde vom Regen aufgeweicht ist und reichlich frische pflanzliche Nahrung vorhanden ist, schlüpfen die Jungtiere (Rand & Greene 1982).

Die meisten Arten mit periodischer Fortpflanzung kommen jedoch aus den gemäßigten Breiten. Sie unterliegen dem Jahresrhythmus der Jahreszeiten und halten alle eine mehr oder weniger lange Winterruhe ein. Als eigentlicher Auslöser für das Fortpflanzungsverhalten kommen die Temperaturveränderungen, bei den meisten Arten aber auch die Veränderungen der Photoperiode, gemeint sind die Änderungen der Tageslänge, in Betracht. So bewirkt eine Temperaturerhöhung immer auch eine Steigerung des Stoffwechsels, welcher wiederum Impulse an das Nervensystem weiterleitet, welches dann die Reifung der Eier und Spermien auslösen kann.

Diese periodische Fortpflanzung stellt an die Terrarienhaltung nicht nur die grundsätzliche Anforderung, wie das Nachgestalten der natürlichen Jahrestemperaturschwankungen, die Variation der Beleuchtungsdauer und der Sprühzeiten, sondern auch Anforderungen an die sexuelle Synchronisation der Geschlechter. Werden alle Tiere unter gleichen Bedingungen gehalten, stellt das in der Regel kein Problem dar, weil alle Tiere in den Fortpflanzungszyklus kommen oder nicht. Schafft man sich aber ein zweites Tier an, so kann sich dieses, durch eine unterschiedliche Haltung, in einer ganz anderen Gestimmheit befinden.

Das zweite große Problem, das damit zusammenhängt, stellt die Winterruhe dar, besonders für die Leguan-Arten aus dem Süden Chiles und Argentiniens, da sie eine Winterruhe einlegen zu einer Jahreszeit, wenn bei uns Sommer ist. Da die Einhaltung des natürlichen Rhythmus – bei uns Sommer = Winterruhe, bei uns Winter = Aktivitäsphase – nur mit größten Schwierigkeiten und enormem technischem Aufwand möglich ist, empfiehlt sich die Umstellung der Tiere auf unseren Jahresrhythmus.

Die *Liolaemus*-Importe erfolgen meist in unserem Frühjahr. Hält man dann die Leguane den ganzen Sommer über im Freien oder auf dem Balkon, so stellen sich die Tiere durch Verschiebung der natürlichen Ruhephase auf unseren Jahresrhythmus um und pflanzen sich spätestens im zweiten Jahr fort.

In diesem Zusammenhang muß auch die Frage beantwortet werden, wie sich die Geschlechter finden und erkennen. Im Terrarium stellt dies meist kein Problem dar. Aufgrund der räumlichen Enge begegnen sich die Tiere zwangsläufig, so daß die Männchen zumindest während der Paarungszeit anhand des Verhaltens der Weibchen deren Paarungsbereitschaft erkennen.

In der freien Natur gestaltet sich das ganze schon erheblich schwieriger. Die beste Voraussetzung, einen Partner zu finden, ist immer eine hohe Populationsstärke. An diesen alten Lehrbuchgrundsatz scheinen sich auch die meisten Leguan-Arten zu halten. Nur extreme Regenwaldbewohner, wie z. B. *Anolis chrysolepis* sowie Bewohner anderer nährstoffarmer und damit meist auch insektenarmer Biotope, weisen eine so geringe Populationsstärke auf, daß man sich überhaupt fragt, wie die Geschlechter sich während der Fortpflanzungsperiode finden. Die Natur hat wahrscheinlich deshalb die Vorratsbefruchtung hervorgebracht (siehe Vorratsbefruchtung und Trächtigkeit).

Zur Partnerfindung bedienen sich die Leguane zahlreicher Signale, wie z. B. die Färbung, die Hautsäume usw., aber sicherlich auch anderer Anlockungsmöglichkeiten, so z. B. mit Hilfe artspezifischer sexueller Duftstoffe, vermutlich Pheromone, die aus Absonderungen der Femoralporen stammen. Mit diesen Absonderungen markieren die Männchen häufig ihren Aufenthaltsort oder ihr Revier, besonders während der Fortpflanzungszeit. Wie sonst sollte sich das aktive Bezüngeln bei der Balz erklären lassen. Aber auch mit Hilfe der Stimme finden sich die Geschlechter, so z. B. die Wasseranolis *(Anolis vermiculatus),* die entlang der kleinen Bachläufe im Dämmerungslicht der Kubanischen Urwälder leben. Hier würden üppige Farben und Kehlwammen keinen Sinn machen, weshalb die Tiere diese auch zurückentwikkelt haben.

Im Normalfall jedoch suchen die Männchen meist besonders gut exponierte Plätze auf, von wo aus sie versuchen, durch ihr Imponiergehabe und das Anlegen des schönsten Farbkleides, ein Weibchen auf sich aufmerksam zu machen. Entdecken sie dann endlich ein Weibchen, so können sie häufig anhand dessen Reaktion die Paarungsbereitschaft feststellen. Seltener nehmen die Weibchen bestimmte Farbkleider nur während der Fortpflanzungszeit an, anhand derer die Männchen den Stimmungszustand erkennen können.

Besonders erwähnt werden muß hier die feste Partnerbindung zahlreicher Arten. In der Regel bewohnen diese Arten feste Reviere, die beide Geschlechter gemeinsam verteidigen und in denen sie kein weiteres Tier derselben Art dulden.

Häufig ist dies der Fall bei Arten, deren Reviere stark verstreut innerhalb einer Population liegen und wo die Chance, rechtzeitig einen Partner zu finden, recht gering wäre. Gerade bei diesen Arten ergeben sich häufig Probleme bei der Vergesellschaftung mit neuen Partnern.

Fortpflanzungsverhalten

Zum Fortpflanzungsverhalten gehört das eigentliche Balzverhalten und die Kopulation. Auch hier weist die Familie der Leguane wieder eine enorme Vielfalt an unterschiedlichen Verhaltensweisen auf, von denen wir nur beispielhaft einige erwähnen können.

Die eigentliche Balz beginnt mit dem bereits beschriebenen Geschlechtspartner-Finden. Wie erwähnt, macht das Männchen durch auffälliges Imponierverhalten auf sich aufmerksam. Sieht es dann einen anderen Leguan der gleichen Art, so erkennt es an dessen Färbung oder an dessen Verhalten, daß es sich um ein Weibchen handelt. So bleiben die Weibchen z. B. in der Regel passiv. Um nun die Individualdistanz zu überwinden und gleichzeitig festzustellen, ob das Weibchens paarungsbereit ist, gehen die Männchen meist sofort zum Balzverhalten (Werben) über.

Das stark ritualisierte Balzverhalten besteht häufig aus den gleichen Verhaltensmustern wie das Imponier- und Drohverhalten. Es gilt als das am höchsten entwickelte und differenzierteste überhaupt unter den Echsen.

Entdeckt ein *Anolis*-Männchen ein Weibchen, so imponiert es diesem durch Kehlsackspreizen und Aufrichten der Hautsäume. Bei einigen Arten hellen die Männchen ihre Normalfärbung auf und zeigen ihr schönstes Farbkleid. Handelt es sich bei dem Weibchen um ein nicht paarungsbereites, so reagiert es mit Flucht. Da dies im Terrarium nur begrenzt möglich ist und die Männchen häufig die Weibchen noch ein kurzes Stück verfolgen und weiter anbalzen, kommt es zu Abwehrreaktionen, als Folge der fehlenden Fluchtmöglichkeiten. Meist beginnen die Weibchen eine Beißerei.

Ist das Weibchen jedoch paarungsbereit, so antwortet es dem Männchen ebenfalls mit Kopfnicken. Dieses Verhalten löst in jedem Falle bei ihm den Übergang vom reinen Imponier- und Drohverhalten zum Balzverhalten aus. Dabei nähert es sich zügig dem Weibchen unter nickenden Bewegungen, immer unterbrochen von Imponiereinlagen wie Kehlsackspreizen und Breitseitdrohen. Die ganze Zeit antwortet das Weibchen mit leicht nickenden Kopfbewegungen. Hat sich das Männchen dem Weibchen genähert, so klettert oder springt es auf dieses und verbeißt sich in dessen Nakken. Da bei zahlreichen Arten die Weibchen erheblich kleiner sind, bedarf es schon einiger Anstrengungen von Seiten der Männchen, bis es seine Kloake unter die des Weibchens geschoben hat. Hierfür winkeln sie den Körper stark ab, mit der Folge, daß sie den Nackenbiß lösen müssen. Bei einigen *Anolis*-Arten kann man gut beobachten, daß meistens ein Nackenbiß ausgeführt wird, aber selten bis zum Schluß gehalten wird. Die Aufgabe des Nackenbisses besteht darin, das Weibchen zu fixieren und Verletzungen durch plötzliches Weglaufen zu vermeiden. Dieses Verhalten zeigen auch einige große Vertreter der Leguane wie *Amblyrhynchus, Basiliscus* usw. Auch sie führen einen Nacken- oder Schulterbiß aus, wobei sie teilweise zusätzlich einen Hinterfuß quer über die Rückenregion des Weibchens legen, um das Festhalten noch zu unterstützen.

Die Kopulationsdauer beträgt etwa zwischen 3 und 30 Minuten. Häufig paaren sich die Tiere mehrere Male am Tag, teilweise auch an mehreren Tagen.

Die Funktion des Kehlsackspreizens bei den *Anolis*-Arten üben bei den Arten, die keinen Kehlsack besitzen und zudem noch Bodenbewohner sind, wie z. B. *Liolaemus, Sceloporus, Uta* und viele mehr, das Kopfnicken und die sogenannten Liegestützbewegungen aus. Besonders erwähnenswert ist noch das Schwanzrollen von *Leiocephalus carinatus,* welches ebenfalls Bestandteil des Droh- und Balzverhaltens ist.

Bei den Nashornleguanen vollführen die Männchen eine Art Balznicken, während sie meist von hinten versuchen, sich dem Weibchen zu nähern. Dieses reagiert darauf, indem es die Flucht ergreift oder ein bestimmtes Abwehrverhalten zeigt. Anhand der Heftigkeit der Abwehrreaktionen scheint nun das Männchen zu erkennen, ob das Weibchen in Paarungsstimmung ist oder nicht. Für die Kopulation hält das Männchen das Weibchen mit einem Nackenbiß fest und dreht seinen Schwanz unter den ihrigen. Die Kopulation dauert nur etwa 1 bis 2 Minuten. Während der ganzen Zeit zeigen die Weibchen Fluchtbewegungen. Unterstützende Verhaltensweisen oder Entgegenkommen des Weibchens, wie es z. B. die Weibchen des Grünen Leguans zeigen, die zur Paarung ihren Schwanz leicht anheben, konnten bisher im Exotarium Frankfurt nicht beobachtet werden. Interessanterweise verpaaren sich bei den Nashornleguanen sowohl die Männchen als auch die Weibchen nur einmal während der gesamten Fortpflanzungszeit. Bei den meisten anderen Arten wurden mehrfache Kopulationen beobachtet.

Dieser kleine Überblick zeigt deutlich, wie differenziert die einzelnen Verhaltensmuster bei den Leguanen sein können und daß es noch viel zu entdecken gibt. Auf etwaige Besonderheiten sind wir bei den Artenbeschreibungen eingegangen.

Vorratsbefruchtung und Trächtigkeit

Nach der erfolgreichen Paarung zeigen die Weibchen einen wesentlich gesteigerten Appetit, besonders innerhalb der ersten 14 Tage. In dieser Zeit sollten die Tiere soviel Nahrung erhalten, wie sie zu sich nehmen, wobei auf eine möglichst hochwertige Ernährung geachtet werden muß. Auch sollten die Vegetarier, wie der Grüne Leguan, wegen des erhöhten Proteinbedarfs mehr tierische Nahrung als normal erhalten.

Neben dem eigentlichen Futter kann man die Weibchen nun auch häufig bei der Aufnahme von Kalk in Form von zerstoßener Sepiaschale, Eischale oder Muschelgrit beobachten. Kurze Zeit vor der Eiablage oder Geburt reduzieren bzw. stellen die Weibchen die Nahrungsaufnahme ein und zeigen eine erhöhte Aktivität.

Die Dauer der Trächtigkeit kann unterschiedlich lang sein, von etwa 14 Tagen bei einigen *Anolis*-Arten bis zu fast einem Jahr bei einigen lebendgebärenden *Sceloporus*-Arten, die im Sommer ihre lebenden Jungen zur Welt bringen und sich im Herbst wieder verpaaren. Bei ihnen handelt es sich nicht um eine Vorratsbefruchtung, sondern die Eier vollziehen eine »Keimruhe«.

Während der Trächtigkeit legen die Weibchen auch eine wesentlich gesteigerte Aggressivität an den Tag. So verbeißen sie bei fast allen Arten nun die Männchen, sobald diese einen Annäherungsversuch unternehmen. Häufig kann diese Aggressivität sogar so gesteigert sein, daß die Männchen nur zum Nahrungserwerb ihr Versteck im Terrarium verlassen.

Die Weibchen verschiedener Leguan-Arten zeigen ein besonderes Trächtigkeitsfarbkleid, wie z. B. *Crotaphytus, Tropidurus* usw. Bei diesen Arten haben die Weibchen dann große rote Flecken in ihrem Farbkleid, die die Männchen von weiteren Paarungsversuchen abhalten sollen. Auch zeigen sie häufig besondere Verhaltensweisen, wie z. B. das »Niedertrampeln« bei den *Crotaphytus*-Arten. Wird ein hochträchtiges Weibchen von einem Männchen bedrängt, so richtet es sich hoch auf und hüpft auf, über das Männchen. Dieses »Niedertrampeln« beschwichtigt das Männchen sofort und es unterläßt weitere Annäherungsversuche.

In diesem Zusammenhang müssen noch die Untersuchungen im Exotarium Frankfurt (mündl. Mitt. Wicker) erwähnt werden, wo man sich immer wieder wunderte, daß ein Weibchen von *Sauromalus obesus* jedes Jahr wieder trächtig wurde, aber die Eier stets zurückbildete. Die Tiere wurden paarweise gehalten, ohne daß jedoch eine Kopulation beobachtet wurde. Deshalb wurden während der nächsten Trächtigkeit einige Spiegelungen durchgeführt, deren Ergebnisse zeigten, daß die Eier sich im Eierstock entwickelten, aber nicht in den Eileiter gelangten. Nach einer gewissen Zeit, der immer eine Weitung der Blutgefäße vorausging, wurden die Eier wieder vollständig resorbiert. Als Grund dafür wurde vermutet, daß der Eisprung durch die Kopulation ausgelöst wird, diese aber bei dem beobachteten Pärchen immer unterblieb. Da dieses Phänomen hin und wieder im Terrarium auftritt, bleibt den Betroffenen nichts anderes übrig, als versuchsweise das Männchen auszutauschen.

Ein bei den Leguanen bisher wenig untersuchtes Phänomen ist die Vorratsbefruchtung oder Amphigonia retardata. Bei Arten, die zur Spermaspeicherung befähigt sind, reicht oft eine Paarung aus, um mehrere befruchtete Gelege abzusetzen. Bewiesen ist sie bisher nur für *Anolis carolinensis,* bei dieser Art können die Spermien bis zu 7 Monate in einem speziellen Speicherabschnitt überleben (Fox 1963). Im Gegensatz zu anderen Reptilien speichern sie die Spermien in etwa 0,5 mm langen Gängen, die von Schleimhauttaschen des anterioren Abschnitts der Vagina ausgehen (Cuellar 1966).

Terrarienbeobachtungen zeigten, daß aber noch weitere Arten über Spermaspeicherung verfügen, wie z. B. *Anolis chrysolepis* und *A. tropidonotus* (mündl. Mitt. Fläschendräger). Nicht verwechseln darf man die Vorratsbefruchtung jedoch mit der Keimruhe und dem Zurückhalten von befruchteten Eiern, wie dies z. B. *Sceloporus undulatus* zeigt. Die Eier werden bei dieser Art erst zur Entwicklung gebracht, wenn die entsprechenden Umweltvoraussetzungen vorliegen.

Der biologische Nutzen der Vorratsbefruchtung liegt in der Arterhaltung. Gerade bei sehr isoliert lebenden Einzelgängern wie *A. crysolepis* ist es ein bedeutender Selektionsvorteil, wenn eine Paarung für mehrere Gelege ausreicht, denn eine erneute Paarung ist aufgrund der verstreuten Lebensweise nicht sichergestellt. Nur so läßt sich die Eroberung einiger extrem insekten-, sprich nahrungsarmer Lebensräume erklären, wie auch der Bodenbereich der Urwälder, da sich fast das ganze herpetologische Leben mit Beuteinsekten dort in den Baumkronen abspielt.

Eiablage und Geburt

Bei den Leguanen unterscheidet man zwei Arten der Fortpflanzung. Einmal den Normalfall, die sogenannte Oviparie. Darunter versteht man, daß diese Arten Eier legen, aus denen nach einer gewissen Inkubationszeit die fertigen Jungtiere schlüpfen. Und als zweites die sogenannte Ovoviviparie. Hierunter versteht man das Gebären von fertig entwickelten Jungtieren.

Diese Fortpflanzungsweise ist bisher nur von einigen Arten aus den Gattungen *Liolaemus, Phrynosoma* und *Sceloporus* bekannt geworden. Im Gegensatz zu dem, was der Name ausdrückt, handelt es sich jedoch nicht um echte lebendgebärende Tiere. Vielmehr sind die Jungen, wenn sie geboren werden, noch von einer pigmentlosen Eihülle umgeben, die sie erst nach Verlassen des Mutterleibes zerreißen.

Über den Vorgang des Lebendgebären gibt es bis heute nur einige Terrarienbeobachtungen. Bereits einige Tage vor der Geburt fangen die Weibchen an, unruhig durch das Terrarium zu laufen und einen geeigneten Geburtsplatz zu suchen. Die Geburt erfolgt dann häufig in den frühen Morgenstunden, wobei die Weibchen die noch von einer durchsichtigen Eihülle umgebenen Jungtiere in regelmäßigen Intervallen absetzen. Bereits wenige Sekunden, aber auch bis zu einigen Minuten nach dem Austritt aus dem Mutterleib zerreißen die Jungtiere die sie umgebende Eihaut durch heftige Streckbewegungen und laufen anschließend sofort durch das Terrarium bzw. suchen geschützte Verstecke auf. Da hin und wieder nicht der gesamte Dottervorrat verbraucht wurde, kann bei ihnen ebenso wie bei den frisch geschlüpften Jungtieren der oviparen Arten ein kleiner Dottersack an dem noch nicht geschlossenen Bauch hängen. Dieser reißt jedoch in kürzester Zeit ab und die Bauchdecke wächst binnen Tagen fest zusammen.

Diese Entwicklung zur inneren Brutpflege stellt sicherlich eine Anpassung an extreme Lebensräume dar. So müßten einige der *Phrynosoma*-Arten ihre Eier sicherlich sehr tief in der Wüste vergraben, bis die nötige Substratfeuchte vorhanden wäre. Aber ob dort dann noch die nötigen Temperaturen vorherrschen, ist fraglich. Wesentlich häufiger als eine Anpassung an trockene Lebensräume dürfte wohl die Anpassung an kühle Gebiete zur Entwicklung der lebendgebärenden Fortpflanzung geführt haben. Untersuchungen in Mexiko zeigten, daß je höher das Verbreitungsgebiet einer Art liegt, je größer die Chance ist, daß es sich um eine lebendgebärende Leguan-Art handelt. Ab etwa 2000 m sind alle noch vorkommenden Arten lebendgebärend.

Ähnlich verhält es sich bei den *Liolaemus*-Arten. Aber keine Regel ohne Ausnahme. So leben in den hohen Höhenlagen der Anden noch eine ganze Reihe weiterer eierlegender Leguan-Arten, von denen man größtenteils vermutet, daß die Inkubationszeit über ein Jahr beträgt.

Alle oviparen Leguan-Arten legen Squamaten-typische Eier, deren Aufbau dem anderer Reptilien-Arten entspricht. Die weichschaligen Eier besitzen eine pergamentartige, gut ausgebildete, faserige Haut. Direkt nach der Eiablage ist diese meist leuchtend weiß gefärbt. Um jedoch nicht sofort aufzufallen, nimmt die Schale häufig die Farbe des sie umgebenden Substrates an.

Das Leguan-Ei beinhaltet den Embryo, der von einer Amnionhülle umgeben ist. Weiterhin enthält es einen großen Dottervorrat mit Dotterhülle. Direkt unter der Eischale liegt das Chorion. Während der Entwicklung des Eis bis zum fertigen Jungtier, den Zeitraum bezeichnet man als Embryonalentwicklung, verbindet sich das Chorion mit der Allantois zur Chorio-Allantois und es bildet sich das Amnion. Diese extraembryonalen Hüllen erfüllen verschiedene Funktionen wie Speicherung der verschiedenen stickstoffhaltigen Stoffwechselprodukte, insbesondere der unlöslichen Harnsäure. Ferner dient die Chorion-Allantois als eine Art embryonale Lunge, da sie direkt an der porösen Schale anliegt und durch sie Sauerstoff aufnimmt und Kohlendioxid abgibt. Beim Schlupf, wenn das Jungtier aus dem Ei kriecht und die Nabelschnur abreißt, bleiben die Hüllen in der Schale zurück.

Wegen ihrer Squamaten-typischen Schale sind die Leguaneier, stärker als etwa z. B. die hartschaligen Gecko-Eier, sehr stark von den sie umgebenden Umweltbedingungen abhängig, da sie Luft und Feuchtigkeit benötigen und diese aus der Umgebung entnehmen. Aus diesem Grund vergraben die Leguane ihre Gelege nur in geeigneten feuchten Substraten.

Unbefruchtete Eier zeigen häufig ein wachsartiges Aussehen oder zumindest einen gelblichen Schimmer, wobei sie meist noch zusätzlich eine wabbelige Konsistenz aufweisen im Gegensatz zu den prallen, oft schneeweißen, befruchteten Eiern. In der Regel sind die Eier länglich-oval, sie können aber bei einigen Arten eine rundliche Form aufweisen.

Die Anzahl der Eier pro Gelege schwankt zwischen einem Ei, z. B. bei zahlreichen *Anolis*-Arten, und über 50 Eiern beim Grünen Leguan. Zahlreiche *Anolis*-Arten haben einen von allen anderen Reptilien abweichenden Ablagerhythmus. So legen sie häufig erst ein Ei, dann wenige Tage später ein zweites Ei und dann das nächste erst wieder nach 4 Wochen, wobei ein zweites Ei einige Tage später wieder folgt. Es gibt aber auch *Anolis*-Arten, die immer nur ein bzw. fast immer zwei Eier legen. Hierfür graben sie durch Bohren mit dem Kopf und durch Scharren mit den Vorderbeinen ein je nach Art unterschiedlich tiefes Loch. Häufig kann man auch beobachten, wie sie dieses mit windenden Körperbewegungen des Hinterleibs erweitern, bevor sie ihr Ei darin ablegen. Einige Arten legen ihr Ei aber auch vor das Loch und schupsen es mit der Schnauze hinein. Anschließend verschließen sie wieder sorgfältig den Eiablageplatz. Seltener legen sie ihre Eier unter Moosplatten, Rindenstücken, Steinen oder ähnlichem ab. Das hin und wieder zu beobachtende Fallenlassen oder einfach offenes Ablegen auf dem Boden scheint nicht der Normalfall zu sein, aber auch die Aussage, daß es sich dabei immer um unbefruchtete Eier handelt, stimmt nicht.

Ein völlig abweichendes Eiablageverhalten weist *Anolis vermiculatus* auf, eine Art, die ihre Eier in feuchten Felsspalten direkt über der Wasseroberfläche ablegt.

Besonders gut untersucht ist nur die Eiablage des Grünen Leguans (vgl. Köhler 1992). Bei dieser Art schwankt die Eiablagezeit in der Natur von Januar bis April, je nach Verbreitungsgebiet. Hierbei handelt es sich um das Ende der Regenzeit, so daß die Gelege relativ sicher vor Überschwemmungen sind und die gleichbleibend hohen Temperaturen für die Entwicklung der Eier sorgen. Kleine Inseln und Waldlichtungen mit weichem Sandboden stellen die geeignetsten Eiablageplätze dar. Interessanterweise kehren die Weibchen fast immer zu ihrem Schlupfort zurück und legen dabei Strecken von über einem Kilometer zurück.

Je nach Größe des Eiablagegebietes erfolgt die Eiablage in weit verstreuten einzelnen Höhlen oder in gemeinsamen Höhlensystemen, in denen sogar noch andere Leguan-Arten, wie der Schwarze Leguan ihre Gelege absetzen können. Die Insel Slothia im Gatun-See in Panama ist eine der am besten untersuchten Eiablageplätze von *Iguana iguana.* Auf diese nur 0,3 km^2 große Insel kommen jährlich bis zu 200 Weibchen zur Eiablage, da die Gelege dort vor Feinden sicher sind.

Die eigentliche Eiablage wird häufig in vier Phasen unterteilt. Als erste die Erkundungsphase (1. Phase), während der das Weibchen die Eiablageplätze erkundet und einen geeigneten Platz zum Graben der Höhle aussucht.

Dann kommt die Grabphase (2. Phase), während der das Weibchen die Höhle aushebt. In dieser Zeit zeigen die Weibchen eine gesteigerte Aggressivität und versuchen sogar, anderen Weibchen deren Höhle streitig zu machen. Fremde, beim Graben freigelegte Eier werden nicht beachtet. Die Nesthöhlen weisen meist einen typischen Aufbau aus. Erst wird eine Eingangsgrube von etwa 20 cm Tiefe ausgehoben, in deren Wand ein waagerechter, später immer mehr nach unten abfallender Tunnel gegraben wird. Dieser kann bis zu 2 m lang sein. Am Ende graben die Weibchen noch eine etwas tiefere Kammer, in die sie schließlich die Eier legen (3. Phase). Unmittelbar nach der Eiablage füllen die Weibchen die gesamte Höhle wieder mit Erde (4. Phase). Teilweise hält der Grabtrieb noch mehrere Tage an und die Weibchen graben weitere Höhlen, wobei sie sogar andere Weibchen, selbst wenn diese laut fauchend drohen, verschütten. Schließlich ist die Grabtätigkeit erloschen und die Weibchen verlassen den Eiablageplatz.

Viele andere Leguan-Arten graben auch erst sogenannte Schein- oder Probenester oder falsche Nester, ehe sie sich für eines entscheiden. Dabei ist der Gang meistens so lang, daß das Tier ganz hineinpaßt. Nur wenige Arten graben einfach Kuhlen, in die sie die Eier legen.

Ein ganz besonderes Verhalten muß an dieser Stelle noch erwähnt werden, nämlich das Verteidigen der Eiablageplätze. Nicht nur vor der eigentlichen Eiablage verteidigen die Weibchen die Ablagestelle. Einige Arten wie *Basiliscus plumifrons, Cyclura cornuta* und andere verteidigen auch nach der Eiablage den Platz gegen Störenfriede aller Art, auch gegen Menschen, wobei das Brutpflegeverhalten bei *Cyclura cornuta* am ausgeprägtesten zu sein scheint. Wenn z. B. das Terrarium und somit auch der Eiablageplatz beregnet wurde, trug das Weibchen die obere nasse Sandschicht ab und deckte das Gelege wieder mit trockenem Sand zu. Auf diese Weise verhinderte es, daß die das Gelege umgebenden Substrate zu feucht wurden (mündl. Mitt. Vogel).

Parthenogenese und Fragen zur Genetik

Da vielen Arten in der nächsten Zeit der natürliche Lebensraum genommen wird, stellt sich immer wieder die Frage: Ist Arterhaltungszucht überhaupt möglich? Dies beinhaltet unweigerlich auch Fragen zur Genetik, nämlich, ob sich durch dauernde Nachzucht der Tiere das Erbgut unweigerlich negativ verändert, so daß entweder in der Natur nicht lebensfähige oder unfruchtbare Tiere entstehen.

Dieser Frage gingen amerikanische Populationsforscher ausführlich nach, als sie beurteilen sollten, ob eine Arterhaltungszucht bei den beiden landbewohnenden Leguan-Arten *(Conolophus)* auf den Galapagos-Inseln überhaupt noch sinnvoll ist

Dafür wurden umfangreiche genetische Bestimmungsverfahren (DNS-Hybridisierung) durchgeführt, damit der Grad der genetischen Variabilität innerhalb der verschiedenen Populationen bestimmt und später miteinander verglichen werden konnte.

Solche Fragen klingen furchtbar akademisch, doch die Erkenntnisse sind besonders für die Terrarienzucht von praktischer Bedeutung. Die Populationsforscher, die sich mit dem quantitativen Aspekt der Evolution befaßten, interessierten sich vor allem für zwei Fragen:

1. Wie hoch ist die kritische Minimalzahl der auf einer Insel lebenden Leguane, die den Fortbestand der Population kurzfristig garantiert?
2. Wie hoch ist der kritische Minimalbestand der auf einer Insel lebenden Leguane, die ein Fortbestehen der Art auf lange Sicht im Freiland sichert?

Die letzte Frage setzt ein großes Maß an genetischer Variabilität voraus, damit die Leguane in der Lage sind, sich verändernden Umweltproblemen anzupassen und somit auch Krankheiten, Hungerperioden, Raubfeinde und Parasiten überstehen zu können.

Die erste Frage beantworteten sie mit etwa 50 Tieren, aber bereits für die zweite wurde eine Mindestzahl von 500 Tieren genannt. Dies zeigt sehr deutlich, wie begrenzt unsere Möglichkeiten zur Arterhaltungszucht im Terrarium überhaupt sind.

In diesem Zusammenhang müssen wir auch eine Unsitte einiger *Anolis*-Halter ansprechen, die häufig verschiedene, nahe verwandte Arten und Unterarten gemeinsam in einem Terrarium pflegen. Hier kommt es unweigerlich zu einer Verbastardisierung. Ein sicherlich für eine langjährige Terrarienhaltung ungünstiger Effekt, da zahlreiche dieser Bastarde sich als unfruchtbar erweisen.

Lange Zeit ging man davon aus, daß die Parthenogenese oder Jungfernzeugung bei den Leguanen überhaupt nicht vorkommt. Unter Jungfernzeugung versteht man, daß die Nachkommen nicht durch eine Paarung zweier verschiedengeschlechtlicher Individuen einer Art entstehen. Die Eier durchlaufen keine Meiose, vielmehr sind sie bei Ausbildung bereits diploid, so daß sich das Jungtier sofort entwickeln kann. Alle Nachkommen sind wieder Weibchen und mit ihrer Mutter genetisch vollständig identisch. Es handelt sich sicherlich um eine sekundäre Notlösung der Fortpflanzung, die durch Hybridisierung zweier oder mehrerer entstanden ist und nun ihren Vorteil in der Verdopplung der Fruchtbarkeit findet, da alle Mitglieder der Population Weibchen sind.

Erst Böhme (1975) wies die Möglichkeit eines Vorkommen von Parthenogenese bei den Leguanen an der *Art Basiliscus basiliscus* nach. Leider blieb die genaue Herkunft der Tiere unbekannt, so daß keine Aussagen, aus welcher Population Kolumbiens die Tiere stammen, getroffen werden konnten.

Über den Einfluß der Inkubationstemperatur auf das Geschlechterverhältnis

Eines der interessantesten Phänomene bei der Zucht von Reptilien ist das Ausprägen des Geschlechts in Abhängigkeit von den Temperaturen während der Embryonalentwicklung (die temperaturabhängige Geschlechterausprägung, kurz TAGA).

Man versteht darunter, daß beim Bebrüten von Reptilieneiern bei einer immer nahezu gleichen Temperatur nur ein Geschlecht schlüpft. Beobachtungen an verschiedenen Reptilien-Arten zeigten, daß sich häufig nur ein Geschlecht bei einem ganz bestimmten Temperaturbereich ausbildet. Natürlich handelt es sich bei dem Phänomen um ein rein labormäßiges Problem, da in der Natur immer beide Geschlechter ausreichend vorhanden sind.

Untersuchungen zu diesem Mechanismus liegen bisher nur von verschiedenen Krokodil-, Schildkröten-, Gecko- und Agamen-Arten vor. Ob die Leguane auch diesem Mechanismus unterliegen, ist bis heute noch nicht, auch nicht experimentell, im Terrarium geklärt. Dabei wäre eine gezielte Geschlechtsbestimmung bei der Zucht von Leguanen mit Hilfe einer bestimmten Bruttemperatur von besonderer Bedeutung für die Terraristik und für den Naturschutz. Etwa vergleichbar mit den Versuchen, die man heute bereits mit Meeresschildkröteneiern durchführt. Dabei versucht man, durch gezieltes Ausbrüten bei einer bestimmten Temperatur eine Steigerung der Weibchenrate unter den Schlüpflingen zu erzielen, um so eine höhere Vermehrungsrate in der Zukunft zu erhalten.

Während man früher davon ausging, daß sich bei den Reptilien das Geschlecht in Abhängigkeit von den Chromosomen ausbildet, weiß man heute, daß dieser Vorgang wesentlich komplizierter ist. Vermutungen sprechen dafür, daß die Geschlechtsdetermination neben den Chromosomen auch zumindest bei zahlreichen Arten von der Temperatur abhängig ist. Was für die Leguane zutrifft, läßt sich nur spekulativ beantworten. So machten zahlreiche Terrarianer, besonders in der *Anolis*-Zucht, die gleichen Erfahrungen wie die Geckopfleger, daß man bei hohen Zeitigungstemperaturen überwiegend Männchen erhält und je weiter man die Temperaturen absenkt, je mehr Weibchen schlüpfen, bis irgendwann nur noch Weibchen schlüpfen.

Andererseits zeigen Karyogramme, daß Leguane Geschlechtschromosome besitzen, z. B. *Sceloporus jarrovi,* Männchen X1XxY und Weibchen X1X1-X2X2 oder ganz einfach Weibchen XX Männchen XY bei *S. chrysostictus* (Cole 1971).

Es bleibt nur zu hoffen, daß zahlreiche Terrarianer in Zukunft das Geschlechtsverhältnis ihrer Nachzuchten in das Verhältnis zu den Zeitigungstemperaturen setzen, um so rechtzeitig zu verhindern, daß man am Ende nur Nachzuchten eines Geschlechts hat, und um auch endlich wichtige Aussagen über die Temperaturbereiche der TAGA treffen zu können.

Terrarienhaltung

Leider ist es unumgänglich, dieses Thema abzuhandeln, da bereits zahlreiche Leguan-Arten unter die verschiedenen Artenschutzbestimmungen fallen. So muß man sich, angesichts der sich immer weiter zuspitzenden Diskussion über die Artenschutzbestimmungen, schon einmal mit diesem Thema auseinandersetzen. Dies auch vor allem, weil zahlreiche Arten in der Natur extrem bedroht sind und eine nicht wissenschaftlich begründete Entnahme unverantwortlich wäre. Aber auch wegen der tatsächlichen rechtlichen Situation, in der sich jeder Pfleger geschützter Arten befindet.

Artenschutz

Man wird schon müde, den ewig gleichen Satz zu wiederholen: Artenschutz kann nur sinnvoll im Zusammenhang mit Biotopschutz sein. Was sich in den Verbreitungsgebieten aber abspielt, konnten wir auf zahlreichen Reisen selbst feststellen, Sie können es auch fast täglich der Presse entnehmen.

Es sollte daher selbstverständlich sein, von den selten gewordenen Arten sich nur noch Nachzuchten anzuschaffen. Leider sind die geschützten Arten nicht unbedingt die wirklich bedrohten Arten.

Trotz dieser Widersprüche ist jeder Tierliebhaber zur Einhaltung der Artenschutzbestimmungen verpflichtet. Wir haben dieses Buch mit der Absicht geschrieben, den heutigen Kenntnisstand so gut es geht wiederzuspiegeln und Anleitungen zur artgerechten Pflege zu geben, damit wir der Verantwortung, die wir gegenüber den Tieren haben, auch gerecht werden. Denn gerade von der heutigen Terraristik hängt es ab, in welche Richtung der zukünftige Weg geht und welchen Imageverlust unser Hobby noch erleidet.

Die wichtigste Schutzbestimmung ist das Washingtoner Artenschutzübereinkommen, kurz WA genannt, welches den internationalen Handel mit den Tieren regelt. Auch die Bundesrepublik ist diesem Abkommen bereits seit langem beigetreten. Das WA ist in verschiedene Anhänge untergliedert, die die Schutzbedürftigkeit der einzelnen Art oder Gattung widerspiegeln soll. Diese unterschiedlichen Anhänge ziehen auch unterschiedliche Rechtsfolgen nach sich.

Dem Anhang I, welcher den strengsten Schutz bedeutet, unterliegen von den Leguanen die gesamten Gattungen (d.h. alle Arten) *Cyclura,* sowie die Arten *Brachylophus fasciatus* und *Sauromalus varius.* Für diese Arten gilt ein totales Vermarktungsverbot, auch dürfen die Tiere ohne Ausnahmegenehmigung weder ein- noch ausgeführt werden.

Im Anhang II sind die nicht mehr ganz so streng geschützten Arten aufgeführt.

Von den Leguanen sind das die Gattungen *Amblyrhynchus, Conolophus* und *Iguana* sowie die Unterart *Phrynosoma coronatum blainvillei.*

Für diese Arten gilt, daß die Tiere nur noch mit einer CITES-Bescheinigung abgegeben werden dürfen. Aber Vorsicht, es sollten nur Tiere gekauft werden, die mit einer deutschen CITES ausgestattet sind, weil häufig auch für die Tiere mit CITES zusätzliche Importverbote (durch die Bundesartenschutzverordnung, nur möglich für *Phrynosoma,* da in beiden Listen teilweise enthalten) bestehen. Das kann z. B. bedeuten, daß auf diese Weise legale Nachzuchten aus anderen EG-Staaten durch den nicht genehmigten Import illegal würden.

Die CITES-Bescheinigung kann man auch als Personalausweis für geschützte Tiere betrachten. Seit dem 1.1.84 ist sie in der Bundesrepublik Formvorschrift und jeder verantwortungsvolle Terrarianer sollte sich deshalb nur Tiere mit den erforderlichen Papieren zulegen. Unverbesserliche sollten sich die letzten Gerichtsurteile, die wegen Verstößen gegen das Artenschutzrecht ergangen sind, in Erinnerung rufen. Jeder geschützte Leguan muß bei der zuständigen Behörde (leider je nach Bundesland eine andere) durch Vorlage der CITES angemeldet werden. Außerdem sind alle Nachzuchten und der Tod der Tiere innerhalb von 4 Wochen anzuzeigen.

Als weiteres Artenschutzgesetz ist noch die Bundesartenschutzverordnung, kurz BArtSchV, in der Bundesrepublik für die Leguanhaltung von Bedeutung. Sie stellt einen zusätzlichen Schutz für bedrohte Arten dar und soll demnächst durch eine EG-Verordnung ersetzt werden. Auch sie ist wieder in verschiedene Anhänge aufgeteilt.

Von den Leguanen ist nur die Gattung *Phrynosoma* enthalten. Das bedeutet in der Handhabung keinen Unterschied zum WA, nur die Formvorschrift CITES ist hier durch eine Ausnahmegenehmigung vom Vermarktungsverbot ersetzt worden.

Es dürfte jedem klar sein, daß die Sachbearbeiter in den Behörden in der Regel überfordert sind, angesicht der Tatsache, daß die Terrarianer sicher nur die geringste Gruppe der meldepflichtigen Tierliebhaber darstellen. Es ist daher immer ratsam, Kontakt mit dem zuständigen Sachbearbeiter aufzunehmen und mit ihm über die genaue Handhabung, wie die Behörde es will, zu sprechen. Das erleichtert spätere Rückfragen und beugt Mißverständnissen vor.

Wer eine der oben genannten Arten pflegt, sollte sich folgende Vorschriften besorgen:

1. Erstes Gesetz zur Änderung des Bundesartenschutzgesetztes vom 10. 12. 86, Bundesgesetzblatt, Teil I, Nr. 66, 2349-2360.

2. Die Verordnung zum Schutz wildlebender Tier- und Pflanzenarten vom 19.12.86, Teil I, Nr. 7, 2702-2762.
3. Verordnung (EWG) Nr. 36 26/82 des Rates zur Anwendung des Übereinkommens über den internationalen Handel mit gefährdeten Arten freilebender Tiere und Pflanzen in der Gemeinschaft Nr. L 384 mit den jeweils gültigen Anhängen.

Ferner die zahlreichen Änderungen und Erweiterungen.

Beziehen kann man diese Rechtsvorschriften beim Bundesanzeiger-Verlag GmbH, Südstr. 119, 53175 Bonn.

In den Gesetzen sind auch alle wichtigen Fragen zur Ein- und Ausfuhr, Anmeldung der Tiere usw. geregelt. Wer spezielle Fragen zur Ein- und Ausfuhr hat, wendet sich am besten an das Bundesamt für Ernährung u. Forstwirtschaft, Mallwitzstr. 1-3 in 53179 Bonn.

Als einschlägige Literatur sei das neue Handbuch »Das neue Artenschutzrecht« von 1987 des BNA empfohlen.

Abschließend wollen wir noch ein positives Beispiel für gelungenen Artenschutz erwähnen. Die deutsche Biologin Dagmar Werner, den Leguanliebhabern sicherlich durch ihre Untersuchungen auf den Galapagos-Inseln bekannt, hat in Costa Rica und Panama eine Alternative zur Rinderzucht und Weidewirtschaft und der damit verbundenen Biotopvernichtung entwickelt. Die weißfleischigen Grünen Leguane gelten in Mittelamerika als Delikatesse und ihr schmackhaftes Fleisch steht selbst bei den kleinen Bauern auf dem Speiseplan. Da die Tiere auf Bäumen leben, werden sie auch von den Einheimischen »Baumhühnchen« genannt.

Zunächst war die Zucht des Grünen Leguans als ein reines Forschungsprojekt geplant, da ihr Bestand stark geschrumpft war und sie unter Schutz gestellt wurden. Doch das Forschungsprojekt entwickelte sich mit der Zeit zu einer ökologischen Entwicklungshilfe. So brachte die von ihr gegründete und von Spendengeldern finanzierte Stiftung 1990 bereits 16000 Babys des Grünen Leguans zum Schlüpfen. Diese bis zu 20 kg schwer werdenden Echsen sollen an die Bauern verteilt werden, die sie auf den Weideflächen halten und züchten und dafür natürlich Bäume anpflanzen müssen. So produzieren sie gleichzeitig Holz für den Eigenbedarf, und sie brauchen das Brenn- und Baumaterial nicht mehr aus dem Urwald zu holen.

Wie schonend eine Nahrungsgewinnung mittels Grünen Leguanen ist, zeigt sich deutlich beim Vergleich des Energiebedarfs zur »Produktion« eines Kilo Fleisches. Ähnlich wie andere sich von zellulosereicher Nahrung ernährende Tierarten, verarbeiten die Leguane ihre Nahrung erst im Dickdarm. Dieser besteht aus einer Art Gärkammer, in der mit

Hilfe von Bakterien die Pflanzennahrung (fermentativ) abgebaut wird. Auf diese Weise gewinnt der Grüne Leguan 30 bis 40 % seines Energiebedarfs, also vergleichbar oder sogar effektiver als bei Säugetieren und Vögeln. Wenn man dann bedenkt, daß eine aktive Echse insgesamt nur noch 6 % des Energiebedarfs eines Nagetieres und nur 3 % eines Vogels gleicher Masse benötigt, wird deutlich, daß der Grüne Leguan auch wesentlich ökonomischer mit der Natur umgeht und sicherlich auch höhere Erträge als die normale Tierzucht in Zukunft verspricht.

Leguane im Terrarium

Angesichts der enormen Arten- und Formenvielfalt ist es nur natürlich, daß die einzelnen Leguan-Arten sich den unterschiedlichsten Lebensräumen und den verschiedensten Klimaten angepaßt haben. Dieses hat auch zahllose Konsequenzen für die Terrarienhaltung.

Neben diesen von Natur aus gegebenen Voraussetzungen ist die Terrarienpflege aber auch noch abhängig von der Anpassungsfähigkeit der einzelnen Art. So kann z. B. *Anolis carolinensis* in nahezu allen Terrarientypen gepflegt und vermehrt werden, wenn nur für das notwendige Minimum an Nahrung, Wärme usw. gesorgt ist. Allgemein jedoch sind die Leguane sehr anspruchsvolle Pfleglinge, die ihr volles Verhaltensmuster erst bei nahezu perfekter artgerechter Haltung zeigen, sowie auch erst dann zur Fortpflanzung schreiten. An den immer mehr zunehmenden Nachzuchterfolgen läßt sich gut der steigende Kenntnisstand und das Niveau der Terraristik ablesen. So stellt die Nachzucht des Grünen Leguans, vor Jahren noch eine Sensation, heute fast eine Alltäglichkeit dar.

Es zeigt sich, daß fast jede Art, natürlich teilweise nur mit enormem Zeitaufwand und Schwierigkeiten – erst Literaturstudium, Anschaffung des geeigneten Terrarientyps, Anlegen der notwendigen Futterzuchten und zum Schluß, wenn möglich, der Kauf von Nachzuchten oder die eigene Entnahme der Tiere aus der Natur – gut haltbar und nachziehbar ist.

Gerade das Beobachten der Tiere in der freien Natur gibt wichtigen Aufschluß über die Ansprüche an das Terrarium. Denn bis heute fehlen von verschiedenen Arten jegliche Freilandbeobachtungen, die Rückschlüsse auf die Terrarieneinrichtung, die Terrariengröße, das Klima im Habitat und das artgerechte Futter zulassen.

Um Anhaltspunkte zur Orientierung bei der Pflege einer unerforschten Art zu geben, haben wir in den Artenbeschreibungen den Unterfamilien Tabellen mit allen Gattungen vorangestellt, die einige wichtige Angaben für die artgerechte

Haltung beinhalten. Kennt man wenigsten den ungefähren Fundort seiner Pfleglinge, so kann man die fehlenden Klimadaten aus einem Klimakatalog entnehmen (z. B. Müller 1983).

Allerdings sind diese allgemeinen Durchschnittswerte nur mit Vorsicht zu übernehmen. So sind die Temperaturen im Regenwald immer wesentlich niedriger und ausgeglichener als in der Umgebung außerhalb. Auch ist es nicht ratsam, alle in der Natur vorherrschenden Bedingungen im Terrarium nachzugestalten, wie etwa Bodentemperaturen von über 50 °C im gesamten Wüstenterrarium oder aber sintflutartige Niederschläge im Regenwaldterrarium. Gleichwohl müssen die natürlichen Tag-Nacht-Schwankungen sowie die Jahreszeiten immer imitiert werden.

Standort des Terrariums

Wenn der Entschluß gefaßt ist, sich ein Terrarium zur Pflege von Leguanen anzuschaffen, so muß man sich als erstes Gedanken zum Aufstellplatz machen. Dieses immer wieder auftauchende Problem sollte nicht vernachlässigt werden, da es ganz entscheidenden Einfluß auf das Terrarienklima hat. Nur in den seltensten Fällen wird man seine Terrarien in einem exakt ausgerichteten Klimaraum aufstellen können.

Der wichtigste Faktor ist die Temperatur. Können die Sonnenstrahlen ein Terrarium mit ihrer ganzen Kraft erreichen, so steigen die Temperaturen sehr schnell in einen für Reptilien nicht mehr erträglichen Bereich. Bei sehr kleinen Behältern, z. B. Aufzuchtterrarien, reichen mitunter wenige Minuten oder aber auch eine nur schwache Sonneneinstrahlung, um die Temperaturen über die maximal erträglichen steigen zu lassen. Der häufig in der Literatur zu lesende Hinweis, daß ein Terrarienaufstellplatz so gewählt sein soll, daß eine gewisse Sonneneinstrahlung möglich ist, bezieht sich wohl ausschließlich auf Gazeterrarien, in denen es niemals zum Hitzestau kommen kann. Ferner muß man auch bedenken, daß die Sonneneinstrahlung im Winter wesentlich schräger erfolgt und somit die Sonne in der Lage ist, Behälter zu erreichen, die vorher außerhalb der Sonneneinstrahlung lagen.

Je größer ein Terrarium ist und je besser es belüftet wird, um so geringer ist die Gefahr der Überhitzung gegeben.

Auch bei den Tieren gibt es erhebliche individuelle Unterschiede. Während es einigen nordamerikanischen Leguan-Arten der Gattung *Sceloporus* scheinbar gar nicht zu warm sein kann, sie fühlen sich teilweise erst bei 45 °C richtig wohl, ist für andere Arten dann bereits das lebensbedrohliche Maximum überschritten. Hohe Temperaturen vertragen vor allem die Arten aus trockenen Gebieten, selbst einige *Liolaemus-Arten* aus dem Süden Chiles, die aber andererseits eine starke Nachtabsenkung benötigen. Keine hohen Temperaturen, auch nicht kurzfristig, vertragen die Regenwaldbewohner.

Um diesem ganzen Problem vorzubeugen und das Terrarienklima selbst bestimmen zu können, empfiehlt sich als Aufstellplatz ein Nordzimmer oder ein gut isolierter Kellerraum. Es ist immer erheblich leichter, die Temperaturen im Terrarium zu erhöhen, als sie künstlich zu senken. Pflegt man nordamerikanische Leguane oder Arten aus dem südlichen Südamerika im Keller, so braucht man zur Einhaltung der Winterruhe in der Regel nur die Heizung abzustellen und die Beleuchtungsdauer zu reduzieren, was die Haltung wesentlich vereinfacht.

Wichtig ist natürlich auch, daß die Temperaturen nicht zu stark absinken, je nach gepflegter Art und imitierter Jahreszeit unterschiedlich. Die größte Gefahr geht da von den Gewächshäusern und Wintergärten aus, aber auch in einem schlecht isolierten Keller können die Temperaturen schon mal unter die Frostgrenze sinken. Hier muß man Vorsorge tragen, indem man in dem Raum eine mit elektronischem Temperaturfühler gesteuerte Heizung installiert, welche ein zu starkes Absinken der Temperaturen verhindert.

In jedem Fall sollten die Temperaturen vor dem Besetzen des Beckens mit Tieren über einen längeren Zeitraum gemessen werden.

Selbstbau oder Kauf?

Die Anschaffung eines Terrariums stellt heute kein Problem mehr dar, hat doch der Handel bereits eine riesige Palette an verschiedenen Terrarien im Angebot. Aber nicht jedes Maß, schon gar nicht besondere Vorrichtungen, etwa größere Lüftungsflächen oder Wasserteile, sind dort erhältlich. Auf diese Lücke haben sich zahlreiche Firmen spezialisiert, die jedes Terrarium nach Maß auf Wunsch anfertigen. Entsprechende Adressen findet man in der einschlägigen Fachliteratur wie z. B. die DATZ.

Jedoch sind sie nicht preiswert und um seine eigenen Vorstellungen besser zu verwirklichen, damit man den teilweise ganz spezifischen Ansprüchen seiner Pfleglinge auch gerecht wird, bleibt einem nichts anderes als der Selbstbau übrig. Voraussetzung aber ist, daß man über das nötige handwerkliche Geschick verfügt. Der geeignetste Beckentyp für kleine und mittlere Arten ist das silikongeklebte Glasterrarium, da es leicht zu bauen ist sowie leicht zu reinigen und zu desinfizieren. Für große Arten müssen die Behälter eine wesentlich höhere Stabilität aufweisen, damit die Tiere es beim Laufen, Klettern und Springen nicht beschädigen. Dies wäre nur noch durch eine enorme Glasstärke sicherzustellen. Es empfiehlt sich daher, die Becken aus einem stabilen Rahmen zu bauen, in den dann die Scheiben eingesetzt werden oder es sofort aus Stein zu mauern.

Das Glas läßt man sich beim Glaser auf Maß zurechtschneiden, der auch sofort die Kanten brechen sollte, um Schnittverletzungen vorzubeugen. Wer aber handwerklich sehr geschickt ist, kann sich das Glas auch aus alten Fensterscheiben selbst zurechtschneiden, was natürlich sehr kostengünstig ist. Da es die verschiedensten Formen als Möglichkeiten zum Selbstbauen gibt, sollte das Terrarium entsprechend vorher geplant sein. Bauanleitungen finden sich auch in der entsprechenden Fachliteratur. Besonders zu empfehlen sind die Bücher von Nitzke (1978) und Lilge & van Meeuwen (1979), die den Bau sehr ausführlich beschreiben.

Für die Großterrarien eignet sich nur noch festes Mauerwerk, am besten von einem Maurer anfertigen und wie gewünscht verputzen lassen. Da Mauerwerk in der Regel Feuchtigkeit aufnimmt, sollte die Bodenwanne mit einer Folie ausgelegt oder einfach gefliest werden.

Was bei der Planung eines Leguanterrariums zu bedenken ist

Als nächstes beginnt das Nachdenken über die verschiedenen Möglichkeiten, Leguane im Terrarium zu pflegen. Deshalb sollte man immer von den Bedürfnissen, insbesondere der Terrariengröße, dem Nahrungsbedarf und nicht zuletzt auch von dem Zeitaufwand, der für eine artgerechte Haltung erforderlich ist, ausgehen. So ist ein hübsches kleines Jungtier schnell gekauft, ohne daß allzuviel über die Konsequenzen nachgedacht wird, daß daraus einmal ein großer, stattlicher Leguan wird.

Daher ist die wichtigste Frage bei der artgerechten Haltung: Wie groß muß das Terrarium für eine bestimmte Art mindestens sein? Dies läßt sich nicht so leicht beantworten, da sie von verschiedenen Faktoren abhängig ist, unter anderem vom Format und von der Einrichtung. So ist für kletternde oder baumbewohnende Arten die Größe der Bodenfläche im Vergleich mit der Höhe des Terrariums eher zweitrangig, da sich z. B. die *Anolis* hauptsächlich an den Seiten bzw. der Rückwand oder auf der Einrichtung aufhalten. Auf den Boden steigen sie nur zum Jagen und zur Eiablage. Andererseits ist die Höhe für eine bodenbewohnende Art völlig belanglos. Busch- und teilweise auch Bodenbewohner benötigen ein möglichst großes Volumen.

Bei der Wahl der Größe sollte man sich, wenn man das geeignete Format gewählt hat, von folgenden Faktoren leiten lassen:

1. Die Größe des adulten Tieres. So sollten die Leguane in der Lage sein, ihre typische Bewegungsverhaltensweisen zu zeigen, sie sollten springen und kurze Sprints bei der Jagd einlegen können. Gerade bei letzteren entfalten einige Arten eine derart ungestüme Lebensweise, z. B. bei der Jagd oder wenn sie erschreckt werden, daß sie häufig blindlings mit dem Kopf gegen die Scheibe stoßen. Beobachtet man dies bei seinem Leguan, so sollte man erst einmal durch das Einbringen mehrerer Versteckmöglichkeiten sowie das Verkleiden der Scheiben ein Dagegenlaufen zu verhindern versuchen. Geschieht dies trotzdem weiterhin, so benötigen die Leguane ein größeres Terrarium!
2. Das Temperament der Leguane. Dieses ist von Art zu Art sehr verschieden, auch hier hilft häufig nur die eigene Beobachtungsgabe weiter. Lebhafte Arten benötigen wesentlich größere Terrarien als sehr ruhige.
3. Die Anzahl der Tiere. Hierbei ist unbedingt zu bedenken, daß sich mehrere Tiere einer Art erheblich mehr stören als Tiere verschiedener Arten. Auch darf man niemals vergessen, daß zahlreiche Leguane Echsenfresser sind. Es kann daher meist nur eine paarweise Haltung empfohlen werden.
4. Das unterschiedliche Aggressionsverhalten. Auch dieses erfordert wieder zum genauen Einschätzen der Verträglichkeit eine gute Beobachtungsgabe. Die wichtigste Verhaltensweise dabei ist das Revierverhalten. Zahlreiche Arten dulden in ihrem Revier, teilweise auch in ihrem Aktionsraum, keine weitere Echse. Dies gilt vor allem für sehr viele streitbare *Anolis*-Arten. Je nach dem Grad der Aggressivität kommt es zur Revierbildung oder auch schon mal nicht. Selbst wenn das Terrarium kleiner ist als die Mindestgröße eines Territoriums kann ebenfalls Hierarchie entstehen.

Eher verträgliche Arten bilden im Terrarium kein Revier mehr aus und dulden auch andere Echsen in ihrer Nähe. Dies liegt zum einen an der Gewöhnung, aber sicherlich auch an dem immer ausreichend vorhandenen Futter. Andere Arten bilden lediglich eine gewisse Hierarchie. Häufig sind dies Arten, die auch in der Natur in Gruppen oder zumindest in hohen Populationsstärken vorkommen. Will man in einem großen Becken eine entsprechende Gruppe einer Art pflegen, so fängt man mit der gemeinsamen Aufzucht einiger Tiere an und versucht so, eine harmonierende Gruppe zusammenzustellen. Gerade bei diesen Arten müssen die wichtigsten Aufenthaltsplätze auch für unterlegene Tiere ausreichend vorhanden sein. Dazu gehören gute Sonnenplätze sowie kühle geschützte Verstecke, aber auch Stellen, an denen die Leguane ungestört und unbeobachtet ihre Nahrung aufnehmen können.

Andere Arten wiederum sind so unverträglich, daß sie immer nur paarweise oder in kleinen Gruppen, wie ein Männchen und mehrere Weibchen, gemeinsam gepflegt werden können. Hier bildet das Männchen in jedem Fall sein Revier aus und vertreibt daraus jeden Kontrahenten. Da die unterlegenen Tiere keine Ausweichmöglichkeiten haben, sind sie den stetigen Angriffen des dominanten Männchen permanent ausgesetzt, so daß Verletzungen und Nahrungsverweigerungen mit Todesfolge daraus resultieren können.

Ganz entscheidender Einfluß auf die Anzahl der gepflegten Tiere eines Terrariums kommt der Einrichtung zu. So kann man durch Aufrechtstellen einiger dicker Äste den Aktionsraum für zahlreiche *Anolis*-Arten erheblich verbessern und durch eine geschickte Einteilung des Raumes mehrere Reviere schaffen, die natürlich alle ihre Wärmequelle und kühle Verstecke besitzen müssen.

Eine grundsätzliche Schwierigkeit in den Terrarien stellt immer das Klima dar, da die Tiere in diesem begrenzten Raum Temperaturschwankungen viel stärker ausgesetzt sind und keine Ausweichmöglichkeiten wie in der Natur besitzen.

Ein wichtiger Faktor des Terrarienklimas, der häufig außer Acht gelassen wird, ist das Frischluftbedürfnis. Dieses ist von Art zu Art unterschiedlich ausgeprägt. So reagieren einige Leguane bereits innerhalb weniger Tage auf zu geringe Lüftungsflächen, indem sie erkranken. Andere Arten wiederum scheinen auf den Faktor »Frischluft« gar nicht zu reagieren. Trotzdem sollte man sich vorher einmal damit auseinandersetzen. Für die meisten Arten wird eine ausreichende Luftzufuhr durch zwei Lüftungsflächen gewährleistet. Eine sollte sich im Deckel befinden und die andere unterhalb der Frontscheibe oder an der Seite. Gerade bei Regenwaldterrarien, die eine hohe relative Luftfeuchtigkeit benötigen, ist ein Lüftungsgitter unterhalb der Frontscheibe sehr von Vorteil, da die aufsteigende Luft ein Beschlagen der Frontscheibe verhindert oder aber zumindest abmildert.

Mit der Größe der Lüftungsflächen steuert man auch gleichzeitig die relative Luftfeuchtigkeit im Terrarium. So führen kleine Gazeflächen zu einer hohen relativen Luftfeuchtigkeit und große Gazeflächen zu einer niedrigen. Da es in der Regel relativ schwierig ist, die richtige Größe der Lüftungsflächen im voraus zu bestimmen, baut man besser Terrarien mit größeren Lüftungsflächen, die später je nach Bedarf einfach mit Glasstreifen abgedeckt werden.

Die richtige Größe an Belüftungsfläche im Normalterrarium hat man z. B., wenn nach vollständigem Überbrausen des gesamten Terrariums dieses bereits nach spätestens 3 Stunden wieder vollständig abgetrocknet ist. Erreicht man dieses nicht allein mit den Lüftungsflächen, so sollte man Frischluft mit Hilfe eines kleinen Ventilators, wie sie zum Kühlen von Computern und Elektrogeräten üblich sind, in das Terrarium blasen. Häufig lassen sich auch Großterrarien nicht anders mit ausreichend Frischluft versorgen.

Ebenso empfiehlt sich der Einsatz von kleinen Ventilatoren im Terrarium, in denen man eine hohe relative Luftfeuchtigkeit und eine ausreichende Luftbewegung benötigt. Mit Hilfe eines Dimmers lassen sich selbst die Kleinstventilatoren zu noch geringerer Leistung bringen. Als Lüftungsgaze eignen sich für Behälter, in denen große Futtertiere gefüttert werden sollen wie Heimchen usw., nur Sorten aus Metall. Für Kleinstterrarien und Aufzuchtbehälter kann aber auch Kunststoffgaze verwendet werden. Die Maschenweite sollte mindestens 500 µm betragen, damit keine *Drosophila* entweichen kann, aber die Luft noch ausreichend zirkuliert.

Ein häufiger Haltungsfehler liegt auch in der Verkennung von Mikroklimaten. So benötigen auch Wüstentiere kühle und feuchte Rückzugsgebiete. Üblicherweise wird der Bodengrund dafür an einem lokalen Platz stets feucht gehalten.

Bei jedem Terrarium stellt das Öffnen eine der größten Gefahrenquelle dar. Bei den *Anolis*-Arten schon allein dadurch, daß sie aufgrund ihres Haftmechanismuses an der Frontscheibe sitzen können und beim Öffnen dann schnell mal übersehen werden. Auch sind einige Arten derart schnell, daß einem keine Zeit zum Reagieren bleibt, wenn sie zum Sprung aus dem Terrarium ansetzen. Hier hilft nur vorsichtiges und umsichtiges Verhalten.

Ebenso wie die Geckos hinterlassen die *Anolis* ihr Geschäft gerne an einer frisch geputzten Frontscheibe. Was im Terrarienzimmer egal ist, stellt im Schaubecken im Wohnzimmer ein regelrechtes Ärgernis dar. Dem kann man nur vorbeugen, indem man die Frontscheibe schräg nach innen verlaufen läßt, so daß der Kot immer auf den Boden fällt. Ausführliche Bauanleitungen finden sich bei Lilge & van Meeuwen (1979).

Terrarientyp I: Großraumterrarium für Regenwaldbewohner.

Terrarientypen

Im folgenden wollen wir einige Grundtypen von Terrarien beschreiben, in denen jeweils die unterschiedlichen Leguan-Arten gepflegt werden können. Aufgrund der teilweise enorm hohen Spezialisiertheit der einzelnen Arten, können die vorgestellten Modelle nur eine Auswahl sein und nicht alle Bedürfnisse der einzelnen Arten befriedigen. Hier bleibt jedem Terrarianer nichts anderes übrig, als selbst zu versuchen, die Haltungsbedingungen zu optimieren.

Großterrarium für Regenwaldbewohner

Dieser Terrarientyp eignet sich besonders zur Pflege der großen regenwaldbewohnenden Leguan-Arten wie z. B. *Iguana iguana*, die fast alle auch gerne auf Bäume klettern bzw. dort leben. Da es sich um große Pfleglinge handelt, müssen auch die Behälter entsprechende Ausmaße, auch in der Höhe, aufweisen. Dazu kommt noch die dringend benötigte Stabilität, nicht nur wegen der Terrariengröße, sondern auch wegen dem Gewicht und der Kraft der Tiere. Es emp-

Terrarientyp II:
Regenwaldterrarium.

Terrarientyp III:
Standardterrarium.

fiehlt sich deshalb, das Terrarium immer mit einem festen und stabilen Rahmen aus Holz oder Metall zu versehen. In diesen Rahmen kann man nun z. B. ein aus einzelnen Scheiben bestehendes Glasterrarium kleben. Besser wäre jedoch ein festgemauertes Terrarium.

Sehr wichtig für die artgerechte Haltung vieler Arten ist auch ein großer Wasserteil. Dieser sollte auf dem Boden fest installiert sein und mit einem Abfluß versehen werden, der ein leichtes Reinigen ermöglicht.

Belüftet wird das Terrarium durch zwei an der Seite und oben liegende Gazeflächen.

Die Einrichtung kann denkbar einfach gestaltet sein, da aufgrund des enormen Körpergewichtes jede Pflanze sofort zerdrückt wird und viele Arten die Pflanzen lediglich als zusätzliche Kost betrachten. Zum Klettern, Laufen und Schlafen müssen zahlreiche dicke und stabile Äste in dem Terrarium gut gesichert untergebracht werden. Der Bodengrund braucht nur wenige Zentimeter hoch zu sein. Lediglich zur Eiablage muß für ausreichend Bodengrund gesorgt werden.

Wem dies zu karg aussieht, der kann versuchen, an den nicht so leicht erreichbaren Stellen einige robuste oder nicht sehr schmackhafte Pflanzen anzubringen.

Regenwaldterrarium
Dieses Becken eignet sich zur Pflege der auf dem Boden der Regenwälder lebenden, kleinbleibenden Leguan-Arten.

Am geeignetsten sind silikongeklebte Glasbecken, die mit einer kleinen Lüftungsfläche unter der Frontscheibe und einer großen im Deckel ausgestattet sind, da auch diese Arten sehr empfindlich auf Staunässe oder Stickluft reagieren.

Als Bodengrund verwendet man eine wenige Zentimeter hohe Sand-Torf-Gemisch-Schicht, in der die Weibchen ihre Eier vergraben können. Wegen des geringen Eigengewichts der Pfleglinge kann dieses Terrarium sehr aufwendig bepflanzt werden und als Schaubecken im Wohnzimmer dienen. Zahlreiche bepflanzte und unbepflanzte Kletteräste sowie einige hochkant gestellte Steinplatten oder größere Rindenstücke vervollständigen die Einrichtung.

Standardterrarium
Dieser Terrarientyp dient vor allem zur Pflege der zahlreichen *Anolis*-Arten, aber auch zur Unterbringung anderer Leguan-Arten. Diese Tiere benötigen häufig ein größeres, besonders hohes Terrarium, um sich voll zu entfalten und ihr natürliches Verhalten zu zeigen. Große Lüftungsflächen zur Verhinderung von Stickluft sind unbedingt notwendig. Bei Baumkronenbewohnern empfiehlt sich zusätzlich der Einsatz eines kleinen Ventilators, der permanent Frischluft in das Terrarium bläst und somit immer für eine leichte Luftbewegung sorgt, wie sie in den Baumkronen vorherrscht. Als Bodengrund eignet sich eine Schicht aus Blumenerde, Rindenmulch, Sand-Torf-Gemisch oder ähnlichen Substraten. Die übrige Einrichtung besteht aus zahlreichen Kletterästen, auch Bambusstangen und möglichst großen Büschen oder Bäumen wie z. B. *Ficus benjamini* sowie zahlreichen robusten Rankpflanzen. Es ist aber auch eine üppige Bepflanzung mit Tillandsien und Orchideen möglich, nur sollten die gepflegten Arten dann nicht zu groß gewählt sein.

Großterrarium für bodenbewohnende Großleguane
Dies ist häufig ein nur schwierig zu realisierendes Terrarium, da aufgrund der Größe der Tiere und der benötigten Einrichtung sich teilweise nur gemauerte Becken eignen. Lediglich für kleinere Arten wie z. B. verschiedene *Ctenosaura*-Arten reichen auch Großterrarien mit festem Rahmen. Da es sich fast ausschließlich um Bodenbewohner handelt, muß das Terrarium immer eine entsprechende Grundfläche aufweisen. Zur Belüftung sollte der ganze Deckel aus fester Gaze bestehen.

Viele Arten graben sich richtige Wohnhöhlen, so daß bei Ihnen eine wenigstens 40 cm hohe Bodenschicht vor-

Terrarientyp IV:
Großraumterrarium für bodenbewohnende Großleguane.

handen sein muß. Die Einrichtung besteht aus einigen sicher eingebauten Steinen oder Kunstfelsen sowie zahlreichen dicken, sicher angebrachten Klletterästen. Auch hier kann auf eine Bepflanzung verzichtet werden, da viele Arten die Pflanzen nur als Nahrung betrachten. Ein mittelgroßer Wasserteil, welcher leicht zu reinigen ist, sollte immer vorhanden sein.

Felsterrarium

Dieser Terrarientyp eignet sich für die zahlreichen felsbewohnenden Leguan-Arten, vor allem aus den Trockengebieten Amerikas. Auch hier ist unbedingt wieder auf die nötige Stabilität zu achten, da Felsaufbauten in der Regel sehr schwer sind. Der Bodengrund kann einfach aus Sand bestehen. Einige Rankpflanzen oder Sukkulenten sowie einige dickere Kletteräste bzw. eine vertrocknete Wurzel vervollständigen die Einrichtung.

Trockenterrarium

Dieses Terrarium eignet sich zur Pflege der zahlreichen bodenbewohnenden Arten aus den gemäßigten Klimaten Süd- und Nordamerikas, besonders auch der *Liolaemus*-Arten. Aber ebenso vorzüglich lassen sich in ihnen *Leiocephalus*

Terrarientyp V:
Felsterrarium.

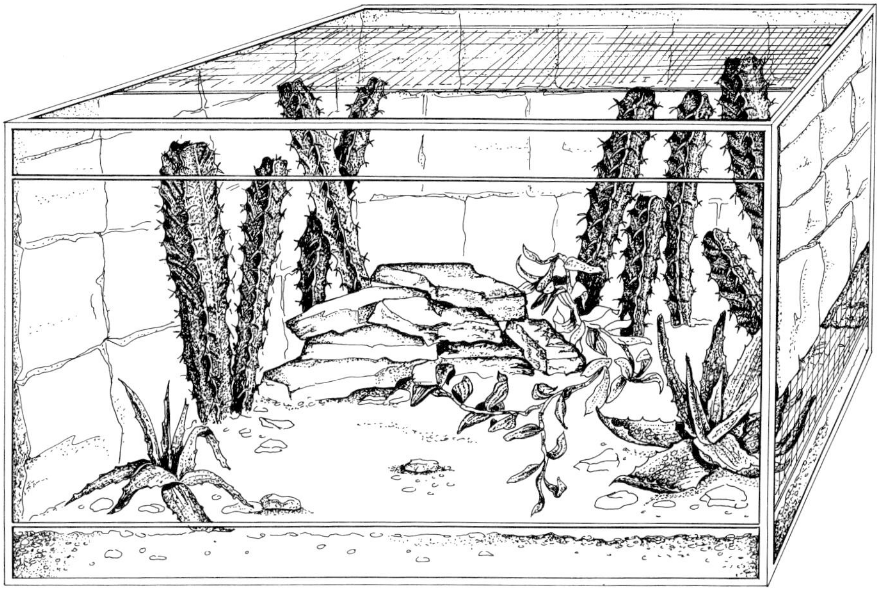

und die verschiedenen *Grasanolis*-Arten pflegen.

Die geeignetste Bauweise ist wieder das silikongeklebte Glasterrarium. Wichtig ist immer eine ausreichende Belüftung, da die Tiere meist eine hohe relative Luftfeuchtigkeit, Staunässe und Stickluft nicht vertragen.

Als Bodengrund verwendet man Lehm oder Sand, bzw. beides vermischt, denn nur so erhält man eine feste Bodenschicht, die das Anlegen von Gängen begünstigt. Da viele Arten sich selber keine Gänge graben, sondern nur verlassene Nagerbauten bewohnen, muß man gegebenenfalls welche anlegen. Aber auch einige Stellen nur mit Sand, in die sich die Tiere leicht eingraben können, sollten vorhanden sein. Auf den Boden legt man Steinplatten oder versteinerte Wurzelstücke. Die Bepflanzung hat nur dekorativen Charakter und kann daher nach ästhetischen Gesichtspunkten erfolgen. Geeignet sind verschiedene Sorten von Ziergräsern und besonders die teilweise sehr dekorativen Sukkulenten.

Wüstenterrarium

Dieser Terrarientyp dient zur Haltung der zahlreichen Wüstenformen unter den Leguanen, besonders für die Arten aus Nordamerika und Mexiko, aber auch

Terrarientyp VI:
Trockenterrarium.

Terrarientyp VII:
Wüstenterrarium

für Tiere aus den südamerikanischen Wüsten. Der Bodengrund sollte aus Sand mit eingestreuten Steinen bestehen. Darauf gibt man einige gegen Einsturz abgesicherte Steinplatten. Abgerundet wird die Einrichtung z. B. mit einer Wurzel und einer eingetopften Sukkulente. Bei den nicht kletternden Arten eignen sich auch Glasbecken, die oben offen sind. Bei den geschlossenen Becken muß immer eine gute Lüftung im Deckel und in der Seite vorhanden sein. Die relative Luftfeuchtigkeit darf nie über einen längeren Zeitraum sehr hoch sein, sie sollte tagsüber immer stark zurückgehen.

Das Freilandterrarium

Wer die Möglichkeit hat, sollte seinen Leguanen einen »Sommerurlaub« im Garten oder auch auf dem Balkon ermöglichen, da er eine willkommene Abwechslung zum normalen »Terrarienalltag« darstellt. Häufig zeigen die Tiere besonders hier ihre volle Farbenpracht. Auch läßt sich hin und wieder eine deutliche Aktivitätssteigerung feststellen.

Grundsätzlich muß man zwischen zwei Arten der Unterbringung unterscheiden. Zum einen für Arten, die nur an den heißesten Tagen im Garten gepflegt werden können und zum anderen die Arten, die während des ganzen Sommers im Freilandterrarium gepflegt werden können.

Zu der ersten Artengruppe gehören die meisten großen Leguan-Arten, sie benötigen zur artgerechten Pflege Bedingungen, wie z. B. hohe Temperaturen, die bei uns nur während einiger Tage im Jahr gegeben sind. Für sie wird das Freilandterrarium im Prinzip dem Normalterrarium nachgestaltet. Da die »Urlaubs- oder Balkonbehälter« sich nur zur vorübergehenden, teilweise nur stundenweisen Unterbringung eignen, müssen bestimmte bauliche Besonderheiten beachtet werden. Natürlich muß das Terrarium ausbruchsicher sein, was unter anderem bedeutet, daß es mit einer festen Bodenplatte ausgestattet ist, damit sich die Tiere nicht vergraben können. Auch sollten der Deckel und die Seitenwände aus Gaze bestehen, damit sich kein Hitzestau bilden kann. Die Einrichtung ist möglichst einfach zu gestalten, was die häufige Entnahme sehr erleichtert. Sehr geeignet, besonders für die Unterbringung der großen Arten, sind stabile Volieren. Beim Aufstellen eines Freilandterrariums sollte immer ein halbschattiger Platz gewählt werden, der es den Tieren ermöglicht, sich auch aus der Sonne zu entfernen.

Für die anderen Arten empfiehlt sich das Anlegen eines richtig stabilen Freilandterrariums, in dem die Tiere die Sommermonate verbringen können. Um ein Entweichen zu vereiteln, sollte die Begrenzung fest gemauert sein oder aus Plastikwellwänden bestehen. Diese müssen etwa 40 cm tief in den Boden reichen, um ein Untergraben seitens der Leguane oder kleinen Nagern zu verhindern. Ist die Außenumwandung gemauert, so muß sie zusätzlich gegen Ausbruchsversuche jeder Art gesichert sein, da einige besonders geschickte Leguane selbst mit Ölfarbe gestrichene Wände erklimmen können. Sinnvoll wäre hier ein schräg nach innen verlaufender Glasstreifen an der Innenseite des Terrariums, der auch nicht mehr durch Überspringen überwunden werden kann. Auch ist darauf zu achten, daß die Pflanzen einen Ausbruch nicht ermöglichen.

Da die Sonnenscheindauer in den Heimatländern häufig wesentlich länger und intensiver ist, auch oder besser besonders in den Hochlagen der Anden, sollte das Freilandterrarium immer täglich mit einer Gartenleuchte lokal beleuchtet werden, damit die Leguane wenigsten an einer Stelle immer ihre Vorzugstemperatur erreichen können. Ferner sind die Sommer in ihren Verbreitungsgebieten wesentlich trockener, so daß durch ein mindestens die halbe Freilandanlage überdeckendes Dach die Tiere gegen zuviel Regen geschützt sind. Natürlich müssen die Gehege auch gegen Katzen und

Vögel (Krähen, Elstern usw.) gesichert werden.

Da es sich bei den geeigneten Arten fast immer um Tiere aus trockeneren Gegenden handelt, die in der Regel Bodenbewohner sind, sollte auch die Terrarieneinrichtung einem Steingarten mit spärlichem Bewuchs ähneln. Lediglich ein dichter, schattenspendender Busch sollte immer vorhanden sein. Geeignet für Freilandterrarien sind vor allem Arten aus Gebieten mit ähnlichen klimatischen Verhältnissen wie im mitteleuropäischen Sommer, so z. B. aus Chile und Argentinien. Etwa ab September sollten die Leguane wieder in ihrem »Winterterrarium« gepflegt werden. Daher sollte man mit dem Herausfangen nicht zu lange warten, da sich viele Arten bei kühlem Wetter tief eingraben.

Die freie Haltung im Zimmer

Häufig haben Terrarianer nicht die Möglichkeit, ein riesiges Terrarium, wie es zur artgerechten Pflege großer Leguan-Arten vonnöten wäre, aufzustellen. Trotzdem wollen sie auf die Pflege eines Grünen Leguans oder einer anderen Art nicht verzichten, bzw. nicht auf kleinere geeignetere Arten ausweichen. So halten sie ihre Tiere frei in einem Zimmer, auf der Fensterbank, im Wintergarten, im Gewächshaus oder in der ganzen Wohnung. Diese Art der Haltung ist jedoch nur bei ganz wenigen relativ standortreuen Arten überhaupt möglich.

Dies sind zum einen die langsamen Arten der Gattung *Chamaeleolis,* da sich diese Tiere immer auf ihre Tarnung verlassen und den ganzen Tag als Lauerjäger im Geäst verbringen. Eine Unterbringung auf einer großen, üppig bepflanzten Fensterbank stellt bei ihnen durchaus eine Alternative zur Terrarienhaltung dar.

Wichtig ist hier, wie bei jeder freien Haltung, daß die Fenster durch Fliegendraht gegen Ausbruch gesichert sind. Ebenfalls sollte man auch die Fensterbank durch einen hohen Glasstreifen, den die Tiere auch nicht mit Hilfe von Pflanzen überklettern oder überspringen können, gegen ein Entweichen ins Zimmer absichern (die oben erwähnte Gattung weist keine Haftlamellen auf). Besser ist es jedoch, die Fensterbank sofort durch Glas oder Draht zu einem »Einbauterrarium« umzuwandeln. Man kann dann zwar nicht mehr von freier Haltung sprechen, jedoch der große Vorteil dieser Haltungsart, nämlich, daß die Tiere den fast schon natürlichen Temperaturschwankungen (Tag-Nacht-, aber auch Jahresrhythmus) ausgesetzt sind, bleibt auf diese Weise erhalten. Wichtig ist natürlich auch hier, daß ausreichend Futterplätze, kühle und feuchte Verstecke, erhöht angebrachte Wasserschalen und einige gleich gute Sonnenplätze vorhanden sind.

Die andere große Gruppe der frei im Zimmer gepflegten Arten sind einige Großleguane. Die häufigste Art stellt dabei wohl der Grüne Leguan dar. Da neu erworbene Tiere in der ersten Zeit recht scheu und schreckhaft sind, was sich jedoch recht schnell legt, und die Babys zudem noch recht klein sind, sollten sie die erste Zeit auf jeden Fall in einem Terrarium untergebracht werden. Dort sollten sie sich an ihren Pfleger gewöhnen, ehe sie völlig »zahm« ins Zimmer entlassen werden.

Nicht jedes Zimmer ist dafür geeignet, da die Leguane Kletteräste und erhöhte Schlafplätze, möglichst auch unter der Decke, benötigen. Auch sollte man bedenken, daß sich große und dicke Baumstämme nur begrenzt ins Wohnzimmer dekorativ integrieren lassen. Außerdem sind die Leguane nicht stubenrein, was die Nerven der Hausfrau stark belasten kann, mal abgesehen von dem Gedanken, die eigene Wohnung mit einem »Drachen« teilen zu müssen. Nicht vergessen darf man, daß viele Leute nicht begeistert sind, wenn sich der Leguan zum Frühstück über die „Delikatessen" auf der Fensterbank hermacht.

Vielleicht ist es doch leichter möglich, ein Terrarium aufzustellen, oder aber ein ganzes Zimmer in ein Terrarium zu verwandeln.

Geeignet ist der Grüne Leguan auch zur Pflege in einem beheizten Gewächshaus oder Wintergarten, da er die dort in der Sonne herrschenden hohen Temperaturen gut verträgt.

Lediglich gegen zu kühle Temperaturen ist ausreichend Vorsorge zu treffen. Dafür reicht es völlig aus, die Raumtemperatur nicht unter 20 °C absinken zu lassen und mittels lokal beheizter und bestrahlter Fläche dem Leguan Gelegenheit zu geben, sich dort auf seine Vorzugstemperatur zu erwärmen. Was das für die Heizkostenabrechnung bedeutet, wollen wir hier zunächst jedoch ausklammern.

Alle Leguan-Arten sind völlig ungeeignet zur freien Haltung im Zimmer, nur damit sie die dort lebenden entwichenen Futtertiere und Spinnen verzehren. Hier empfehlen sich eher Arten aus der Familie der Geckos (vgl. Henkel & Schmidt 1991).

Insgesamt spielt die freie Haltung wohl nur eine untergeordnete Rolle und stellt keine echte Alternative zur artgerechten Pflege im Terrarium dar, da die spezifischen Ansprüche doch recht schwierig in einem Zimmer zu verwirklichen sind.

Man sollte sich daher vorher überlegen, ob man überhaupt in der Lage ist, die Tiere artgerecht unterzubringen, bevor man auf derartige Notlösungen ausweicht.

Terrariengestaltung und -einrichtung

Grundsätzlich beginnt die Terrarieneinrichtung mit dem Verkleiden der Seitenscheiben und der Rückwand. Je nach unterschiedlich nachgestaltetem Biotop hat man dabei die verschiedensten Möglichkeiten. In allen Terrarientypen und auch bei den unterschiedlichsten imitierten Lebensräumen hat sich das Verkleiden der Wände mit dünnen Korkplatten bewährt, da sie auch gegen Feuchtigkeit relativ resistent sind und den Tieren Raum zum Klettern bieten. Korkplatten gibt es in verschiedenen Stärken, Qualitäten und in zwei Farben. Am gebräuchlichsten ist der helle Kork, wie er zum Tapezieren von Wänden benutzt wird. Er ist überall im Tapetenhandel oder in Baumärkten erhältlich. Die in der Regel 30 × 60 cm großen, 2 mm starken Platten werden auf das gewünschte Maß zurechtgeschnitten und mit Silikon eingeklebt.

Wesentlich vielseitiger zu verwenden ist der dunkle, in Stärken von 20 bis 60 mm angebotene Dachdeckerkork, der in allen größeren Dachdeckerbedarfsgroßhandlungen erhältlich ist. Von ihm gibt es zwei verschiedene Qualitäten, zum einen der einfach heiß gepreßte und zum anderen der geklebte. Für die Terrarien ist nur die erste Sorte geeignet, da der geklebte Kork laufend Lösungsmittel freisetzt. Im Gegensatz zu dem dünnen Kork kann man nun die Oberfläche mit einer Fräse oder ähnlichem derart bearbeiten, daß sie das Klettern der Leguane möglichst begünstigt. Auch ermöglicht sie eine Bepflanzung und weist ein fast natürliches Aussehen auf. Da der Kork stark staubt, ist es besser, die Oberfläche bereits vor dem Einbau ins Terrarium im Freien zu gestalten. Der dicke Kork läßt sich gut verarbeiten, z. B. sägen, brechen usw., und da er zudem sehr leicht ist, eignet er sich auch zum Gestalten von Aufbauten und als Grundlage für Felsimitationen. In schmale Streifen geschnitten, eine gesägte und eine gebrochene Seite, läßt er sich gut mit der glatten Seite an die Wände kleben. Diese Aussichtsplattformen sind begehrte Aufenthaltsplätze. Ebenso kann man auch Felsspalten leicht und gut kontrollierbar nachgestalten oder einfach nur die angebotene Lauffläche vergrößern. Als Felsspaltimitation klebt man die Korkstreifen wie einen Fächer immer nach unten enger zusammenlaufend an eine Seite der Rückwand. Diese Spalten werden trotz ihrer guten Kontrollierbarkeit von Tieren gerne angenommen. Am Verhalten der Tiere erkennt man, daß sich die Leguane in ihnen völlig sicher fühlen. Auch Bepflanzen kann man den dunklen Kork leicht. Hierfür bohrt man ein Loch und steckt die Pflanze mit etwas Erde fest hinein. Wenn man das Gießen nicht vergißt, wurzeln die Pflanzen recht schnell. *Ficus pumila* kann auf diese Weise in kürzester Zeit die dunkelbraune Rückwand in eine grüne Pflanzenwand verwandeln. Ebenso kann man sogar Epiphyten-Gewächse, wobei die Wurzeln vieler Arten in *Sphagnum* eingepackt werden müssen, anheften oder sogar ankleben, denn der Kork hält das Wasser nicht lange, so daß sich keine Staunässe bildet.

Am schönsten, aber auch am teuersten, ist der Einbau von plan gepreßter, naturbelassener Korkeichenrinde. Sie ist in Platten bis zu einer Größe von 100x50 cm im Zoofachbedarfhandel erhältlich.

Das Bekleben von Wänden mit Mexifarnplatten und das Verwenden von Mexifarnstangen als Epiphytenäste ist wohl nicht mehr zeitgemäß, da die Farnbäume unter Naturschutz stehen und in der Natur durch Rodung, aber auch durch die Gewinnung von Mexifarn als Material für Blumentöpfe, immer mehr gefährdet sind. Da der Farn im WA II aufgeführt ist, benötigt man auch für jedes Stück Mexifarn eine CITES-Bescheinigung!

Ebenfalls zum Verkleiden von Terrarien sind die Rindenabschwarten geeignet. Dies gilt besonders für Regenwaldterrarien oder für Behälter zur Pflege von Arten, die an Baumstämmen leben. Die Rindenabschwarten werden an den Seiten gerade gesägt und mit Silikon dicht auf die Seiten oder auf die Rückwand geklebt.

Schwieriger ist da schon die Gestaltung in Trocken- oder Wüstenterrarien. Optisch am schönsten und auch am natürlichsten wäre eine Felswand, die den Leguanen gleichzeitig mehr Raum zum Bewegen liefert. Als Material eignet sich dort vor allem Moltofill für Außen oder Fertigbeton. Beide Materialien sind in Baumärkten erhältlich und lassen sich leicht verarbeiten. Zuerst klebt man auf die Wand einige Kork- oder Styroporstreifen, die die eigentliche Felswand imitieren sollen. Dann legt man das Terrarium, wenn dies möglich ist, auf die betreffende Seite und bestreicht die ganze Wand inklusive der Aufbauten dünn mit Moltofill oder Fertigbeton. Läßt sich das Becken nicht mehr bewegen, so rührt man die Spachtelmasse etwas dicker an und trägt sie dann vorsichtig auf die Wand auf. Damit das Terrarium nun nicht einen häßlichen grauen, betonfarbenen Ton aufweist, färbt man den Beton z. B. mit Eisenoxid, dann erhält man die Farbe rot, oder anderen zementfesten Farben nach Wunsch ein. Wem das immer noch zu trist ist, der kann die Oberfläche auch mit rotem Sand oder anderen Materialien bestreuen, um so eine rauhere Struktur zu erhalten. Für Felsbewohner eignet sich auch das Bekleben der Terrarienwände mit dünnen Steinplatten.

Weiterhin kann man die Wände auch mit PU-Schaum ausschäumen, wie er als Füllmasse in Spraydosen erhältlich ist. Aber nicht alle Sorten sind geeignet, zahlreiche Baumaterialien sondern auch noch nach langer Zeit Giftstoffe ab. Der Schaum kann nur auf liegenden Scheiben aufgetragen werden, da er zwar gut klebt, am besten auf der Haut, von der er gar nicht abgeht, aber in sich instabil ist. Im frischen Zustand läßt er sich noch gut formen und auch später, wenn er ausgehärtet und stabil ist, läßt er sich leicht sägen, bohren und gut bepflanzen. Da er jedoch eine häßliche, künstliche Farbe aufweist, muß er in der Regel immer eingefärbt werden. Das Besprühen mit Autolack oder ähnlichem ist natürlich Geschmackssache.

Sind die Wände fertig gestaltet, wird als nächstes der Bodengrund in das Terrarium eingebracht. Die unterste Schicht bildet bei bepflanzten Terrarien dabei immer eine Art Drainageschicht, die das überflüssige Wasser auffängt und an der man leicht erkennen kann, ob die Pflanzen mal wieder gegossen werden müssen. Sie sollte aus leichtem Material wie Styroporschnipseln oder Lekatonkugeln bestehen und etwa 2 bis 3 cm hoch sein. Damit sich diese Schicht nicht mit der darüberliegenden Erdschicht vermischt, wird sie mit einer Lage Filterwatte oder einem ähnlichen Stoff abgedeckt. Auf den Stoff füllt man nun die eigentliche Bodenschicht, die aus verschiedenen Materialien bestehen kann, wie z. B. Sand-Torf-Gemisch, Garten- oder Blumenerde, Lehm usw. In den meisten Fällen kommt der Höhe keine entscheidene Rolle zu, da beispielsweise die *Anolis*-Arten ihre Eier lediglich in einer Tiefe von 2 bis 3 cm vergraben. Lediglich in den Fällen, in denen die Weibchen regelrechte Legehöhlen graben oder die Tiere in Wohnhöhlen leben, muß eine sehr hohe Bodenschicht, die in sich eine gewisse Stabilität aufweist, vorhanden sein. Am stabilsten sind Gartenerde oder Lehm, aber es reicht teilweise auch eine Mischung mit lockeren Bodensubstanzen aus, um einen stabilen Bodengrund zu erhalten, in dem die Leguane leicht graben können. Einfacher jedoch ist es zu versuchen, die Tiere an fertig gemauerte Gänge oder Holzkisten, die mit Erde etwas angefüllt und abgedeckt werden, zu gewöhnen. In der Regel nehmen die Leguane dieses Angebot recht schnell an. Bei der Pflege von stark grabenden Arten sollte man nie vergessen, die Pflanzen immer nur in festen Blumentöpfen eingepflanzt in den Bodengrund einzugraben.

Im übrigen hat der Satz von Lilge & Van Meeuwen (1979) noch nichts an Bedeutung verloren: Für grabende Arten sorgen wir für einen genügend festen Bodengrund und bewahren unseren Humor, wenn manche von ihnen mit hartnäckiger Grabtätigkeit wieder einmal das schön eingerichtete Terrarium völlig verwüstet haben.

Für die Wüsten- und Trockenterrarien kann man natürlich auf eine Drainageschicht verzichten. Als Bodengrund verwendet man Sand oder Lehm. Alle Pflanzen werden nur in Pflanzschalen in den Behälter gestellt, damit man beim Gießen nicht immer den gesamten Bodengrund anfeuchtet. Optisch am schönsten ist natürlich roter Sand, den man in Deutschland z. B. in der Eifel findet.

Zur Eiablage werden z. B. für kleine Arten flache Schalen mit mindestens 5 cm hohem, leicht feuchtem Substrat, teilweise abgedeckt mit dünnen Steinplatten oder ähnlichem, in das Terrarium gestellt. Da auch in Wüsten- und Trokkenbehältern immer eine feuchte Stelle vorhanden sein sollte, sprüht man in diesem Terrarium immer nur in eine Ecke, in der auch die nie fehlende Wasserschale steht. So haben die Tiere die Möglichkeit, auch feuchtere Stellen im Terrarium aufzusuchen.

Die Bodenschicht wird in dem Regenwaldterrarium mit Laub, Moos, Rindenstückchen oder dünnen Steinplatten abgedeckt, so daß die Leguane auch mal die Möglichkeit haben, sich zu verbergen. In den trockeneren Terrarientypen legt man einige dünne Steinplatten bzw. Korkoder Rindenstücke auf den Boden, die von den Tieren gerne als Versteck angenommen werden.

Als weitere Einrichtungsgegenstände kommen dann die Kletteräste, alte verwachsene Wurzeln, größere Steinaufbauten oder aber die Epiphytenäste in das Terrarium. Die Äste sollten sorgfältig ausgewählt werden, sie dürfen weder morsch sein noch eine zu glatte Oberfläche besitzen. Besonders schön sind alte Wurzeln, die durch ihre Vielzahl an Löchern und Gängen den Tieren eine ganze Reihe zusätzlicher Versteckmöglichkeiten bieten. Für die Großleguane muß man schon sehr dicke Äste oder dünnere Baumstämme auswählen. Als Alternative bieten sich große Korkröhren an, die teilweise mit einem Durchmesser von über 20 cm im Handel angeboten werden. Mit Beton ausgefüllt bieten sie einen stabilen und unverrottbaren Baumstammersatz. Wer auf das Gewicht achten muß, kann sie auch mit PU-Schaum ausfüllen, muß dann aber wegen des fehlenden Eigengewichts für einen stabilen Halt sorgen.

Alle Äste und Wurzeln, die aus der Natur entnommen werden, müssen vor dem Einbringen in das Terrarium gründlich gereinigt und getrocknet werden, um ein Einschleppen von Schnecken, Asseln, Tausendfüßlern, Drahtwürmern usw. zu verhindern.

Leider fast ausschließlich für die Haltung von kleineren grazilen *Anolis*-Arten eignen sich die sogenannten Epiphytenäste, an bzw. auf denen schöne Tillandsien, Orchideen oder kleine Farne kultiviert werden können. Auch hier sollte man aus Naturschutzgründen auf das Mexifarn verzichten, da jeder stark verwachsene Rebholzstab, aber auch jede dünnere Wurzel optisch sowieso viel schöner ist. Zur Bepflanzung geeignet sind alle Epiphytengewächse. Sie werden teilweise einfach mit Silikon an den Ast geklebt oder aber die Wurzeln werden in *Sphagnum* gebettet und in eine Astgabel gepreßt bzw. mit durchsichtigem Nylonband aufgebunden.

Schwieriger ist da schon die Integration von Felslandschaften. Da echte Steine sehr schwer sind, sollten sie nur in Terrarien verwendet werden, die einen soliden Unterbau aufweisen und deren Bodenscheibe völlig plan auf dem Unterbau aufliegt. Zusätzlich sollte der Behälter auf einer Hartschaummatte für Aquarien, die kleinere Stöße abfangen kann, stehen. Wer nicht auf echte Steine im Terrarium verzichten will, muß mit deren Aufbau immer auf dem Boden beginnen. Denn es kann leicht mal vorkommen, daß die Leguane die Steine untergraben und dann von ihnen zerquetscht werden. Ein größeres Mauerwerk aus Steinplatten wird immer nach einem festen Plan in das Terrarium eingebracht. Dabei werden die Steine zu kleinen Einheiten zusammengemauert, die leicht entnehmbar und gut kontrollierbar sind. Den Zement kann man wiederum mit Metalloxidfarben nach Wunsch einfärben, um ihm ein möglichst natürliches Aussehen zu verleihen. Bevor die verbundenen Steinplatten in das Terrarium gelegt werden, müssen alle Zementstükke einige Zeit gewässert werden.

Wesentlich leichter und vielseitiger sind da schon künstliche Felslandschaften. Man baut sich ein Gerippe aus dikkem Kork oder aus Styroporplatten und -blöcken. Dieses kann man dann mit eingefärbtem Moltofill für Außen oder mit Fertigbeton verputzen und mit verschiedenen Materialien wie Sand bestreuen.

Weiterhin kann man sein Terrarium mit einem kleinen Zimmerspringbrunnen, wie sie in Hydrokulturanlagen verwendet werden, verschönern. Zahlreiche Leguan-Arten trinken viel lieber bewegtes Wasser als stehendes aus Wassernäpfen. Dies erfordert natürlich einige besondere bauliche Vorrichtungen, wie eine absolut wasserdichte und geschützt verlegte Stromzufuhr. Noch schöner ist ein kleiner Bachlauf mit Wasserfall, der in einem größeren Wasserbecken endet. Wenn man sich sowieso schon zu einer Kunstfelslandschaft im Terrarium entschieden hat, kann man auch gleich einen Bachlauf oder einen Wasserfall gestalten. Betreiben sollte man ihn mit einem sehr großen Aquarienfilter, z. B. von Eheim. Aber auch dieses erfordert wieder viele bauliche Besonderheiten, wie einen Abfluß aus dem Wasserbecken zum Filter und von dort wieder eine versteckt laufende Wasserleitung bis zum Beginn des Wasserlaufs.

Als Wasserteil eignen sich gebrannte und wasserdicht lackierte Tonschalen. Wer sie nicht selbst fertigen kann, sollte sich z.B eine Vogeltränke für den Garten oder etwas ähnliches kaufen. Der große Vorteil ist, daß die Wände alle schräg nach außen verlaufen und dem Tier somit ein Verlassen des Wasserteils erleichtern. Zusätzlich sollte man jedoch immer einen leicht erkletterbaren Ast über den Wasserteil legen, damit die Leguane an ihm leicht herausklettern können. Wenig geeignet sind im Terrarium abgeklebte Wasserteile, da sie nur sehr schwierig zu reinigen sind. Ein Palludarium z. B. eignet sich eigentlich nur zu Pflege von Wasseranolis-Arten.

Schwieriger ist es da schon, einen geeigneten Wasserteil in ein Großterrarium einzubauen. Hier haben sich die besonders leichten, in verschiedenen Größen erhältlichen Plastikduschwannen bewährt, aber auch fertig geformte kleinere Gartenteiche. Beide haben den Vorteil, daß sie bereits mit einem Abfluß versehen sind. Dafür aber ist das Reinigen und der Wasserwechsel erheblich vereinfacht. Auch hier sollte sich immer ein stärkerer Ast über dem künstlichen Wasserteil befinden, damit die Tiere leicht herausklettern können.

Auch in einem Wüstenbecken sollte niemals eine Wasserschale mit stets frischem Trinkwasser fehlen, obwohl die meisten Arten ihren Bedarf über ihre Nahrung decken. Für einige Baumbewohner ist es von Vorteil, wenn die Wasserschale etwas höher im Terrarium angebracht ist, z. B. in eine Astgabel gesteckt oder auf einen höheren Felsvorsprung gestellt wird.

Als letztes unerläßlich ist ein möglichst an verschiedenen Stellen angelegtes Calciumdepot (zerstoßene Sepiaschale usw.), aus dem sich die Tiere stets bedienen können.

Bepflanzung

Die Terrarienbepflanzung spielt als Lebensraum für die Leguane nur eine untergeordnete Rolle, da nur die wenigsten Arten an sie als Lebensraum gebunden sind. Auch vertauschen beispielsweise die *Anolis* gerne den Baumstamm, ihr natürliches Habitat, mit einer glatten Korkwand auf der Rückwand oder an den Seiten des Terrariums.

Die Bepflanzung dient folglich mehr dem optischen Eindruck. Sie kann aber auch wichtige Funktionen wahrnehmen. So läßt sich mit ihrer Hilfe der Terrarieninnenraum durch eine geschickt gewählte Bepflanzung in mehrere Reviere aufteilen. Gleichzeitig bietet sie vielen Arten auch eine Form der natürlichen Deckung und Sichtschutz gegen Tiere der gleichen Art. Größere, dichte Pflanzen können selbst im Terrarium ein besonderes Kleinklima schaffen, das häufig dem Wohlbefinden der Pfleglinge sehr zuträglich ist.

Der Versuch, eine geographische Einheit zwischen Tieren und Bepflanzung herzustellen, ist für eine artgerechte Haltung nicht notwendig. Die Illusion, eine artgerechte Haltung wäre nur möglich bei genauer Nachgestaltung des natürlichen Lebensraums, trügt. Wie soll man auch sonst erklären, daß zahlreiche Arten sich problemlos an den neuen »Lebensraum« Müllhalde angepaßt haben und sich dort bester Gesundheit erfreuen. Diesen „Biotop“ will nun sicherlich niemand in seinem Terrarium nachgestalten. Bei dem Versuch, einen geographischen Biotop in dem Behälter zu schaffen, sollte man nicht vergessen, daß dies in der Natur ein zusammenhängendes Ganzes ist, bestehend aus Pflanzen, dem Untergrund sowie zahllosen Tierarten, insbesondere auch Räubern, die in vielfältigen Beziehungen zueinander stehen. Man spricht in diesem Zusammenhang auch vom Ökosystem, was in einem Terrarium niemals zu realisieren ist.

Die meisten Terrarianer versuchen daher, nur mit Hilfe eines Terrariums einen kleinen »Biotop« im Wohnzimmer zu schaffen, wobei die Bepflanzung möglichst natürlich die Vielzahl und das Wirrwarr der Regenwälder widerspiegeln soll. Dies ist ein nicht ganz so leicht umzusetzender Entschluß, denn die Pflege von Tillandsien und Orchideen sowie der zahlreichen kleinen Farne erfordert ebensoviel Mühe und Erfahrung, wie die Pflege der übrigen Terrarienbewohner. Auch sollte man nicht vergessen, daß nur kleinste und sich möglichst grazil fortbewegende Arten, z. B. kleine *Anolis*-Arten, kombiniert mit einigen Laubfrosch- oder Dendrobaten-Arten, sich als Terrarienbesatz eignen. Wer also beabsichtigt, nicht nur sein Augenmerk auf die Pflege von Leguanen im Terrarium zu richten, sondern sich auch um die Bepflanzung bemühen will, sollte sich daher vorher einiges an einschlägiger Literatur besorgen.

Aber selbst die großen Leguan-Arten lassen sich in sehr dekorativ bepflanzten Großterrarien pflegen. Hier wird der optische Eindruck weniger von der Vielzahl geprägt, als vielmehr durch die Größe der Pflanzen, die z. B. einen Wasserteil, möglichst mit Bachlauf oder Wasserfall im Zentrum, einrahmen oder überdachen. Selbst die Ansicht eines trockenen Wüstenbeckens läßt sich mit Hilfe einiger hübscher Sukkulenten erheblich in ihrem Aussehen verbessern. Schwierig ist die Auswahl geeigneter Pflanzen für ein Trocken- oder Felsterrarium, etwa zur Pflege von Tieren, die in Habitaten mit spärlichem Pflanzenwuchs, vor allem Gras vorkommen. Selbst die verschiedensten Zimmer- und Ziergräser weisen in der Regel in diesen Terrarien nur eine geringe Lebensdauer auf. Deshalb sollte man auf andere Pflanzen aus trockenen Gebieten zurückgreifen, wie z. B. die verschiedenen *Aloe-* und *Echeveria*-Arten.

Bei der Pflege von grabenden Leguan-Arten ist es, wie schon erwähnt, sehr wichtig, daß die Pflanzen in einem festen, möglichst noch beschwerten Blumentopf oder aber einer Pflanzenschale in das Terrarium gestellt werden, um ein Ausgraben oder Umkippen zu erschweren. Auf diese Weise kann man auch die Pflanzen gießen, ohne gleich das ganze Terrarium unter Wasser setzen zu müssen.

Alle Terrarienpflanzen werden gesondert gegossen, da das tägliche Überbrausen des gesamten Terrariums zum Tränken der Tiere nicht ausreicht. Das Sprühwasser befeuchtet in der Regel nur die Oberfläche und ist nach einiger Zeit wieder vollständig verdunstet.

Aber auch für eine ausreichende Lichtversorgung ist zu sorgen. Der ideale Stellplatz der Pflanze ist daher immer der hellste Platz im Terrarium, denn bei Lichtunterversorgung bekommen sie lange und dünne Triebe, die leicht abbrechen und ein unvorteilhaftes Aussehen aufweisen. Auf eine Düngung der Pflanzen kann man verzichten, da die Tiere für eine natürliche Düngung sorgen.

Bei Schädlingsbefall der Pflanzen entfernt man gegebenenfalls die ganze Pflanze, denn ein Einsatz auch von sogenannten natürlichen Insektiziden ist immer bedenklich.

Nicht vergessen darf man, daß zahlreiche Arten Vegetarier sind und die Bepflanzung nur als Abwechselung in ihrem Speiseplan ansehen. Jede Art der Bepflanzung ist hier in der Regel vergebliche Liebesmühe, es sei denn, man kann die Pflanzen so anbringen, daß sie von den Leguanen nicht erreicht werden können.

Überwinterung

Zahlreiche Leguan-Arten verbringen entsprechend der Jahreszeit eine mehrmonatige Winterruhe. Dazu gehören vor allem die Arten aus den mittleren und höheren geographischen Breiten Amerikas, aber auch einige Arten aus Madagaskar. Sie verbringen eine Winterruhe oder zumindest eine kürzere inaktive Phase, die aber auch von wärmeren Tagen unterbrochen sein kann. Das Einhalten dieser Ruheperiode während der Terrarienhaltung ist unabdingbare Voraussetzung für eine erfolgreiche Nachzucht, aber auch für ein hohes Lebensalter der Tiere.

Zum Überwintern eignen sich größere ältere Terrarien, die in einem kühlen Keller aufgestellt werden. Die Raumtemperaturen sollten dort etwa bei 12 bis 16 °C liegen. Über den Terrarien wird ein kleinerer Wärmestrahler installiert, der jeden Tag ca. 4 Stunden brennt und den Tieren lokal die Möglichkeit zum Aufwärmen gibt. Er darf aber nicht den Bodengrund erwärmen und sollte die Lufttemperatur im Terrarium nur geringfügig erhöhen. Die Einrichtung des Terrariums besteht aus einer mindestens 30 cm hohen Bodenschicht, z. B. einem Sand-Torf-Gemisch mit schräg eingesetzten Steinplatten.

Eine geringfügige Substratfeuchte muß während der ganzen Zeit vorhanden sein und sollte durch regelmäßiges Kontrollieren garantiert werden. Die Bodenschicht wird teilweise mit trockenem Laub und mit flachen Steinplatten abgedeckt. Sehr wichtig ist auch ein Wasserschälchen mit stets frischem Trinkwasser. Zahlreiche Leguan-Arten unterbrechen ihre Winterruhe für kurze Zeitabschnitte (1 bis 3 Tage) und halten sich während dieser Zeit an der Oberfläche auf. Sie verschwinden aber nach einigen Tagen meist wieder von allein.

Bevor man seine Pfleglinge in die Winterruhe schickt, sollte man die Beleuchtungszeit und die Futtermenge langsam reduzieren. Kurze Zeit vorher stellt man die Fütterung vollends ein. Natürlich schickt man nur Tiere mit ausreichenden Fettreserven in die Winterruhe, da nur sie in der Lage sind, eine Hungerperiode zu überdauern. In der Natur sind die Jungtiere häufig erheblich länger als die Adulten aktiv, um so noch ausreichende Fettreserven anzulegen, ehe sie in den Winterschlaf gehen. Deshalb sollten sie auch während der Terrarienhaltung später in den Winterschlaf geschickt werden. Welche Arten eine Winterruhe benötigen, entnehmen Sie bitte den Artenbeschreibungen.

Jeder, der eine eigene erfolgreiche Methode zur Überwinterung seiner Tiere entwickelt hat, möge auch bei dieser bleiben, denn eine universelle Überwinterungsart gibt es nicht. Wie unterschiedlich die Überwinterungsmöglichkeiten im einzelnen aussehen können, möchten wir anhand der originellen Überwinterungsmethode von Robert Schuhmacher, Witten, kurz beschreiben. Am Ende des Sommers stellt er die Fütterung seiner Tiere, nur Halsbandleguane *(Crotaphytus)*, ein und reduziert gleichzeitig die Beleuchtungsdauer auf 4 bis 6 Stunden täglich. Nach etwa einem Monat fängt er alle Leguane aus den Terrarien und setzt sie für etwa 6 Stunden in eine Badewanne, wo er sie in lauwarmem Wasser badet. Nach dem Baden werden die Tiere dann alle einzeln in mit Papierstreifen gefüllten Grillendosen untergebracht, die anschließend in einen Koffer gestellt werden. Dieser bleibt noch einige Tage in einem kühlem Raum stehen, ehe er für mindestens zwei Monate in einen kalten Keller gestellt wird. Die Temperaturen liegen dort etwa bei 12 °C. Während dieser Zeit werden die Tiere nicht mehr versorgt. Nach etwa zwei Monaten holt er den Koffer wieder aus dem Keller und stellt ihn noch für einige Tage in einen kühlen Raum. Dann entnimmt er die Tiere aus den Dosen und setzt sie in die Terrarien zurück. Innerhalb von 14 Tagen werden die Temperaturen erhöht und die Beleuchtung wieder auf die volle Länge geschaltet. Am Ende der Winterruhe sehen die Leguane noch genauso kräftig aus wie vorher. Leider läßt sich diese Überwinterungsmethode nicht verallgemeinern, so führte sie bei *Cophosaurus texana* zum Totalausfall.

Vergesellschaftung mit anderen Tieren

Leguane sollten grundsätzlich immer paarweise gepflegt werden. Lediglich einige wenige Arten, die auch in der Natur in kleinen Gruppen oder in sehr großer Populationsdichte vorkommen, können auch im Terrarium vergesellschaftet werden. Bedenken muß man aber immer, daß im Gegensatz zur Natur der dort existierende »unendliche« Fluchtraum im Terrarium gar nicht oder nur begrenzt vorhanden ist. Deshalb erfordert die gruppenweise Pflege einer Art, aber auch die gemeinsame Haltung verschiedener Arten, immer eine entsprechend geschickt gewählte Einrichtung. In der Regel lassen sich die verschiedenen Arten leichter gemeinsam pflegen als zwei Paare einer Art.

Einige Leguane sind so aggressiv gegen alle Terrarienmitbewohner, daß sie nur in großen Terrarien paarweise oder ein Männchen mit mehreren Weibchen gemeinsam gepflegt werden können. Auch darf man nicht vergessen, daß eine große Anzahl an Arten Echsenfresser sind, die alle anderen Echsen, auch Nachtgeckos usw., regelrecht jagen und verzehren. Dabei sind sie nicht wählerisch und versuchen, selbst gleichgroße Arten noch zu verschlingen, was häufig mit dem Verlust beider Tiere endet. Entsprechende Verhaltensweisen oder Nahrungsvorlieben sind in den Artenbeschreibungen angegeben.

Jedoch lassen sich die nicht so aggressiven Arten, aber auch aggressive Nicht-Echsenfresser häufig problemlos mit anderen Amphibien und Reptilien (Echsen) vergesellschaften. Besonders geeignet sind da die Nachtgeckos, die eine abweichende Aktivitätszeit aufweisen. Aber auch die hübschen Dendrobaten-Arten oder verschiedene Laubfrösche lassen sich mit *Anolis*-Arten gemeinsam im Terrarium pflegen.

Zucht, Eizeitigung und Aufzucht von Leguanen

Angesichts der enormen Artenvielfalt innerhalb der Familie der Leguane dürfte wohl jedem klar sein, daß auch dieses Thema nur überblicksweise abgehandelt werden kann. Wichtige Einzelheiten, die nur für eine Art oder Gattung zutreffen, sind deshalb in den Artenbeschreibungen erwähnt.

Die wichtigste Voraussetzung für eine erfolgreiche Nachzucht ist ein artgerechtes Terrarium. Dazu gehört auch das Nachgestalten des natürlichen Klimas, eine ausgewogene Ernährung und ein gesundes, gut harmonierendes Leguan-Pärchen. Aber auch wenn all diese Voraussetzungen erfüllt sind, muß man häufig Jahre warten und währenddessen immer wieder versuchen, die Haltungsbedingungen weiter zu optimieren, ehe sich die gewünschten Nachzuchten einstellen. Nicht vergessen darf man dabei, daß die Arten aus dem südlichen Südamerika und aus Madagaskar sich erst auf unseren Jahresrhythmus umstellen müssen, ehe sie, angeregt durch unsere Jahreszeiten, zur Fortpflanzung schreiten. Wie bereits erwähnt, kann man auch diese Arten mit einem enormen technischen Aufwand entsprechend ihrer natürlichen Jahreszeiten halten, jedoch dürfte dies für den normalen Terrarianer nicht möglich sein.

Der normale Weg sich Tiere zu verschaffen, ist der Kauf von Nachzuchten bei anderen Terrarianern. Sehr hilfreich ist hierbei der DGHT-Rundbrief, der viermal im Jahr erscheint und in dem die fast 5000 DGHT-Mitglieder angeben, welche Tiere sie abgeben und welche sie suchen. Da in den letzten Jahren die Zahl der Nachzuchten bereits erheblich gestiegen ist, kann man inzwischen teilweise sogar bei Händlern Nachzuchten erstehen. Wer die Wahl hat, sollte Nachzuchten den Wildfängen immer vorziehen. Dies nicht nur aus Naturschutzgründen, sondern auch, weil man weiß, wie alt die Tiere sind, der Züchter einem die wichtigsten Angaben zu Fragen der Haltung geben kann und die Tiere gesund und parasitenfrei sein müßten.

Ferner sollte man bei der Anschaffung von Leguanen immer darauf achten, daß man sich auch ausreichend Tiere einer Art besorgt. Von Arten, die in Gruppen gemeinsam gepflegt werden und deren Geschlecht als Jungtier nicht zweifelsfrei erkennbar ist, zieht man grundsätzlich ein oder zwei Tiere mehr gemeinsam auf. Denn recht schnell erkennt man, welche Tiere unterdrückt werden oder einfach nicht in der Gruppe harmonieren, und diese kann man dann abgeben.

Für eine erfolgreiche Zucht ist die Gruppenzusammensetzung ganz entscheidend. So ist es sicherlich förderlich, wenn die Männchen sich gegenseitig durch ihr Droh- und Imponierverhalten zum Balzverhalten und später zur Paarung anregen. Jedoch ist es gerade in dieser Zeit besonders wichtig, daß genügend Ausweichfläche und verdeckte Versteckplätze für die rangniederen Männchen vorhanden sind.

Bei einigen aggressiven *Anolis*-Arten empfiehlt es sich, ein Männchen mit zwei Weibchen gemeinsam zu pflegen, was bei anderen Arten hingegen völlig unmöglich ist. Immer sollte man neu erworbene Tiere oder neu zusammengestellte Gruppen oder Paare in der ersten Zeit genau beobachten, um unnötige Verluste zu vermeiden.

Grundsätzlich beobachtet man im Terrarium zwei unterschiedliche Fortpflanzungstypen. Zum einen die Arten, die das ganze Jahr hindurch Eier legen und zum anderen Arten mit einer saisonalen Fortpflanzungsperiode (leider gibt es natürlich auch hier wieder alle Arten an Zwischenformen). Die erste Gruppe, zu ihnen gehören fast alle *Anolis*-Arten, ist die unkompliziertere, da das aufwendige Nachgestalten der Jahres- oder Regenzeiten entfällt. Bei ihnen reicht es völlig aus, ein Pärchen oder eine kleine Gruppe einer Art gemeinsam artgerecht zu pflegen, da es fast zwangsläufig nach einer Eingewöhnungsphase auch zur Fortpflanzung kommt.

Ist die Paarung erfolgt, müssen die Weibchen ausreichend und möglichst hochwertig ernährt werden. So erhalten auch fast reine Pflanzenfresser in dieser Zeit erhöhte Gaben an tierischer Nahrung, um den erhöhten Proteinbedarf zu decken. Selbst bei Arten, die nicht oder nur sehr selten selbständig Kalk aufnehmen, kann man jetzt die Weibchen beim Fressen von Sepiaschalen usw. beobachten.

In der ersten Zeit nehmen die Weibchen schnell an Körperumfang zu. Bereits eine Woche oder teilweise noch länger vor der Eiablage oder Geburt reduzieren sie die Futteraufnahme oder stellen sie sogar ganz ein. Während der Trächtigkeit weisen die Weibchen einiger Arten eine stark erhöhte Aggressivität und/oder Streßempfindlichkeit auf. Sie können so aggressiv und dominant sein, daß selbst bei Arten, bei denen die Männchen größer und aggressiver sind, diese ihre Verstecke nur noch zur Nahrungsaufnahme verlassen. Teilweise zeigen die Weibchen in dieser Zeit ein besonderes Trächtigkeitsfarbkleid. Bemerkt man bei seinen Tieren derartige Verhaltensweisen und weist das Terrarium keine ausreichenden Rückzugsmöglichkeiten auf, so müssen die Tiere für einige Zeit getrennt werden. Am besten setzt man das Männchen in ein anderes Terrarium, da das Umsetzen eines trächtigen Weibchens in ein neues Terrarium zu erhöhtem Streß für das Tier führt.

Künstliche Nisthöhle zur Eiablage.
Nach Werner und Miller (1984).

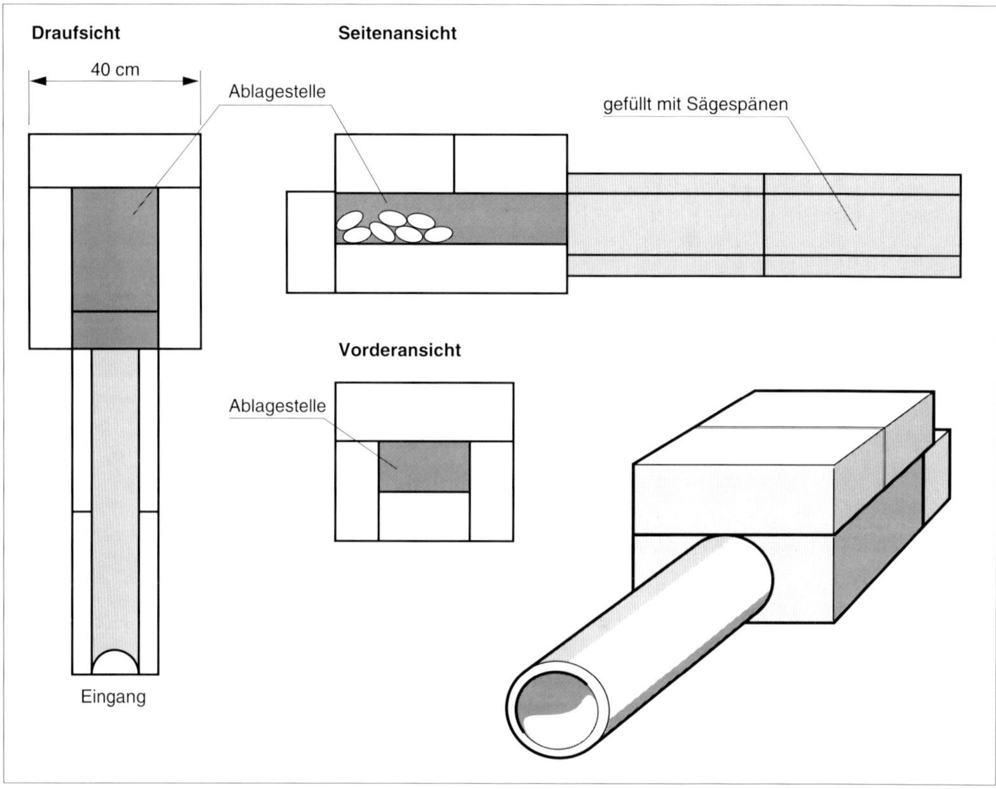

Ebenfalls immer unerläßlich sind geeignete Eiablageplätze, da die Tiere häufig sehr spezielle Ansprüche an sie haben. Das nicht Vorhandensein entsprechender Eiablagestellen im Terrarium kann zur psychologischen Legenot und damit zum Tod des Weibchens führen.

Am einfachsten hat man es da bei den zahlreichen *Anolis*-Arten, da sie zur Eiablage lediglich eine Kuhle in den leicht feuchten Boden graben und ihr Ei dort verstecken. In der Regel sind die Arten recht anspruchslos und nehmen sogar extra aufgestellte Blumentöpfe oder ähnliches zur Eiablage an.

Schwieriger ist es da schon bei Arten, die für ihre Nester richtige Höhlen graben. Nicht nur der Platz muß richtig gewählt sein, hier muß auch noch das Substrat stimmen, da die Tiere in ihm leicht graben können müssen und die Höhle trotzdem stabil sein muß. Für die zahlreichen kleinen Arten stellt auch dies kein Problem dar, da Gänge in der Regel in geeigneten Substraten stabil bleiben. Schwieriger wird es da aber bei den großen Arten. Kaum jemand wird in der Lage sein, seinem Grünen Leguan-Weibchen einen geeigneten Eiablageplatz anzubieten, wo sie zumindest eine körperlange Höhle graben kann, an deren Ende sie ihre Eier ablegt. Man hat festgestellt, daß die Leguane gerade dieses Gefühl, sicher in einem Gang verborgen zu sein und gleichzeitig Körperkontakt zumindest beim Aufrichten des Kopfes zu haben, unverzichtbare Voraussetzung für eine problemlose Eiablage ist. Deshalb entwickelten Werner & Miller 1984 einen künstlichen Eiablageplatz für Grüne Leguane in Form einer Ablagekiste aus Holz (siehe Zeichnung). Die Gänge im Kasten sollten etwa 12 bis 15 cm hoch sein, um den notwendigen Kontakt zur Decke zu ermöglichen und dabei ausreichend lang sein. Diese Kiste legt man auf den Bodengrund des Terrariums. Die Weibchen vergraben ihre Eier, wenn sie die Ablagekiste angenommen haben, am Ende des Ganges im Bodengrund.

Vergleicht man die bevorzugten Eiablageplätze, so stellt man immer wieder fest, daß die Tiere feuchte und warme Stellen bevorzugen. In Wüstenterrarien stellt man daher zur Eiablage Behälter, die mit leicht feuchtem Sand gefüllt sind und sich an einem möglichst warmen Platz befinden sollten. Um den Weibchen das Suchen nach einer geeigneten Stelle zum Graben zu erleichtern, kann man eine flache Steinplatte oder ähnliches auf die feuchte Erde legen, an deren Kante die Tiere meist zu graben beginnen.

Einige Arten, wie z. B. der Wasseranolis, benötigen ganz spezielle Eiablageplätze. So legt *Anolis vermiculatus* seine Eier zwischen Steinplatten unmittelbar über der Wasseroberfläche ab, wenn diese kleinen Spalten eine optimale Feuchtigkeit aufweisen. Derartigen Ansprüchen muß natürlich im Terrarium auch immer Rechnung getragen werden. Bei Arten, über deren Fortpflanzungsverhalten nichts bekannt ist, muß man sich da schon auf seine eigene Beobachtungsgabe verlassen.

Die Eier sollten immer sofort aus dem Terrarium entfernt werden, damit sie nicht Terrarienmitbewohnern oder aber Futtertieren wie Grillen, Schaben usw., zum Opfer fallen. Nicht vergessen darf man, daß viele Arten von Natur aus Echsenfresser sind und ganz gerne mal ein eigenes Jungtier verschlingen. Auch bei den lebendgebärenden Arten sollten die Nachzuchten, wenn sie geboren sind, sofort aus dem Terrarium entfernt werden und in einem separaten Aufzuchtterrarium aufgezogen werden.

Bei der Entnahme der Eier ist äußerste Vorsicht geboten. So muß das Gelege erst vorsichtig freigelegt werden, dann sollte die Oberseite der Eier mit einem weichen Bleistift gekennzeichnet werden, um ein Drehen der Eier bei der Entnahme zu vermeiden. Bei zahlreichen Arten scheint es keine Rolle zu spielen, ob die Eier bei der Entnahme oder später während der Entwicklung gedreht werden. Aber bei den Eiern anderer Leguan-Arten führt jede Drehung zum Absterben des Eies, wenn der Embryo sich erst einmal an der Oberseite des Eies angeheftet hat.

Die Eier werden in mäßig bis gut feuchtes Substrat überführt, wobei die Substratfeuchte grundsätzlich nach dem Herkunftsgebiet der Tiere festgelegt wird (Wüste trockener als Regenwald).

Als Zeitigungssubstrate eignen sich besonders Perlite und Vermiculite. Lediglich beim Kauf muß man darauf achten, daß es sich bei den Substraten um solche handelt, die auch für die Pflanzenkultur geeignet sind und nicht als Isoliermaterial auf dem Bau verwendet werden. Letztere werden oft mit einem Imprägniermittel behandelt, das die Eischalen auflöst.

Im Perlite erkennt man den Grad der Substratfeuchte an dem Feuchtigkeitsniederschlag am Dosenrand. Im Vermiculite überprüft man die Substratfeuchte, indem man das Substrat zwischen den Fingern zerdrückt. In beiden Zeitigungsbehältern darf nie von dem Substrat nichtaufgenommenes Wasser vorhanden sein. Da die genaue Feuchtigkeit nur recht schwierig festzulegen und festzustellen ist, empfiehlt es sich, bei einem erfahrenen Terrarianer Rat zu holen. Im allgemeinen gilt die Faustregel für das Vermiculite, daß das Substrat ausreichend feucht ist, wenn kein unaufgenommenes Wasser im Eizeitigungsbehälter vorhanden ist und das Substrat, wenn es zwischen den Fingern zerdrückt wird, etwas Wasser freigibt.

Als Zeitigungsbehälter eignen sich klarsichtige, dicht schließende Plastikdosen, die eine Kontrolle jederzeit ohne Öffnen des Behälters ermöglichen. In Dosen, in denen Vermiculite als Substrat verwendet wird, testet man die Substratfeuchte etwa alle 3 Wochen. Gleichzeitig sorgt das Öffnen des Behälters auch für einen ausreichenden Gasaustausch. Stellt man fest, daß das Substrat keine ausreichende Feuchtigkeit mehr aufweist, so muß es nachgefeuchtet werden. Dafür nimmt man vortemperiertes Wasser, welches vorsichtig am Dosenrand entlang in den Zeitigungsbehälter gegeben wird, ohne daß dieses die Eier berührt.

Den Zeitigungsbehälter stellt man nun in einen Inkubator. Je nach Herkunft sollte der Temperaturbereich zwischen 23 und 30 °C gewählt sein. Bei zahlreichen Arten reicht es auch völlig aus, wenn die Zeitigungsdose an einen wärmeren Platz (z. B. in der Nähe von Vorschaltgeräten oder Beleuchtungskörpern) aufgestellt wird, an dem die notwendigen Temperaturen vorherrschen (ggf. mit einem Thermostat einige Tage messen). Oftmals sind Jungtiere, die bei schwankenden Temperaturen (Tag-Nacht) ausgebrütet wurden, wesentlich agiler als Nachzuchten, die bei gleichbleibenden Temperaturen gezeitigt wurden. Dabei handelt es sich häufig um Arten, die ihre Eier nicht tief im Erdreich vergraben.

Die Wahl des Inkubators ist auch entscheidend, da nicht alle Eier eine starke Hitze von oben, wie sie die Jäger-Brutglucken aufweisen, vertragen. Bei ihnen kann die Oberfläche austrocknen und verhärten, so daß die Jungtiere nicht mehr schlüpfen können. Andererseits scheint dies aber zahlreichen *Anolis*-Arten nichts auszumachen. Wir empfehlen als Inkubator den Motorbrüter nach Broer & Horn (1985).

Noch einmal müssen wir hier die Problematik mit der TAGA kurz ins Gedächnis rufen. Wie klein dieser Temperaturbereich sein kann, der für die Ausprägung eines Geschlechts verantwortlich ist, zeigt sich deutlich an den Eiern des Grünen Leguans. Bei ihnen muß die Temperatur während der gesamten Zeitigung immer zwischen 28 und 30 °C liegen, da sie besonders empfindlich gegen kleinste Temperaturschwankungen sind. Aber auch in diesem kleinen Bereich zeigt sich, daß je höher die Bruttemperaturen liegen, je mehr Männchen schlüpfen (Köhler 1991).

Hin und wieder können die Eier auch Pilzbefall aufweisen, den man aber leicht mit einer antimykotischen Salbe in den Griff bekommen kann.

Nach 35 bis 150 Tagen ist es dann soweit. Der eigentliche Schlupf kündigt sich meist als Schwitzen der Eier an. Hierbei bilden sich auf der Eioberfläche mitunter zahlreiche kleine Wassertropfen, während das Ei dabei sein Volumen verringert. Mit Hilfe des Eizahns schlitzen die Jungtiere nun ihr Ei auf, meist sternförmig an einer Seite, aber teilweise auch durch einen Längsschnitt. Als erstes schieben sie ihre Schnauze ins Freie und verharren noch einige Zeit, ehe sie spätestens am nächsten Tag das Ei ganz verlassen. Während dieser Zeit nehmen sie teilweise noch den Dotter in die Leibeshöhle auf und stellen den Körper auf die Lungenatmung um.

Kaum aus dem Ei geschlüpft, bewegen sich die Jungtiere äußerst flink und schreckhaft, so daß die Entnahme aus dem Zeitigungsbehälter nicht so einfach ist. Besonders geschickt sind die *Anolis*, da sie ja schon Haftlamellen besitzen. Bei einigen Arten hat man beobachtet, daß, wenn das aus dem Ei schauende Jungtier erschreckt wird, dieses das Ei sofort fluchtartig verläßt. Bereits kurz nach dem Schlupf häuten sich die Jungtiere.

Die Aufzucht erfolgt in kleinen Terrarien, deren Einrichtung den Behältern der erwachsenen Tiere nachempfunden wurde. Bei Wüstenarten reicht es völlig, wenn auf dem Sandboden einige Steinplatten als Versteckmöglichkeiten liegen. *Anolis*-Nachzuchten kann man auch gut in speziell umgebauten, klarsichtigen Vorratsdosen aufziehen. Bei ihnen wird in den Deckel ein Plastikgewebe mit einer Maschenbreite von 500 µm eingeklebt. Ferner wird eine Seitenwand mit Kork als Lauffläche beklebt. Einige Kletteräste sowie eine kleinblättrige Rankpflanze vervollständigen die Einrichtung. Bei sehr empfindlichen Arten sollte eine leicht zu reinigende Einrichtung gewählt werden, wie Zeitungspapier als Bodengrund, Kletteräste und Plastikpflanzen.

Auch die anderen Bedingungen sollten ähnlich wie für die ausgewachsenen Tiere gehalten sein, nur die Tageshöchsttemperaturen sollten immer etwas niedriger liegen, da die Jungtiere ihren Mechanismus zur Temperaturregulierung noch nicht voll beherrschen und die kleinen Behälter eher zur Überhitzung neigen.

Wichtig ist es auch, daß in diesen kleinen Miniterrarien immer ein feuchter Rückzugsplatz, z. B. unter einem Korkstück in einer Ecke, vorhanden ist. Das gilt auch für Wüstentiere, da die Jungtiere teilweise anfällig auf zu große Trokkenheit reagieren.

Bei vielen Arten empfiehlt sich die gemeinsame Aufzucht gleichgroßer Tiere einer Art, da die Konkurrenz und der Futterneid die Tiere besser an das angebotene Futter gehen läßt. Jungtiere verschiedener Arten lassen sich nur schlecht gemeinsam großziehen, da die Tiere häufig eine unterschiedliche Scheu aufweisen und eine Art den anderen Arten das ganze Futter vor der Nase wegschnappt. Einmal täglich werden die Aufzuchtbehälter überbraust, wobei auch das Wasserschälchen stets frisch aufgefüllt wird. Gleichzeitig wird ausreichend Futter, immer gut mit einem Vitamin-Mineralstoff-Aminosäuren-Gemisch eingestäubt, ins Terrarium gegeben. Einige Arten gehen schon am Tag des Schlupfs an das Futter, während andere Arten wie der Grüne Leguan erst nach 7 bis 9 Tagen die erste Nahrung zu sich nehmen. Bis dahin leben sie noch von ihrem Dottervorrat.

Während der Aufzucht muß die Terrariengröße der Größe der Nachzuchten angepaßt werden. Sie sollte jedoch auch nicht zu groß gewählt sein, da es sonst passieren kann, daß die Jungtiere nicht genügend Futter finden.

Ernährung

Auch heute bereitet die Ernährung der Leguane im Terrarium noch zahlreiche Probleme, wie die Untersuchungen zahlloser verendeter Tiere zeigen (Bosch & Werning 1991; Köhler 1991 und 1992). Der Grund dafür liegt aber nicht am Mangel an Möglichkeiten, sondern vielmehr an der Unwissenheit, was die Tiere für eine artgerechte Ernährung benötigen.

Wer weiß schon, daß Grüne Leguane, auch die Jungtiere, in der Natur reine Blattfresser sind. Besonders angesichts der Tatsache, daß die Tiere im Terrarium gerne an tierische Nahrung gehen. Dabei ist eine ausgewogene und hochwertige Ernährung neben der artgerechten Unterbringung einer der wichtigsten Aspekte der Leguan-Haltung.

Nur einige wenige Arten, wie die Meeresechsen *(Amblyrhynchus),* sie ernähren sich ausschließlich von marinen Algen, sind derart stark ausgeprägte Nahrungsspezialisten, daß eine Terrarienhaltung nicht möglich ist. Neben diesen absoluten Spezialisten gibt es noch eine ganze Reihe von Arten, die sich zwar in der Natur fast ausschließlich von einem ganz bestimmten Futtertier ernähren, wie z. B. Ameisen und Termiten, die aber auch dort hin und wieder ein anderes Insekt erbeuten. Zu ihnen gehören die bekannten Vertreter aus der Gattung der Krötenechsen. Der Anteil an Ameisen im Futter schwankt bei ihnen von Art zu Art erheblich, so beträgt er bei *Phrynosoma coronatum* etwa 50 % und bei *P. platyrhinos* etwa 90 %. Die Frage, warum die Krötenechsen im Terrarium ohne Ameisen nicht überleben, obwohl ausreichend Futtertiere vorhanden sind und auch gefressen werden, ist noch nicht genau untersucht. Man geht aber davon aus, daß die Ameisensäure eine entscheidende Rolle im Säurehaushalt des Verdauungstraktes spielt. So verenden die Tiere ohne Ameisen als Nahrung meist an Zersetzungserscheinungen des Magens. Trotz alledem ist es einzelnen Terrarianern gelungen, sehr erfolgreich Krötenechsen zu halten und zu vermehren, aber immer verfütterten sie einen erheblichen Anteil an Ameisen.

Vor der Anschaffung derartiger Tiere sollte man sich daher gut überlegen, ob man solche Ernährungsansprüche überhaupt erfüllen kann.

Aber nicht nur die Krötenechsen fressen Ameisen. Zahlreiche andere kleine Leguan-Arten, zum Beispiel aus den Gattungen *Uta* und *Liolaemus* nehmen, wenn nicht sogar benötigen, regelmäßig Ameisen als Nahrung. Vielleicht liegt hier auch mit ein Grund für die teilweise immer noch schlechten Haltungsergebnisse. Es empfiehlt sich daher immer, besonders bei noch nicht erforschten Arten, auch einmal probeweise verschiedene Ameisenarten als Nahrung anzubieten.

Beim Verfüttern von Ameisen sollte man immer darauf achten, daß sich nicht zu viele im Terrarium befinden. Denn in der Natur setzen sich die Leguane neben eine Ameisenstraße, aus denen sie die Ameisen genüßlich rauspicken, und dienen nicht den Ameisen als Tummelplatz. Manche Autoren empfehlen daher ein Stück Zucker an eine Stelle im Terrarium zu legen, die möglichst weit vom Schlafplatz der Tiere entfernt ist.

Alle großen Leguan-Arten leben nahezu ausschließlich oder zumindest zu einem großen Teil von pflanzlicher Nahrung (herbivore Arten). Besonders gut ist dies allerdings bisher nur an dem Grünen Leguan untersucht. So zeigten Mageninhaltsanalysen frei lebender Tiere, daß alle Leguane, auch Tiere der unterschiedlichsten Altersklassen, rein vegetarische Kost zu sich genommen hatten. Der Hauptanteil bestand dabei aus Baum- und Lianenblättern.

Daher kurz einige Beispiele für die Zusammensetzung der Nahrung für herbivore Leguan-Arten.

Köhler (1991) empfiehlt für den Grünen Leguan folgende Zusammensetzung:

40 bis 70 %	Blätter, Kräuter, Keimlinge und Sprossen
10 bis 15 %	geriebene Karotten
0 bis 5 %	sonstiges Gemüse (Gurke, Paprika, Tomate)
10 bis 15 %	Früchte (sollte 30 % nie übersteigen)
3 bis 5 %	Haferflocken
2 %	Hefeflocken
2 %	Weizenkeime
0,5 bis 1 %	Korvimin ZVT.

Kunik (1991) gibt an, daß *Cyclura cornuta* im Frankfurter Zoo mit verschiedenen Obst- und Gemüsesorten, Kräutern, Weizenkeimen und ähnlichem in sich ständig wechselnder Zusammensetzung gefüttert wurden. Nur hin und wieder erhielten die Leguane ihr Lieblingsfutter, wie weiches Obst und Mehlwürmer.

Im Gegensatz zu diesen fast reinen Pflanzenfressern gehört bei den Schwarzen Leguanen *(Ctenosaura)* tierisches Eiweiß zum festen Bestandteil der Nahrung. Jungtiere dieser Art fressen häufig sogar ausschließlich Insekten.

Aber auch unter den kleinen Leguan-Arten gibt es noch eine ganze Reihe weiterer herbivorer Arten, wie z. B. *Dipsosaurus dorsalis.*

Geeignet sind die unterschiedlichsten Futterpflanzen. Wichtig ist nur, daß sie garantiert insektizidfrei sind. Gefüttert wird abwechselnd mit Löwenzahn, Klee, Breit- und Spitzwegerich, Vogelmiere, Gänseblümchen, Taubnessel, Blatt- und Feldsalat, Milchdistel, Oregano, Zitronenmelisse, Salbei, Wein- und Himbeerblättern, Beinwell, Lauch, Gurke, Tomate, Karotten, Paprika, Pimpinelle, Keimlinge, Sprossen usw. Daneben eignen sich auch die verschiedensten Früchte wie Banane, Apfel, Erdbeere, Himbeere und Brombeere, Birne, Kirsche, Weintraube, Pflaume, Melone, Kiwi, Apfelsine, Pfirsich usw.

Nicht alle Arten fressen die ganze Angebotspalette. Man muß schon individuell ausprobieren, was die Leguane freiwillig fressen und was nicht. Häufig werden auch gelbe Blüten, z. B. Löwenzahn, gefressen. Man sollte sich jedoch immer davor hüten, nicht abwechslungsreich zu füttern, da die Tiere sich schnell an eine Sorte gewöhnen und alle andere angebotene Kost verweigern.

Die zu verfütternden Blätter werden immer gut unter fließendem Wasser gereinigt und in einer Schale in das Terrarium gestellt, da die Leguane das Futter in der Regel nicht mehr beachten, wenn es erst einmal mit Sand verklebt ist. Das Gemüse, wie z. B. die Karotten, wird ebenfalls erst gereinigt und dann am besten geraspelt, ebenso wird Obst in Stükke geschnitten und auch in einer Schale verfüttert. Da die Tiere selten alle Bestandteile des Futters gerne fressen, kann man durch Mischen versuchen sie dazu zu bewegen, auch ungeliebte Sorten zu fressen. Im Winter bereitet eine abwechslungsreiche Ernährung häufig Schwierigkeiten, da nur Treibhausware zur Verfügung steht. Eine gesunde Alternative sind da selbst gezogene Keimlinge und Sprossen, die in den verschiedensten Keimgeräten herangezogen werden können. Der große Vorteil dieser käuflichen Keimgeräte ist, daß man im Gegensatz zu der herkömmlichen Keimlingszucht, Weizenkeimlinge werden auf Zeitungspapier gezogen, auch die Wurzeln verfüttern kann und sich der Zeitaufwand in Grenzen hält. Auch gibt es eine große Auswahl an verschiedenen Samen zur Zucht von Keimlingen und Sprossen, wie z. B. Kresse, Luzerne, Mungobohnen, Linsen, Sonnenblumenkerne, Erbsen, Senf, Leinsamen, Rettich, Roggen, Gerste, Weizen usw.

Nicht geeignet zur Ernährung von Leguanen sind Pflanzen, die Oxalsäure enthalten wie Spinat, Rhabarber, Sauerampfer usw. Die Oxalsäure verbindet die Calciumionen des Blutes zu Calciumoxalat und führt so zu einer Senkung des Blutcalciumspiegels, was wiederum zur Veränderung der Blutgerinnungszeit und zu Kreislaufschäden führen kann. Ferner nicht verfüttert werden sollte Beinwell, Buchweizen und nicht zuviel Kohl, da alle Pflanzen unterschiedliche schädliche Stoffe enthalten.

Sehr wichtig ist bei der vegetarischen Ernährung, daß dem Futter jedesmal ein Vitamin-Mineralstoff-Aminosäuren-Gemisch beigemischt wird. Hierfür streut man es einfach über die Blätter oder mischt es unter den Obst-Gemüse-Salat.

Der weitaus größte Teil der Leguane ernährt sich jedoch als Räuber von den unterschiedlichsten Insekten, Gliedertieren, kleinen Säugern und Echsen.

Dabei ist es immer interessant zuzuschauen, welch unterschiedliche Jagdtaktiken die einzelnen Arten entwickelt haben. So pirschen sich die einen vorsichtig an ihre Beute heran, ehe sie sie durch Vorschnellen mit der Schnauze ergreifen und wieder andere jagen einfach im Spurt scheinbar blindlings drauflos. Aber auch von diesen Arten nimmt ein Großteil zusätzlich pflanzliche Nahrung zu sich. So schlecken z. B. viele *Anolis*-Arten gerne mal Obstbrei, wie die entsprechende käufliche Kindernahrung, während die bodenbewohnenden Arten eher Blätter und Blüten bevorzugen.

Die Ernährung der Leguane mit lebenden Insekten bereitet heutzutage keinerlei Schwierigkeiten mehr, kann man doch in zahlreichen Zoofachgeschäften ein großes Angebot an unterschiedlichen Futtertieren erwerben. Auch liefern Versandhandlungen, die sich auf Futterzuchten spezialisiert haben, ihr Angebot im Abonnement (Adressen entsprechender Firmen finden Sie in den Fachzeitschriften wie DATZ usw.).

Die beste Lösung ist nach wie vor noch die eigene Futtertierzucht. Nur dann ist garantiert, daß die Insekten auch ein hochwertiges Futter darstellen. Denn auch hier gilt, daß man nur durch eine möglichst hochwertige und abwechslungsreiche Ernährung der Futterzuchten die entsprechende Qualität erhält, die bei der im Vergleich mit der Natur doch noch vorhandenen Einseitigkeit so dringend nötig ist. Außerdem ist man unabhängig von Engpässen bei den Lieferanten oder von witterungsbedingten Ausfällen beim Transport.

Aber auch die zahlreichen Nachteile wollen wir nicht verschweigen. So ist eine Futterzucht immer mit einem gewissen Zeitaufwand sowie einer Lärm- und Geruchsbelästigung verbunden. Ausführliche Anleitungen finden sich in dem Buch »Futtertierzucht« von Friederich & Volland (2. Aufl. 1992). Kurzanleitungen finden sich bei Henkel & Schmidt (1991), so daß wir hier auf eine Darstellung verzichten wollen.

Gefüttert werden die Leguane je nach Größe mit kleiner und großer flugunfähiger *Drosophila,* Getreideschimmelkäfern und deren Larven, Mehl- und Wachsmotten sowie deren Raupen, Mehlkäfern und deren Larven, Larven des großen Schwarzkäfers, verschiedene Arten an Grillen und Heimchen, die verschiedensten Schabenarten, Wanderheuschrecken, Ameisen, Schnecken, Mäusebabys usw. Auch hier gilt es, möglichst abwechselungsreich zu füttern, damit die Tiere keine Vorlieben entwickeln.

Gefüttert wird am besten am späten Vormittag, wenn sich die Tiere bereits auf ihre Vorzugstemperatur erwärmt haben und volle Aktivität zeigen. Dies ist besonders wichtig, damit die Leguane sofort an das Futter gehen und die Insekten keine Gelegenheit haben, das Vitamingemisch vorher herunterzuputzen. Dabei gibt es zwei Möglichkeiten. Zum einen gibt man die Insekten einfach in das Terrarium und die Leguane müssen sich die Beute selbst erjagen. Da die Tiere im Terrarium häufig an Bewegungsmangel leiden, sollte diese Methode immer der zweiten vorgezogen werden. Noch günstiger ist es sogar, wenn man anstelle einiger großer Futtertiere mehrere kleine verfüttert. Häufig wird dieses Angebot von den Leguanen gerne angenommen. Aber diese Art von Fütterung hat auch Nachteile. So sind in den seltensten Fällen die Terrarien ausreichend dicht, daß nicht doch einmal ein Futtertier entkommt. Außerdem hat man keine Kontrollmöglichkeiten, was z. B. bei der gemeinsamen Aufzucht oder einer Vergesellschaftung mehrer Arten dazu führen kann, daß nicht so agile oder unterdrückte Tiere nicht genügend Futter erhalten. Deshalb sind einige Terrarianer dazu übergegangen, ihre Pfleglinge individuell mit Hilfe einer Pinzette zu füttern. Jedes Insekt wird mit der Pinzette ergriffen und dem Leguan vorgehalten. In der ersten Zeit bedarf es jedoch einer gewissen Übung von Seiten des Pflegers und der Echse, dieses spielt sich aber in der Regel in wenigen Tagen ein. Die Nachteile dieser Fütterungsart sind die fehlende Bewegung, da die aufwendigen Verfolgungsjagden unterbleiben, und der enorme Zeitaufwand.

Gehen die Leguane trotz Auswahl nicht von selbst an das Futter (z. B. weil sie krank oder gestreßt sind), müssen sie zwangsgefüttert werden. Dies stellt aber immer nur die letzte Notlösung dar, da die Maßnahme einen ziemlich gewaltsamen Eingriff darstellt. Gefüttert werden auf diese Weise nur weiche oder kleine Insekten, die vorher durch Zerdrücken des Kopfes getötet wurden.

Getränkt werden die Leguane durch tägliches, je nach Art auch mehrmals tägliches Überbrausen des gesamten Terrariums. Zusätzlich befindet sich in jedem Behälter eine kleine Trinkschale, die für Bodenbewohner auf dem Boden steht und für Baumbewohner am günstigsten an einem Ast aufgebunden wird. Selbstverständlich erhalten die Tiere täglich frisches Wasser.

Vitamine, Mineralstoffe und Aminosäuren

Wenn man nun dieses schier unendliche Angebot an verschiedenartigen Futtertieren und Futterpflanzen in der Natur mit dem kümmerlichen Angebot im Terrarium vergleicht, wird jedem klar, daß das Futter entsprechend aufgewertet werden muß, um eine hochwertige Nahrung darzustellen. Hierzu wird alles Futter mit einem Vitamin-Mineralstoff-Aminosäuren-Gemisch (wie z. B. Korvimin ZVT, hergestellt von der Wirtschaftsgenossenschaft Deutscher Tierärzte eG, Hannover, zu beziehen in der Apotheke oder beim Tierarzt) gut eingestäubt.

Dies ist besonders wichtig, da unser angebotenes Futter auch noch ein unausgeglichenes Calcium-Phosphor-Verhältnis aufweist und daher mit Hilfe eines Mineralstoffgemischs auf ein ausgeglicheneres Verhältnis gebracht werden soll. Besser wäre sogar ein leichtes Übergewicht zugunsten des Calciums. Ein natürliches Übergewicht besteht z. B. bei Mäusebabys, weshalb Leguane, die Kleinsäuger als Futter bekommen, auch viel weniger Probleme mit Rachitis haben. Unsere Futterinsekten weisen häufig ein Calcium-Phosphor-Verhältnis von 1:9 auf, dieses kann man durch ausschließliches Verfüttern von Karotten als Feuchtfutter oder durch Calcium-Lactat Beimischung an ihr Futter erheblich aufbessern, doch ist die nochmalige Aufwertung durch Einstäuben unerläßlich.

Neben dem Einstäuben der Tiere muß in jedem Terrarium Calcium in verschiedenen Formen vorhanden sein, welches die Tiere jederzeit aufnehmen können müssen. Die Palette der Möglichkeiten reicht von einem Schälchen gefüllt mit Kalzan D3 über klein gebrochene *Sepia*-Stücke bis hin zu Muschelgrit als Bodenbelag (im Taubenzubehörhandel erhältlich). Da dies alles für einige Arten noch nicht ausreichend ist, sollte entweder dem Trinkwasser regelmäßig eine Vitaminmischung beigegeben werden oder die Tiere erhalten je nach Größe regelmäßig, etwa einmal in der Woche, 0,1 bis mehrere Tropfen Multimusin gezielt zugefüttert. Wichtig ist ferner noch bei der *Anolis*-Haltung, daß man für eine regelmäßige Jodversorgung sorgt, welches aber im Korvimin ZVT bereits ausreichend vorhanden ist.

Erkrankungen und ihre Behandlung

Dies ist eines der schwierigsten Themen, da wir, wie viele andere Terrarianer auch, bei der genauen Diagnostik und anschließender Behandlung überfordert sind. Daher beschränken wir uns auf allgemeine Hinweise sowie Tips zum Verhindern, Erkennen und Behandeln einfacher Erkrankungen.

Für jeden Terrarianer sollte es oberstes Ziel sein, durch artgerechte Haltung und gesunde, ausgewogene, artgerechte

Ernährung sowie sorgfältigem Umgang mit den Tieren Krankheiten zu vermeiden. In den meisten Fällen sind auch heute noch die zahlreichen Erkrankungen auf derartige Fehler zurückzuführen. Leider kann es jedoch trotz der besten Haltungsart hin und wieder doch mal zu einer Erkrankung kommen.

Wir empfehlen daher jedem, sich bereits vor Anschaffung der Tiere mit diesem Thema vertraut zu machen und sich die entsprechende Fachliteratur zuzulegen. Das wäre vor allem das Buch »Heimtierkrankheiten« von Isenbügel & Frank (1985), da die darin verzeichneten Medikamente überall erhältlich sind. Weiterhin können wir noch das ebenfalls deutschsprachige Werk »Handbuch der Zootierkrankheiten. Band 1 Reptilien« von Ippen, Schröder, Elze (1985) empfehlen. Leider handelt es sich bei den darin angegebenen Präparaten um Produkte aus der ehemaligen DDR, die im Handel nicht mehr erhältlich sind. Außerdem das sehr umfassende englischsprachige Werk »Disease of the Reptilia« von Cooper & Jackson (1981).

Besonders erfreulich sind die jüngsten deutschsprachigen Veröffentlichungen, die sich ausführlich mit diesem Thema beschäftigen, wie Bosch & Werning (1991) und Köhler (1991 und 1992).

Unerläßlich bei jeder Anschaffung von neuen Tieren, die aus der Natur entnommen wurden, oder bei Tieren aus unbekannter Quelle, ist eine etwa 6 bis 8 Wochen lange Quarantänezeit. Denn nur so läßt sich das Einschleppen von Parasiten und anderen Krankheitskeimen vermeiden. Man sollte die Gefahr, sich Parasiten in seine Terrarienanlage einzuschleppen, nicht unterschätzen. Man verliert unter Umständen nicht nur die Neuerwerbung, sondern den gesamten Bestand. Während der Quarantäne werden die Leguane in einem sterilen Terrarium untergebracht. Für die kleinen Arten sind die im Handel erhältlichen Plastikterrarien völlig ausreichend, nur bei den größeren Arten muß man ein speziell gebautes Extraterrarium verwenden.

Wichtigster Gesichtspunkt dabei ist die leichte Reinigungs- und Desinfektionsmöglichkeit des Behälters. Als Desinfektionsmittel empfiehlt Köhler (1991) nur Präparate auf Peroxid- (z. B. Cysoval) oder auf Alkohol-Basis.

Als Bodengrund verwendet man Zeitungspapier, welches täglich gewechselt wird. Die übrige Einrichtung ist artabhängig und besteht in der Regel aus einem Wassernapf sowie flachen Steinen und einer Plastikpflanze.

Handelt es sich um Tiere aus dem Handel, so sollten die Tiere erst einmal vorsichtig getränkt werden. Da die Tiere häufig bereits in den Herkunftsländern kein Wasser erhalten haben, leiden sie stark an Austrocknung. Dem Wasser wird eine Elektrolytmischung beigesetzt, da die Tiere sonst das Wasser nicht im Körper behalten können. In den nächsten Tagen reduziert man langsam die Elektrolyte.

Ebenso beginnt man auch mit der Fütterung. Da die Tiere in der Regel ausgezehrt sind, stürzen sie sich auf das Futter und verschlingen alles, was angeboten wird. Da aber auch die Darmflora sich meist erst wieder erholen muß, können sie die Nahrung nicht verarbeiten und erbrechen sie oder sie wird unverdaut ausgeschieden. Es empfiehlt sich daher, den kleinen Echsen in den ersten Tagen nur eine Grille, Wachsmade oder ähnlich leicht verdauliches Futter anzubieten und erst am zweiten Tag etwas mehr Nahrung zu reichen. Zeigt sich, daß die Tiere anstandslos fressen und verdauen, so kann man getrost ab dem dritten Tag eine ganz normale Futterration anbieten. Ähnlich verfährt man auch bei den Pflanzenfressern.

Leider stürzen sich nicht alle Leguane mit Heißhunger auf das angebotene Futter. Dies kann an dem für das Tier unbekannten Futter liegen, aber auch an dem Schwächezustand des Tieres selbst. Hier sollte man eine möglichst große Auswahl anbieten und erst im Notfall zwangsfüttern.

Köhler (1991) empfiehlt zur Ernährung nahezu verhungerter Grüner Leguane während der ersten zwei Tage nur flüssige Nahrung wie Amyin und Bouiserin. Danach beginnt man Babynahrung, z. B. Alete, hinzuzumischen, wobei man mit Karotten beginnt und erst nach und nach zu proteinhaltigeren Sorten übergeht.

Vom ersten Kot, den die Leguane im Quarantänebecken abgesetzt haben, entnimmt man eine Probe, die zu einer der drei unten genannten Untersuchungsstellen zur kostenpflichtigen Untersuchung geschickt wird. Überlicherweise erkundigt man sich vor dem Versenden nach den Bedingungen wie Verpackung, Versand, Kosten usw., um unliebsame Überraschungen zu vermeiden. Der Kot sollte auf Parasiten aller Art, auch Amöben, untersucht werden.

Nachfolgend die Liste der Institute, die kostenpflichtige Kotuntersuchungen durchführen:

- Veterinärmedizinische Fakultät der Universität Gießen, Frankfurter Str. 87, 35392 Gießen
- Tiergesundheitsamt Hannover, Dr. Röder, Vahrenwalder Str. 133, 30165 Hannover
- GeVo Diagnostik, Gesellschaft für medizinische und biologische Untersuchungen mbH, Jakobstr. 65, 70794 Filderstadt

Gleichzeitig bittet man auch immer um Behandlungshinweise. Vom Gang zu einem mit Reptilien unerfahrenen Tierarzt können wir nur abraten, weil dieses in der Regel nur den Geldbeutel erleichtert. Gleichwohl haben sich in der letzten Zeit etliche Tierärzte auch mit Reptilienkrankheiten beschäftigt und können einem erfolgreich weiterhelfen. Die Namen und Adressen von derartig bewanderten Tierärzten erfragt man am besten in Zoos, bei den Untersuchungsstellen oder in seiner DGHT-Stadtgruppe.

Erhält man als Ergebnis der Kotuntersuchung den Befund negativ, so schickt man nach drei Wochen eine weitere Kotprobe zur Untersuchung ein, um ausreichend Sicherheit zu haben, ehe man, wenn das Ergebnis wieder »Befund negativ« lautet, die Tiere in das eigentliche Terrarium setzt. Erhält man jedoch einen Befund, so behandelt man den Leguan erst einmal entsprechend der erhaltenen Anleitung, bevor man erneut eine Kotprobe zur Überprüfung einsendet. Bei den oben genannten Untersuchungsstellen kann man auch um kostenpflichtige Sektion seiner verstorbenen Tiere bitten, wenn die Todesursache nicht bekannt und von Interesse ist.

Neben den Parasiten, die Wildfänge immer aufweisen, scheint eine falsche Ernährung Hauptursache für zahlreiche Erkrankungen zu sein. Man kann daher gar nicht oft genug darauf hinweisen, wie wichtig eine artgemäße und ausgewogene Ernährung für die Tiere ist. Zum Schluß wollen wir noch kurz einige typische Erkrankungen beschreiben, sowie Hinweise zur Behandlung und Vermeidung geben.

Häutungsprobleme. Schwierigkeiten bei der Häutung sind normalerweise die ersten Anzeichen einer Mangelerkrankung oder aber Hinweis auf eine nicht artgemäße Haltung. So reicht es häufig, die relative Luftfeuchtigkeit rauf oder runter zu setzen, feuchte Rückzugsverstecke anzubieten oder die Temperaturen zu verändern.

Nicht alle Leguan-Arten häuten sich an einem Tag, lediglich bei den *Anolis*-Arten sollte die Häutung immer nach zwei Tagen abgeschlossen sein. Bei ihnen ist auch immer zu kontrollieren, ob sich die Füße richtig und vollständig gehäutet haben. Sind Häutungsschwierigkeiten erst einmal eingetreten, so hilft nur noch das mechanische Entfernen. Dafür reibt man die betroffene Stelle mit Vaseline ein, die einige Zeit einwirken muß, oder man badet das Tier in einer lauwarmen Kamillosan-Lösung, bevor man die alte Haut manuell entfernt.

Absterben der Schwanzspitze. Durch Verletzungen, wie das Einklemmen des Schwanzes und ähnliches, kommt es zur Beschädigung der Blutgefäße. Dieses führt dann zu einer schlechten Durchblutung der Schwanzspitze, was wiederum zu einer nicht ausreichenden Sauerstoffversorgung des Gewebes der Schwanzspitze und zur Ablagerung von giftigen Stoffwechselprodukten führt.

Dadurch stirbt das Gewebe des entsprechenden Schwanzabschnittes ab. Ebenfalls können am Schwanz verbleibene Häutungsreste zu Abschnürungen und dann nach längerer Zeit auch wiederum zum Absterben des Schwanzes führen. Es ist daher unerläßlich, nach jeder Häutung zu kontrollieren, ob sich der Schwanz vollständig gehäutet hat.

Ob die Schwanzspitze abgestorben ist oder nicht, erkennt man an der dunklen Färbung und dem ggf. eingetrockneten Aussehen. Da sich dieses Gewebesterben weiter fortsetzt und auch Giftstoffe in den Körper gelangen können, muß der Schwanz rechtzeitig oberhalb des abgestorbenen Teils, also in dem noch gesunden Gewebe, amputiert werden.

Zecken und Milben. Wildfänge weisen in der Regel zahlreiche äußerlich erkennbare Ektoparasiten auf. Diese Blutschmarotzer stellen für gesunde, wohl genährte Tiere in der Regel keine Gefahr dar, wohl aber für Jungtiere und geschwächte Tiere. Da sie außerdem auch Krankheiten übertragen können, sollten sie immer entfernt werden. Zecken werden mit Speiseöl, Alkohol oder Chloroform bestrichen und durch eine drehende Bewegung mechanisch entfernt.

Die Bekämpfung von Milben ist da schon wesentlich schwieriger, da es kein Mittel gibt, das nicht auch den Tieren schadet. Deshalb sollte man derartige Behandlungen immer sehr vorsichtig angehen und wenn möglich, sich Rat beim Tierarzt oder erfahrenen Terrarianern holen. Geeignet sind z. B. die Vapona-Strips (Insekten-Strips, die langsam ein Gift freigeben, das in einem Zimmer die Insekten fernhalten soll) und Neguvon. Letzteres hat aber bereits mehrfach zu Todesfällen geführt.

Kleinere Verletzungen. Trotz der größten Sorgfalt kommt es hin und wieder mal zu kleinen Verletzungen, z. B. durch eine Beißerei. Hier sollte die Wunde sofort mit Gentianaviolett (5 % Gentianaviolett in 70 %igem Alkohol gelöst; in der Apotheke mischen lassen) bestrichen werden. Hat sich die Verletzung jedoch bereits entzündet, so hilft nur noch eine antibiotische Salbe, wie z. B. Nebacetin-Salbe.

Rachitis. Rachitis ist ein Sammelbegriff für Mangelerkrankungen aller Art. Wir verstehen darunter alle Mangelerkrankungen, die durch zu niedrige Vitamin-, Mineralstoff- oder bestimmte Aminosäuren-Gaben verursacht werden. Aber genauso gehören dazu die Krankheitsbilder, die durch falsche Ernährung und zu hohe Vitamin-D-Gaben auftreten.

Die häufigsten Krankheitsbilder sind Knochenerweichungen, wie z. B. fibröse Osteodystrophie, Gicht und Stoffwechselstörungen. Man erkennt dies an weichen Knochen, z.B sind die Kiefer nicht hart, das Tier neigt zu Knochenbrüchen, zeigt Verkrümmungen der Wirbelsäule und des Schwanzes oder auch zu kurz gewachsene Kiefer oder Gliedmaßen. Diese Erscheinungsbilder zeigen die Leguane am häufigsten während der Wachstumsperiode oder die Weibchen auch während der Fortpflanzungsperiode.

Diese Erkrankungen sind fast immer auf Ernährungsfehler zurückzuführen. So erhalten Pflanzenfresser zu viel tierische Nahrung oder aber es wird nicht für eine ausreichende Vitamin-, Mineralstoff- und Aminosäuren-Versorgung gesorgt. Neben dem üblichen Einstäuben allen Futters sollte immer Sepiaschale, Muschelgrit oder ein Kalkpräparat im Terrarium vorhanden sein, von dem sich die Tiere bei Bedarf bedienen können. Ferner sollte dem Trinkwasser einmal in der Woche ein Vitamingemisch beigegeben werden oder die Tiere erhalten regelmäßig 0,1 bis mehrere Tropfen, je nach Größe, Multimusin direkt verabreicht. Bei erkrankten Tieren hat sich auch eine gewisse UV-Bestrahlung als positiv erwiesen.

Legenot. Von einer Legenot spricht man, wenn die Weibchen nicht in der Lage sind, ihre Eier abzulegen. Dies kann eine Vielzahl von Ursachen haben wie Streß, nicht artgerechte Eiablageplätze, nicht ausreichende Vitamin- und Mineralstoffversorgung usw. Deshalb gilt auch hier, eine artgemäße Ernährung sowie eine optimale Haltung sind die beste Medizin. Ist der physiologische Eiablagetermin überschritten, so hilft nur noch eine Oxytocin-Therapie, zu der unbedingt ein geeigneter Tierarzt hinzugezogen werden sollte.

Terrarientechnik

Das Betreiben eines Terrariums ohne den Einsatz moderner technischer Hilfsmittel ist heute nicht mehr denkbar. Das fängt an bei dem täglichen Ein- und Ausschalten der Beleuchtung und endet bei der mittels Feuchtigkeitsfühler ausgelösten Beregnung der Terrarien.

Allgemeines

Das wichtigste technische Hilfsmittel ist dabei die Zeitschaltuhr, mit der nahezu die gesamten, sich täglich wiederholenden Arbeiten automatisiert werden können. Mit ihr läßt sich die Beleuchtung, die Strahler, die Belüftung mittels Ventilator sowie die Heizung ein- und ausschalten. Selbst die mitunter nur einige Sekunden sprühende Beregnungsanlage kann mit ihrer Hilfe gesteuert werden.

Ohne Zeitschaltuhren wäre die Steuerung eines Terrariums bereits eine tagfüllende Aufgabe und die einer Terrarienanlage wohl kaum noch zu bewältigen. Auch sollte man immer bedenken, daß man Dank ihrer Hilfe getrost mal mehrere Tage in den Urlaub fahren kann, ohne daß täglich jemand die Beleuchtung ein- und ausschalten muß. Ferner führt die Gleichmäßigkeit zu einer dem Wohlergehen der Leguane sehr vorteilhaften Gewöhnung. So wissen z. B. die Wüstenleguane genau, wann die Sprühanlage frühmorgens zu sprühen beginnt. Während dieser kurzen Zeit verbergen sie sich in ihrem Versteck, welches sie anschließend sofort verlassen, um einige Wassertropfen aufzunehmen. Auf diese Art erhält der Terrarianer genügend Zeit zum Beobachten seiner Tiere, da als einzig täglich anfallende Arbeit noch die Fütterung bleibt.

Schaltuhren gibt es in den unterschiedlichsten Qualitäten überall im Handel zu kaufen. Dies fängt an bei der mechanischen, die als geringste Schaltzeit eine viertel Stunde hat und endet bei der digitalen Zeitschaltuhr, die als geringste Einstellungszeit eine Minute aufweist und häufig zusätzlich noch verschiedene Wochenprogramme steuert. Beim Kauf sollte man unbedingt darauf achten, daß die Zeitschaltuhren ein Nachlaufwerk von mindestens einigen Stunden haben, damit sie sich nicht bei jedem Stromausfall verstellen und die gesamte Steuerung verrückt spielt. Daß die Beleuchtung dann auf einmal nachts brennt, wäre sicher noch das kleinere Übel. Schlimmer ist es da schon, wenn die Sprühanlage statt der üblichen einen Minute auf einmal mehrere Stunden sprüht und dabei nicht nur das Terrarium unter Wasser setzt.

Auch Computer lassen sich hervorragend zum Betreiben eines Terrariums oder einer Terrarienanlage einsetzen, da man mit ihrer Hilfe nicht nur die täglichen Funktionen steuern kann, sondern gleichzeitig Jahresabläufe wie z. B. die sich ändernde Photoperiode, die sich jahreszeitlich ändernden Temperaturen, aber auch Regen- und Trockenzeiten einspeichern und somit ohne laufende Änderungen der Einstellungen imitieren kann. Terrarianern ohne entsprechende Möglichkeiten und Kenntnisse bleibt allerdings nur der herkömmliche Weg, die Schaltzeiten nach einem vorher festgelegten Kalender laufend zu ändern.

Weitere technische Hilfsmittel sind elektronische Thermostate, die die Heizung steuern, die aber auch bei zu hohen Temperaturen z. B. die gesamte Beleuchtung ausschalten, um ein Überhitzen des Terrariums zu vermeiden.

Heizung

Da es sich bei den Leguanen um wechselwarme Tiere handelt, die von ihrer Umgebungstemperatur und von der Strahlungswärme abhängig sind, kommt der Heizung eine ganz entscheidende Bedeutung zu. So benötigen die Leguane immer einen ganz spezifischen Temperaturbereich, in dem die wichtigsten Körperfunktionen erst ablaufen und sie ihr sehr abwechslungsreiches Verhalten zeigen. Dieser Temperaturbereich kann sehr unterschiedlich sein und variiert von Art zu Art.

Dabei unterscheidet man zwei unterschiedliche Temperaturbereiche. Zum einen die Aktivitätstemperatur, das ist der Bereich, in dem die Echse grundsätzlich »aktiv« ist, ganz grob kann man sagen von 18 bis 35 °C und mehr (*Crotaphytus* z. B. etwa 21 bis 43 °C). Zum anderen die Vorzugstemperatur, diese liegt in der Regel höher als die Aktivitätstemperatur und wird als Körpertemperatur des Tieres gemessen. Im Gegensatz dazu spiegelt die Aktivitätstemperatur lediglich die Umgebungstemperatur wider. Daraus wird schon ersichtlich, daß einmal das Terrarium auf eine gewisse Temperatur erwärmt werden muß und daß zum anderen den Leguanen eine Möglichkeit geboten werden muß, möglichst in Form eines Strahlers, weil Strahlungswärme (Sonne) am natürlichsten ist, sich lokal auf ihre Vorzugstemperatur zu erwärmen. Steigt die Umgebungstemperatur längerfristig über die Vorzugstemperatur, so sterben die Echsen den Hitzetod.

Um den Leguanen eine richtige Thermoregulation zu ermöglichen, sollte immer ein gewisses Temperaturgefälle, von höher als die Vorzugstemperatur bis weit darunter, im Terrarium vorhanden sein. Es gibt keinen individuellen Spielraum, sondern nur physiologische Zwänge! Ferner benötigen die Tiere teilweise sogar eine enorme Tag-Nacht-Schwankung und einen gewissen Jahresrhythmus zum

Wohlbefinden, der sich leicht mit Hilfe der Zeitschaltuhr imitieren läßt.

Wie schon erwähnt, wäre die natürlichste Art, ein Terrarium zu beheizen, mittels Strahlungswärme, was sich jedoch nur schwierig realisieren läßt. Am einfachsten beheizt man das Terrarium von unten mittels Heizmatte, Heizplatte oder anderen speziell für Terrarien entwickelten Heizgeräten, die nur eine milde, aber ausreichende Wärme abgeben. Wichtig ist, daß derartige Vorrichtungen immer nach unten isoliert werden, um einen Wärmeverlust zu verhindern. Da diese Heizungen einen enormen Stromverbrauch haben, sollte man versuchen, die Terrarien mittels Vorschaltgeräten, die unter den Terrarien installiert werden müssen, da deren Abwärme ansonsten sinnlos im Zimmer verpuffen würde, zu beheizen.

Mittels Erwärmung von unten läßt sich auch das Terrarienklima, insbesondere die relative Luftfeuchtigkeit, steuern. Bringt man z. B. die Heizung unter dem Wasserbecken oder unter nassen bzw. feuchten Erdpartien an, so steigt die relative Luftfeuchtigkeit erheblich schneller, als wenn man nur die trockenen Bodenpartien erwärmt. Ein weiterer Vorteil eines erwärmten Terrarienbodens liegt im Eiablageverhalten der Weibchen einiger Leguan-Arten. Da sie zur Eiablage nur besonders gut geeignete Stellen annehmen, suchen sie auch meistens wärmere Stellen dafür auf. Wird jetzt das ganze Terrarium nur von oben mittels Strahler erwärmt, bleibt der Bodengrund kalt und erscheint den Weibchen nicht zur Eiablage geeignet, was häufig in einer Legenot mit Todesfolge endet. Bei anderen Arten stellen die Weibchen das Graben jedoch ein, wenn der Bodengrund nach unten hin immer wärmer wird, auch besteht die Gefahr, daß die Eier absterben.

Ein sehr großes Problem stellt das Erwärmen der Terrarien für Großleguane dar, da meist mehrere Kubikmeter Luft erwärmt werden müssen. Mittels Bodenheizung ist dieses nicht problemlos zu erreichen, da der Boden sonst auf etwa 80 °C erwärmt werden müßte. Dieses Problem löste Herr Wicker (mündl. Mitt.) im Exotarium Frankfurt in der Weise, daß er die Fußbodenheizung zusätzlich noch in die Wand verlegte, so daß nun Boden und Wand erträgliche Temperaturen aufweisen und gleichzeitig das Terrarium auf die gewünschte Lufttemperatur erwärmt wird. Für Großterrarien empfiehlt sich aus Energiespargründen immer nur der Einsatz von normaler Fußbodenheizung (Warm-Wasser-System), welche an die normale Wohnungs- oder Hausheizungsanlage angeschlossen wird, denn das Beheizen mit Hilfe von Strom dürfte unbezahlbar sein.

Nicht immer hat man die Möglichkeit, die Heizquelle unter dem Terrarium zu installieren. Es bleibt einem dann nichts anderes übrig, als doch das Risiko einzugehen und die Heizung direkt im Terrarium zu verlegen. Hierzu eignen sich vor allem Heizkabel, die völlig in einer sehr stabilen Silikonummantelung eingegossen sind und die immer direkt auf dem Terrarienboden verlegt werden müssen. Dort werden sie mit Klebeband gegen ein Hin- und Herschieben grabender Echsen geschützt. Ein nachträgliches Einbauen eines Heizkabels erfordert sehr viel Geschick und Nerven, da immer, wenn man ein Ende im Bodengrund versenkt hat, es mit dem nächsten Stück wieder herauszieht.

Als weitere Heizmöglichkeit eignen sich Aquarienheizer mit einer Leistung von 5 Watt. Sie bilden eine milde lokale Wärmequelle und platzen auch nicht durch Hitzestau im Bodengrund. Allerdings dürfen sie nie mit kaltem Wasser besprüht werden. Man kann sie ebenso wie das Heizkabel auf dem Boden verlegen oder aber in einer Korkröhre gut versteckt auch etwas höher im Terrarium anbringen.

Leider schaffen derartige Möglichkeiten auch eine ganze Reihe von Gefahrenquellen. So muß die Stelle, an der das Kabel ins Terrarium geleitet wird, sorgfältig mit Silikon wieder abgedichtet werden, um ein Entweichen von Futtertieren zu verhindern. Auch fressen Grillen und andere Futtertiere hin und wieder die Silikonummantelung an, so daß das Kabel an einigen Stellen bloß liegt, was einen Brand oder Stromschlag zur Folge haben kann. Dagegen bieten Kabelschächte und ähnliches zusätzliche Sicherheit. Nicht vergessen darf man jedoch, daß es sich bei den Leguanen um tagaktive heliophile Echsen handelt, so daß die Terrarien immer in erster Linie mit Strahlern beheizt werden müssen.

Vor dem Besetzen eines Terrariums sollte man immer an verschiedenen Stellen mit Hilfe eines Maximum-Minimum-Thermometers die Temperaturen messen. Wenn dann die Temperaturen nicht im gewünschten Bereich liegen, lassen sich vor dem Besetzen noch leicht die notwendigen Korrekturen durchführen. Neben den Temperaturen wird auch üblicherweise noch die relative Luftfeuchtigkeit sowie deren Schwankungen mit Hilfe eines Haarhygrometers gemessen und das Terrarium gegebenenfalls durch die bereits vorher an verschiedenen Stellen beschriebenen Maßnahmen auf die erforderlichen Werte eingestellt.

Ist alles in Ordnung und sind auch die Leguane in ihr neues »Habitat« entlassen, muß man gegebenenfalls Vorsorge gegen Überhitzung und zu kalte Temperaturen schaffen. Besonders im Sommer kann es leicht passieren, daß die Raumtemperaturen so hoch steigen, daß jede weitere zusätzliche Beheizung eine große Gefahr darstellt. Dem kann man vorbeugen, indem man mittels eines Temperaturfühlers, der nach der Schaltuhr im Stromkreis geschaltet wird, bei Erreichen einer gewissen Raumtemperatur, ein Ausschalten der gesamten Heizung bewirkt. Mit einem zweiten Temperaturfühler kann man noch zusätzlich bei Erreichen noch höherer Temperaturen die gesamte Beleuchtung ausschalten und ein Gebläse einschalten. Umgekehrt läßt sich ein derartiger Temperaturfühler natürlich auch zum Verhindern von zu kühlen Temperaturen einsetzen, indem er die Heizung bei Unterschreiten einer bestimmten Temperatur, z. B. 15 °C, bis zu deren Überschreiten einschaltet. Für Räume, Wintergärten und Gewächshäuser empfehlen sich die sogenannten Frostschützer.

Beleuchtung

Neben der Temperatur spielt bei den Leguanen die Beleuchtung eine mindestens ebenso wichtige Rolle. So ist die Aktivität hauptsächlich von den Lichtverhältnissen abhängig, an denen sie Ruhe- und Aktivitätsphasen sowie Tag-Nacht-Rhythmus erkennen. Wichtig ist ebenfalls, daß der Jahrestemperaturenzyklus in Übereinstimmung mit der Beleuchtung geschaltet wird, da für zahlreiche wichtige Funktionen bis heute nicht geklärt ist, ob die Temperatur, die Photoperiode oder eine Kombination aus beiden als Auslöser verantwortlich ist, so z. B. für die Fortpflanzung. Aus diesem Grund wollen wir uns sehr ausführlich mit diesem Thema hier auseinandersetzen.

Ideal wäre ein Plexiglasdach über dem Abstellplatz des Terrariums, wie es z. B. in Wintergärten und besonders in zahlreichen zoologischen Gärten vorhanden ist. Im Gegensatz zu vielen anderen Terrarientieren scheinen die Leguane, bis auf Ausnahmen, fast ausschließlich aus Sonnenanbetern zu bestehen. Deutlich kann man dies beobachten, wenn man seine Tiere zu einem »Sommerurlaub« in ein Freilandterrarium oder eine Voliere auf dem Balkon entläßt. Erst hier zeigen die Tiere ihr schönstes Farbkleid und ihre volle Aktivität. Es scheint sicher, daß der Stoffwechsel durch Lichtintensität positiv angeregt wird. Ein weiterer Grund mag in der natürlichen UV-Strahlung liegen. Vergleicht man die Lichtintensität künstlicher Beleuchtungskörper mit dem natürlichen Licht, so dürfte jedem klar sein, daß diese Werte nicht mal annähernd zu erreichen sind. So beträgt die Lichtstärke einer 40-Watt-Glühlampe in einem Meter Entfernung noch etwa 35 Lux. Im Gegensatz dazu beträgt in den Tropen die Beleuchtungsstärke in der Sonne etwa 100 000 Lux und selbst im Schatten eines Baumes immerhin noch etwa 10 000 Lux. Während ihrer

Aktivitätsperiode sind die Tiere also geringeren Lichtmengen fast nie ausgesetzt. Selbst auf einem überdachten Balkon beträgt die dazu im Vergleich schon fast lächerliche Lichtintensität nur noch 500 Lux und direkt hinter einem Fenster nur etwa 2000 Lux. Man sollte sich dabei nie von dem menschlichen Auge beeinflussen lassen und die Luxzahl nur mittels Luxmetern, im Pflanzenbedarf erhältlich, nachmessen. Angaben, welche Luxzahlen die Tiere benötigen, sind nur schwer zu machen. Man sollte sich dabei auf seine gesunde Beobachtungsgabe verlassen und versuchen, Inaktivität oder mangelnde Farbintensität mit mehr Licht zu beheben. Um den Tieren doch noch eine möglichst angemessene Lichtstärke zu bieten, aber auch aus Energiespargründen, sollten nur hochwertige Strahler und Leuchtstoffröhren als Terrarienbeleuchtung eingesetzt werden. Ferner müssen alle Beleuchtungskörper und die Leuchtstoffröhren mit Reflektoren ausgestattet sein, da sich so die Lichtmenge nochmal um bis zu 40 % steigern läßt.

Geeignete Leuchtstoffröhren sind die Röhren aus der Serie lumilux von Osram und die Philips TL-Serie. Da in der letzten Zeit vermehrt neue Röhrenarten mit sehr Sonnenlicht-ähnlichen Farbspektren und guter Lichtausbeute auf den Markt gekommen sind, sollte man sich vor jedem Kauf informieren, welche Möglichkeiten man hat. Sehr positiv sind die neuen elektronisch arbeitenden Vorschaltgeräte, die die Leuchtstoffröhren mit einer höheren Hertzzahl betreiben, was verschiedene Vorteile hat. Zum einen ist der häufig enorme Energieverbrauch der Vorschaltgeräte selbst auf ein Minimum reduziert, was sich in erster Linie durch weniger Abwärme bemerkbar macht. Dies ist aber nur für Leute interessant, die Probleme mit zuviel Wärme haben und ihre Terrarien nicht mit Vorschaltgeräten beheizen. Ferner benötigen die Leuchtstoffröhren keinen Starter mehr, sondern die Röhren springen bei Zündung sofort an und das lästige Flackern entfällt, was eine erheblich längere Lebensdauer der Röhre mit sich bringt. Weitere Einsparungen liegen im geringen Stromverbrauch, da auch die Röhren mit weniger Watt betrieben werden, so daß man nach einiger Zeit die hohen Anschaffungskosten wieder raus hat.

Bei der Auswahl der Lichtfarbe sollte man möglichst welche mit einem Sonnenlicht-ähnlichen Farbspektrum verwenden. Sehr angenehm für das menschliche Auge ist eine Kombination aus der Lichtfarbe tageslicht und warmton. Kombiniert werden sollten die Leuchtstoffröhren immer mit einigen Niedervolt-Kaltlichthalogenstrahlern, mit denen man lokale Lichtinseln im Terrarium bilden kann. Ein sehr schöner optischer

Effekt, der aber auch von den Tieren gerne angenommen wird. Auch besitzen diese Lampen einen hohen UV-Lichtanteil, weshalb sie sich besonders zur Aufzucht von Nachzuchten eignen. Diese Niedervolt-Kaltlichthalogenstrahler gibt es in den unterschiedlichsten Wattstärken und Abstrahlungswinkeln im Handel. Geeignet sind vor allem sogenannte Spots mit einem Abstrahlungswinkel von ca. 12 °. Alle Niedervoltlampen können nur mit entsprechenden Vorschaltgeräten betrieben werden. Auch bei ihnen gibt es wieder enorme Unterschiede, zum einen die stromfressenden, hitzeerzeugenden herkömmlichen Geräte und zum anderen elektronisch arbeitende neuerer Bauart.

Eine der wichtigsten Fragen, die sich in diesem Zusammenhang immer wieder stellt, lautet: Wieviele Röhren benötige ich für ein bestimmtes Terrarium? Diese Frage läßt sich nicht immer so einfach beantworten. Sie ist abhängig von der gepflegten Art, der Terrarientiefe und -höhe. Generell läßt sich sagen, daß Terrarien mit einer Höhe über 80 cm nur noch mit Metalldampfentladungslampen beleuchtet werden sollten. Für Bodenbewohner empfiehlt sich daher immer eine möglichst geringe Terrarienhöhe zu wählen, damit noch ausreichend Licht bei den Tieren ankommt. Zahlreiche Terrarianer, speziell Pfleger von bodenbewohnenden Arten, haben deshalb die Röhren im Terrarium unter der Decke installiert. Da dies mit einem zusätzlichen Risiko behaftet ist, können wir nur davon abraten. Wer es trotzdem nicht lassen kann, sollte Feuchtraumschienen verwenden und alle stromführenden Verbindungen außerhalb des Terrariums anlegen.

Für die größeren Terrarien eignen sich nur noch die Metalldampfentladungslampen, wie z. B. die Quecksilberdampflampen (HQL) und die sehr teuren Joddampfentladungslampen (HQI). Auch sie können nur mit Vorschaltgeräten betrieben werden. Sie sind jedoch in der Regel im Aquarienhandel als komplette Strahler mit Reflektor erhältlich. Neben der enormen punktförmigen Lichtabgabe haben sie noch den Vorteil, daß sie wie die Sonne eine gewisse Strahlungswärme abgeben, die die Leguane gerne annehmen. Jedoch sollte, um Verbrennungen zu vermeiden, immer ein gewisser Mindestabstand zwischen möglichem Aufenthaltsort der Tiere und der Lampe vorhanden sein. Die Anschaffungskosten der HQI-Lampen fallen jedoch bei einem Vergleich von Lebensdauer und Strom-Leistungs-Verhältnis nicht mehr ins Gewicht. Im Gegenteil, am Ende sind sie sogar günstiger.

Die Beleuchtungsdauer sollte, wenn nötig, mit dem Jahresrhythmus schwanken oder aber etwa 14 Stunden täglich betragen. Steht das Terrarium in einem viel benutzten Zimmer, so gewöhnen sich die Tiere schnell an das Leben außerhalb des Terrarium und lassen sich nicht davon stören, so daß man sie unbeeinträchtigt beobachten kann.

In diesem Zusammenhang müssen wir noch kurz auf die Frage »Benötigen die Leguane UV-Licht?« eingehen. Auch für die Leguane läßt sie sich uneingeschränkt mit nein beantworten. Zahlreiche Terrarianer züchten verschiedene Leguan-Arten seit mehreren Generationen ohne Probleme, obwohl sie ihre Tiere nie einer UV-Bestrahlung aussetzen. Allerdings setzt dies eine ausreichende Vitamin-D_3-Versorgung voraus.

Ganz unbestritten ist jedoch die vitalitätsfördernde Eigenschaft des UV-Lichtes, die sich besonders bei der Aufzucht bemerkbar macht. Es empfiehlt sich deshalb, seinen Tieren eine gewisse UV-Beleuchtung zukommen zu lassen. Dafür am geeignetsten sind die Osram Ultra Vita Lux-Lampen, mit denen die Tiere aus mindestens einem Meter Entfernung 5 Minuten täglich bestrahlt werden. Weitere Ausführungen über UV-Bestrahlung bei Reptilien finden sich bei Henkel & Schmidt (1991).

Sprüh- und Nebelanlagen

Ebenfalls eine ganz wesentliche Arbeitserleichterung stellt eine vollautomatische Sprüh- oder Beregnungsanlage für die Terrarianer dar, da man mit ihrer Hilfe die Becken regelmäßig, ganz nach individuellem Bedarf, beregnen lassen kann. Auf diese Weise bietet man seinen Tieren auch die Gelegenheit, zu festen Zeiten, z. B. frühmorgens als Imitation des Taues, stets gleich genügend Wasser aufzunehmen. Der größte Vorteil einer Beregnungsanlage liegt aber in der durch sie gewonnenen Unabhängigkeit, da nun während des Urlaubs, aber auch schon bei kürzeren Abwesenheiten von zu Hause, nicht täglich jemand nach den Terrarien zu schauen braucht.

Die herkömmliche Methode, ein Terrarium mit einer Sprühanlage zu betreiben, haben wir in dem Buch »Geckos« ausführlich beschrieben (vgl. Henkel & Schmidt 1991). Deshalb wollen wir hier nur kurz das Gardena-System Multi Drip beschreiben, welches aufgrund seiner leichten Verlegbarkeit, und da es im Vergleich zu den herkömmlichen Systemen wesentlich preisgünstiger ist, immer häufiger Einzug in die Terrarien findet. Aber auch dieses System hat seine Tücken und sollte laut Hersteller nur im Freien verwendet werden! Es hat sich jedoch bei sorgfältiger Verlegung auch im eigenen Haus bestens bewährt. Basisgerät einer derartigen Sprühanlage ist der sogenannte Bewässerungscomputer, der aus einer Zeitschaltuhr, kombiniert mit einem Magnetventil, besteht. Es gibt sie in zwei verschiedenen Ausführungen, einmal zum Betreiben einer Sprühanlage oder aber zum Betreiben von bis zu vier unabhängig voneinander geschalteten Bewässerungssystemen. Die Zeitschaltuhr hat eine kürzeste Zeitschaltung von einer Minute und kann zusätzlich verschiedene Tages- und Wochenprogramme steuern. Der Bewässerungscomputer arbeitet nur mit einer Batterie, mit deren Strom auch das Magnetventil geöffnet wird. Ist die Batterie zu schwach, öffnet sich das Magnetventil nicht mehr, weshalb regelmäßige Kontrollen (laut Hersteller hält eine Batterie etwa ein Jahr) nötig sind.

Da es auch bei diesem System passieren kann, daß sich ein kleines festes Teilchen beim Schließen im Magnetventil festsetzt, empfiehlt sich auch hier wieder einen zweiten Bewässerungscomputer direkt hinter den ersten anzuschließen, damit einer die Wasserzufuhr unterbindet, wenn der andere versagt. Eine andere Möglichkeit, für erhöhte Sicherheit zu sorgen, erreicht man, indem ein Teilchenfeinfilter in die Wasserzuführung vor dem Bewässerungscomputer eingebaut wird.

Der Bewässerungscomputer wird über ein Schlauchsystem an einen Wasserhahn mit Gewinde angeschlossen. Vom Bewässerungscomputer aus führt dann die Wasserleitung zuerst in einen Druckminderer mit kombiniertem Feinfilter (damit die Düsen nicht verstopfen) und von dort direkt über ein System von Schlauchverbindungen in die Terrarien. Alle Anschlüsse, Verbindungsstücke, Schläuche, Düsen usw. gibt es einheitlich für dieses Bewässerungssystem im gut sortierten Gartenfachbedarfshandel zu kaufen. Dort liegen auch ausführliche Prospekte über das Verlegen der Leitungen und das Anschließen der Düsen aus. Was man im Haus jedoch nicht machen sollte, ist das direkte Anschließen der Düsen an die Leitung, durch Anstechen und Reinstecken der Düsen direkt in die Schlauchleitung. Selbst bei ganz sorgfältiger Arbeit ist diese Verlegeart nie ganz dicht. Besser ist es da schon, die Düsen direkt an einem Ende des dünnen Schlauches festzuschrauben und die Schläuche mittels T-Stück oder anderer Verbindungsstücke miteinander zu verbinden.

Ein weiterer Vorteil dieses Systems ist die große Auswahl an verschiedensten Düsen, von der einfachen Tropfdüse, über Sprühdüsen mit unterschiedlichen Abstrahlwinkeln, bis hin zu den Nebeldüsen. So eignen sich die Tropfdüsen z. B., um regelmäßiges Nachfüllen von Wasserschälchen in Trockenterrarien zu gewährleisten.

Je nach dem Härtegrad des Wassers verstopfen die Düsen jedoch schneller oder langsamer. Damit nicht plötzlich ein Terrarium ohne Wasserversorgung dasteht, müssen alle Düsen in regelmäßigen Abständen auf ihre Funktion hin überprüft werden.

Wie bei jeder Sprühanlage müssen auch hier die Terrarien mit einem Abfluß versehen sein. Dafür sollte man sich bereits bei der Anschaffung des Terrariums ein Loch von mindestens 10 mm Durchmesser in den Boden bohren lassen. Will man jedoch erst später eine Beregnungsanlage in seinem Terrarium installieren, so kann man die Bohrung einfach mit Silikon und einem etwas größeren Glasstück abdichten. Bei späterem Bedarf läßt sich dieses wieder mit einer Rasierklinge freischneiden. Als eigentlichen Abfluß klebt man ein genau passendes Flanschrohr mit Silikon dicht in die Bohrung ein. Damit sich das Rohr nicht durch versehentliches Dagegenstoßen löst, muß von unten ein größeres Rohr oder etwas ähnliches wie eine Mutter dagegen geklebt werden. An dieses Abflußrohr schließt man nun ein Leitungssystem an, welches direkt ins Abwassersystem führt oder aber in einen verschlossenen Eimer, der dann regelmäßig geleert werden muß (vgl. Henkel & Schmidt 1991).

Im Terrarium selbst muß der Abfluß mit einem Stück Filterwatte oder ähnlichem gegen das Eindringen von Schmutzpartikeln gesichert werden.

Für die Leguan-Haltung nur von untergeordneter Bedeutung sind die Nebelanlagen, da sie nur für eine höhere relative Luftfeuchtigkeit sorgen und sich nicht für ein Tränken der Tiere eignen. Natürlich reagieren einige Arten stark auf die Erhöhung der relativen Luftfeuchtigkeit mit einer Zunahme ihrer Aktivität. Der Vorteil der Nebelanlage liegt vor allem in ihrer wesentlich höheren Sicherheit und darin, daß die Terrarien keinen Abfluß benötigen. Nähere Informationen und Bauanleitungen finden sich bei Henkel & Schmidt (1991).

Artenbeschreibungen

Bei der Auswahl der Arten haben wir uns von verschiedenen Gesichtspunkten leiten lassen. Zum einen wollten wir einen möglichst umfassenden Überblick über die Familie der Iguanidae geben und zum anderen wollten wir möglichst viele für die Terraristik interessante Arten beschreiben.

Nachfolgend wird den nach einzelnen Unterfamilien gegliederten Artenbeschreibungen jeweils eine Tabelle über die einzelnen Gattungen vorangestellt. Diese enthält einen groben Überblick über die Verbreitung, den Biotop und das geeignete Terrarium.

Noch einmal die Angabe der Unterteilungsschlüssel:

Verbreitung:

Nordamerika	1
Mittelamerika	2
Karibik	3
Amazonasgebiet	4
Südamerika mit Ausnahme des Amazonasgebietes	5
Fidschi und Tonga	6
Galapagos	7
Madagaskar und die Komoren	8

Biotope:

Baumbewohner	A
Buschbewohner	B
Felsbewohner	C
Bodenbewohner	
Graslandschaft	D
Spärlicher Bewuchs	E
Wüste	F

Terrarientypen:

Großterrarium für Regenwaldbewohner	I
Regenwaldterrarium	II
Standardterrarium	III
Großterrarium für bodenbewohnende Großleguane	IV
Felsterrarium	V
Trockenterrarium	VI
Wüstenterrarium	VII

Unterfamilie Anolinae

Diese Unterfamilie stellt die artenreichste Gruppe innerhalb der Familie der Leguane dar. Ihr Verbreitungsgebiet erstreckt sich vom südlichen Nordamerika bis weit nach Südamerika hinein, wobei die Verbreitungsschwerpunkte in Mittelamerika und in der Karibik liegen.

Anolis Daudin, 1802

Häufig werden diese Leguane auch als »Saumfinger« bezeichnet, da die Tiere an der unteren Seite der Finger und Zehen

Gattung	Arten ca.	Vorkommen	Terrarium	Lebensraum
Anisolepis	2	4/5	II/III	A
Anolis	300	1/2/3/4	II/III/IV	A/B/C/D
Aptycholaemus	1	5	III	A
Chamaeleolis	5	3	II/III	A
Enyalius	8	4	II	A
Leiosaurus	5	5	II	A
Phenacosaurus	4	4	III	B
Phrynosaura	3	5	VI	E
Polychroides	1	4	II	A
Polychrus	5	2/4	II	A
Pristidactylus	8	4/5	III/VI	A/C/E
Tropidodactylus	1	4	II	A

Haftlamellen, ähnlich denen der Geckos, besitzen. Dieses hat sich entscheidend auf ihre Verbreitung und ihren Lebensraum ausgewirkt, da es ihnen ermöglicht, selbst an Glasscheiben auf und ab zu laufen.

Die *Anolis* bilden die artenreichste Gattung innerhalb der Leguane. Ihr Verbreitungsgebiet erstreckt sich vom Süden der USA bis hin nach Paraguay. Innerhalb dieses Gebietes haben sie sich alle Lebensräume erobert.

Man findet sie in den Baumkronen wie z. B. *A. equestris, A. griseus* und *A. ricordi,* an Felsen wie z. B. *A. bartschi* und *A. vermiculatus,* letzteren nur in Verbindung mit fließenden Gewässern, oder im Gras wie z. B. *A. alutaceus.* Die meisten Arten leben jedoch an den Stämmen der Bäume oder im niedrigen Buschwerk.

Einige Arten sind in der Lage, Lautäußerungen von sich zu geben, so z. B. *A. vermiculatus.* Andere besitzen einen schnellen Farbwechsel, so z. B. *A. carolinensis* oder *A. porcatus.* Die Tiere dieser Arten können sich innerhalb kürzester Zeit von grasgrün in schokoladenbraun umfärben.

Bei den meisten Arten besitzen die Männchen eine abspreizbare Kehlscheibe, die eine signalgebende Wirkung hat. Sie ist fast immer andersfarbig gezeichnet als die Tiere. Sehr häufig weist sie leuchtend rote oder gelbe Farbtöne auf. Die Größe reicht von knapp 10 cm bis zu 50 cm Gesamtlänge. Da die meisten Männchen einer Art sehr aggressiv ge-

Anolis argenteolus

geneinander sind, kommt in der Regel nur eine paarweise Haltung oder die Kombination eines Männchens mit mehreren Weibchen in Frage. Verschiedene Arten können dagegen schon mal gemeinsam gepflegt werden. Auch eine Vergesellschaftung mit anderen Tieren, z. B. Frösche oder Geckos, bereitet selten Schwierigkeiten.

Heute werden die meisten Arten sehr erfolgreich nachgezogen, so daß ihr Bestand in unseren Terrarien als gesichert gelten kann. Einer der erfolgreichsten Anolispfleger ist Herr Axel Fläschendräger, Halle-Neustadt, dem auch wir zahlreiche Hinweise verdanken.

Anolis argenteolus
Cope, 1861
Verbreitung: Ost- und Zentral-Kuba.
Lebensraum: Die Tiere leben sowohl an Felsen wie auch an Bäumen, bevorzugen aber immer schattige und feuchtere Bereiche.
Größe: Bis ca. 10 cm, Weibchen kleiner.
Kennzeichen: Die Leguane wirken mit ihrer schlanken Gestalt sehr zierlich. Die Färbung ist eine Mischung aus verschiedenen braunen und gelben Farbtönen. Eine leichte Bänderung kann an den Extremitäten und am Schwanz vorhanden sein. Die Schnauze ist flach ausgebildet. Die Männchen besitzen eine kleine

beigefarbige Kehlscheibe und einen niedrigen Nackenkamm. Diese Art ist dämmerungsaktiv.
Terrarium: Typ II.
Eine dichte Bepflanzung ist wichtig. Einige offene Stellen, an denen daumendicke Äste leicht schräg stehen, werden von den Tieren gerne angenommen. Die Temperaturen sollten bei 25 bis 30 °C tagsüber liegen und nachts bis auf 22 °C zurückgehen. Die relative Luftfeuchtigkeit kann tagsüber bei etwa 60 % liegen, allerdings müssen einige feuchte Stellen im Terrarium als Rückzugsgebiete vorhanden sein.
Haltung und Zucht: *A. argenteolus* ist dämmerungsaktiv. Im Terrarium sollte die Art nur paarweise gepflegt werden. In der Regel legt das Weibchen alle 7 bis 8 Wochen ein Ei. Dieses wird ähnlich wie bei *A. vermiculatus* in Ritzen und Spalten gedrückt. Abweichend davon kann es auch vorkommen, daß die Weibchen ihr Ei im Boden vergraben. Wahrscheinlich hängt dies von der Umgebungsfeuchtigkeit ab. Bei Fläschendräger (mündl. Mitt.) schlüpften bei einer Zeitigungstemperatur von 22 bis 28 °C die 58 mm großen Jungtiere nach 45 bis 55 Tagen. Eine separate Aufzucht ist schon wegen der besseren Kontrolle in jedem Fall sinnvoll.
Futter: Alle kleineren Insekten, *Drosophila,* Stubenfliegen, Wachsmotten und deren Raupen.

Anolis bahorucoensis
(Noble & Hassler, 1933)
Verbreitung: Dominikanische Republik.
Lebensraum: Es handelt sich um eine baumbewohnende Art, die nur in den Bergregenwäldern vorkommt.
Größe: Bis ca. 16 cm, Weibchen kleiner.
Kennzeichen: *A. bahorucoensis* ist eine sehr ansprechend gefärbte Art, insbesondere die Männchen zeigen eine sehr bunte Färbung. Die Kehlscheibe ist nur gering entwickelt, daher stellen die Männchen bei Erregung ihren Nackenkamm zur optischen Vergrößerung auf. Auffallendstes Kennzeichen ist ein leuchtend blauer Hinteraugenfleck, der bei den Weibchen schwächer ausgeprägt ist. Sie besitzen eine dorsolaterale Streifenzeichnung.
Terrarium: Typ II.
Eine dichte Bepflanzung mit einigen Rankpflanzen sowie Bromelien und Tillandsien ist für das Wohlbefinden der Tiere Voraussetzung. Ein mehrmaliges Besprühen täglich ist angebracht (Sprühanlage), es sollte allerdings keine Staunässe vorhanden sein. Ein Lüfter sorgt notfalls für die notwendige Frischluft. Der Temperaturbereich sollte nachts bei 20 °C und tagsüber bei 25 bis 28 °C liegen.
Haltung und Zucht: Die Tiere haben ein ausgeprägtes Revierverhalten, auch die Weibchen beanspruchen einen bestimmten Bereich für sich. Mehrere Männchen

Anolis bahorucoensis

können niemals gemeinsam gepflegt werden. Während der drei- bis fünfminütigen Kopulation wird das Weibchen mit einem Paarungsbiß festgehalten. Die Weibchen vergraben ihre Eier im feuchten Bodengrund in der Nähe von Pflanzen.

Gezeitigt werden die Eier in einem Plastikbehälter, der mit leicht feuchtem Vermiculite gefüllt ist. Bei einer Temperatur von 20 bis 25 °C in den ersten 14 Tagen schlüpfen fast nur Weibchen, während bei Temperaturen von über 26 °C fast nur Männchen schlüpfen. Die Zeitigungsdauer beträgt je nach Temperatur 40 bis 70 Tage. Die Jungtiere werden einzeln in Kleinstterrarien aufgezogen.

Futter: Kleine und mittlere Grillen und Heimchen, Wachsmotten und deren Raupen, Motten, Fliegen, *Drosophila.*

Anolis capito (Peters 1861)
Verbreitung: Südöstliches Mexiko bis Panama.
Lebensraum: Es handelt sich um einen Baum- und Strauchbewohner der tropischen Regenwälder.
Größe: Bis ca. 25 cm.
Kennzeichen: Die Tiere machen einen kräftigen Eindruck. Der Kopf ist kurz und die Schnauze leicht abgerundet. Die Grundfärbung ist ein Hellgrün mit braunen Flecken an den Flanken und am Kopf, außerdem zieht sich ein breites

Anolis capito

braunes Band über den gesamten Rücken bis zum Schwanz. Die Art besitzt weder einen Nacken- noch einen Rückenkamm.

Terrarium: Typ II.

Die Tiere brauchen dicht bepflanzte Terrarien mit einigen senkrecht und schräg stehenden Ästen. Die relative Luftfeuchtigkeit sollte am Tage immer über 60 % betragen und in der Nacht auf 100 % ansteigen (Sprüh- oder Nebelanlage). Die Tiere mögen keine direkte Sonneneinstrahlung. Der Temperaturbereich liegt zwischen 25 und 30 °C.

Haltung und Zucht: Die Haltung in einem entsprechend eingerichteten Terrarium bereitet keine Probleme. Eine Vergesellschaftung mit *Corythophanes cristatus* ging problemlos. Auch im natürlichen Lebensraum kommen beide Arten sympatrisch vor. Eine Vergesellschaftung mit kleinen Echsen-Arten ist nicht möglich, da diese als Futter angesehen werden.

Futter: Echsenfresser! Grillen und Heimchen, Wachsmotten und deren Raupen, Larven des Großen Schwarzkäfers.

Anolis cristophei

Anolis cristophei Williams, 1960
Verbreitung: Dominikanische Republik.
Lebensraum: Die Art lebt in Hochlandregenwäldern, an den Baumstämmen. Auch am Tage herrscht hier eine hohe relative Luftfeuchtigkeit und ein starkes Tag-Nacht-Temperaturgefälle.
Größe: Bis ca. 12 cm, Weibchen kleiner.
Kennzeichen: Die Tiere haben eine graugrüne Grundfärbung mit dunkelbraunen Flecken am Rückgrat entlang. Die Unterseite ist hellbeige mit leichter Pigmentierung. Die Kehlscheibe der Männchen ist hellbeige mit einem grünlichen Schimmer. Die Weibchen besitzen keine Kehlscheibe.
Terrarium: Typ II.
Dichte Bepflanzung ist für das Wohlbefinden der Tiere unbedingt erforderlich. Einrichtung siehe *A. bahorucoensis.*
Haltung und Zucht: Ein ausgeprägtes Tag-Nacht-Temperaturgefälle ist genauso wichtig wie eine hohe relative Luftfeuchtigkeit. Die Tiere meiden direkte Sonneneinstrahlung. Die Männchen sind untereinander sehr unverträglich.

Die Weibchen legen in Abständen von 2 bis 4 Wochen je ein Ei in den feuchten Boden, in einem Jahr etwa 15 bis 20 Eier. Diese werden bei Zimmertemperatur, nicht über 25 °C, gezeitigt. Die ca. 45 mm großen Jungtiere schlüpfen dann nach 45

Anolis cupreus dariense

bis 50 Tagen. Die Aufzucht muß unter den gleichen Bedingungen erfolgen, wie die Haltung der adulten Tiere. Auch hier sollten die Terrarien etwas dichter bepflanzt sein und eine höhere relative Luftfeuchtigkeit, ca. 75 bis 90 %, aufweisen (ggf. Nebelanlage).
Futter: Wachsmotten und deren Raupen, Fliegen, kleine Grillen und Heimchen.

Anolis cupreus dariense
Fritsch & Seigel, 1984
Verbreitung: Nicaragua.
Lebensraum: Die Art bewohnt den nördlichen Teil des zentralen Hochlandes, die Sierra Dariense. Dort leben die Leguane im Schattenbereich der Bäume, an den Stämmen bis in ca. 3 m Höhe.
Größe: Bis ca. 14 cm, Weibchen kleiner.
Kennzeichen: Die Grundfärbung besteht aus einem Hellbeige bis Hellbraun. Ein breiter brauner Streifen verläuft an beiden Seiten etwas unregelmäßig vom Auge bis zur Schwanzwurzel. Ein zweiter kleiner Streifen befindet sich zwischen den Vorder- und Hinterbeinen. Die Kopfoberseite ist mit dunkelbraunen Strichen und Flecken gekennzeichnet. Die Kehlscheibe der Männchen ist dreifarbig. Während der äußere Rand rötlich gefärbt ist, folgt ein hellblauer Teil, der zum Hals hin in hellbraun übergeht.

Anolis equestris

Terrarium: Typ II.
Einrichtung siehe *A. sabanus.*
Ein Temperaturbereich von 22 bis 25 °C sollte nicht überschritten werden. Eine Nachtabsenkung auf 20 °C ist sinnvoll. Die relative Luftfeuchtigkeit sollte tagsüber bei 75 % liegen (ggf. häufiges Sprühen erforderlich), und in der Nacht ca. 100 % betragen.
Haltung und Zucht: Die Tiere können nur paarweise gepflegt werden. Die Weibchen vergraben ihre zwei Eier im feuchten Boden. Bei einer Zeitigungstemperatur von 22 bis 25 °C benötigen die ca. 45 mm großen Jungtiere ca. 50 Tage bis zum Schlupf. Bei Zeitigungstemperaturen von über 25 °C erzielte Fläschendräger (mündl. Mitt.) überwiegend Männchen. Die Geschlechtsreife wird nach 18 Monaten erreicht. Erst dann färben sich die Männchen um.

Die Aufzucht der Jungtiere sollte in einem Temperaturbereich von 20 bis 23 °C erfolgen. Höhere Temperaturen führen zu Stoffwechselstörungen und zum Tode der Nachzuchten. In der Natur findet man die Jungtiere in der kühleren Krautschicht.
Futter: Nur Kleinstinsekten, wie z. B. Wachsraupen, *Drosophila,* kleine Grillen und Heimchen.

Anolis equestris Merrem, 1820
Verbreitung: Kuba und verschleppt nach Florida.
Lebensraum: Es handelt sich um einen ausgesprochenen Baumbewohner, der vorwiegend in den Baumkronen großer Bäume lebt.
Größe: Bis ca. 45 cm.
Kennzeichen: Kräftige Tiere mit einem dreieckigen, etwas abgeflachten Schädel. Gleichmäßig grün gefärbt, mit einer hellgrünen bis gelbgrünen Unterhaut. Ein lateral verlaufender gelber Streifen, der am Hals beginnt, endet einige Zentimeter hinter den Vorderextremitäten. Beide Geschlechter besitzen einen rosafarbenen Kehlsack. Die Männchen erkennt man an dem großen Schädel sowie der verdickten Schwanzwurzel.
Terrarium: Typ II oder III.
Trotz ihrer Größe beschädigen die Tiere die Bepflanzung kaum, so daß man das Terrarium mit sehr dekorativen Pflanzen für ein Regenwaldbecken bestücken

kann. Wichtig ist, daß die Tiere einige kräftige ca. armdicke Äste in waagerechter Stellung vorfinden. Auf dem Boden kommt eine ca. 10 cm hohe Schicht z. B. aus Blumenerde. Die Temperatur sollte bei 30 °C am Tage und 22 bis 25 °C in der Nacht liegen. Die relative Luftfeuchtigkeit kann tagsüber bis auf 75 % zurückgehen, sollte aber in der Nacht auf 100 % ansteigen. Eine Sprühanlage ist angebracht.

Haltung und Zucht: Eine paarweise Haltung ist erforderlich. Zwei Männchen können nicht gemeinsam gepflegt werden.

Während der Paarung, die ca. 5 Minuten dauert, wird das Weibchen mit einem Paarungsbiß gehalten. Das Weibchen legt im Abstand von 2 bis 3 Wochen je ein Ei im Boden ab. Dafür wird eine kleine, mehrere Zentimeter tiefe Grube ausgehoben, die nach der Eiablage wieder sorgfältig zugescharrt wird. Die Eier müssen auf jeden Fall aus dem Terrarium entnommen werden, da die Adultis kannibalistisch veranlagt sind. Ein Drehen der Eier muß dabei vermieden werden, da dies das Absterben des Embryos zur Folge hat. Bei einer Zeitigungstemperatur von 28 °C schlüpfen die ca. 10 bis 12 cm großen Jungtiere nach 65 bis 70 Tagen. Nach einer Woche wird das erste Futter angenommen. Die Versorgung mit Vitaminen sowie reichlich Kalk ist sehr wichtig für die Aufzucht. Auch die Jungtiere sind sehr räuberisch gegenüber kleineren Tieren. Eine Einzelaufzucht ist daher anzuraten. Schon beim Schlupf kann man die Weibchen an den Querstreifen erkennen, die später wieder verschwinden. Nach einem Jahr sind die Tiere geschlechtsreif.

Futter: Echsenfresser! Grillen und Heimchen, Heuschrecken, Larven des Großen Schwarzkäfers, Wachsmotten und deren Raupen, nackte Mäuse, gelegentlich auch Gehäuseschnecken.

Anolis ferreus (Cope, 1864)

Verbreitung: Marie Galante.

Lebensraum: Die Art lebt vorwiegend an den Stämmen der Bäume. Auf der Insel herrscht ein mildes trockenes Klima vor.

Größe: Bis ca. 35 cm, Weibchen kleiner.

Kennzeichen: Die Tiere sind fast einfarbig braun, wobei die Intensität von hellbraun bis dunkelbraun je nach dem Zustand verändert werden kann. Einige Tiere besitzen ein dunkles Fleckenmuster auf dem Rücken. Die Kehlscheibe der Männchen ist hellgelb mit einigen dunkleren Flecken. Ausgewachsene Männchen besitzen einen hohen Kamm auf der vorderen Hälfte des Schwanzes.

Terrarium: Typ III.

Die Tiere benötigen geräumige Terrarien mit großen Lüftungsflächen. Die Bepflanzung sollte eher spärlich sein und nur aus robusten Pflanzen bestehen. Einige armdicke Äste werden senkrecht ins

Anolis ferreus

Terrarium gestellt. In dem Terrarium darf auf keinen Fall Stickluft entstehen, hier ist ein Lüfter angebracht, da die Tiere eine höhere relative Luftfeuchtigkeit über einen längeren Zeitpunkt nicht vertragen können.

Haltung und Zucht: In einem Terrarium von 100 × 60 × 100 cm (Länge × Tiefe × Höhe) kann 1 Männchen mit 2 Weibchen gepflegt werden. Die Weibchen müssen aber die Gelegenheit haben, sich so zu verstecken, daß sie aus dem Blickfeld des Männchens verschwinden. Die Tiere paaren sich das ganze Jahr über, hierbei wird das Weibchen durch einen Nackenbiß vom Männchen gehalten. Die Weibchen legen ihre Eier meist in einer etwas geschützten Ecke des Terrariums ab, z. B. in Blumentöpfen unter den Pflanzen. Die Aufzucht der Jungtiere muß auch in sehr luftigen Terrarien erfolgen.

Futter: Grillen und Heimchen, Wachsmotten und deren Raupen, Larven des Großen Schwarzkäfers, Fliegen.

Anolis homolechis Kope, 1864

Verbreitung: Kuba.

Lebensraum: Die Art bewohnt als Kulturfolger ganz Kuba. Dabei bevorzugen die Tiere offene Landschaften und bewohnen dort Baumstämme, Hauswände, Mauern und Zäune. Die Art weist zwei Aktivitätsphasen auf, einmal morgens bis etwa 11 Uhr und einmal nachmittags ab 15 Uhr bis Sonnenuntergang. Während dieser Zeit kann man die Tiere häufig beim Sonnenbaden beobachten.

Erst jüngst wurde die Art in mehrere Arten aufgespalten.

Größe: Bis ca. 15 cm, Weibchen kleiner.

Kennzeichen: Die Grundfärbung der Tiere ist meist ein heller Braunton, auf dem sie eine weiße Streifenzeichnung

zeigen. Die Kehlfächer der Männchen weisen weiße oder graue Farbtöne auf.
Terrarium: Typ III.
Die Einrichtung sollte aus dicken, senkrecht stehenden Ästen sowie einer üppigen Bepflanzung bestehen. Der Bodengrund muß mindestens 3 cm hoch sein und immer feucht gehalten werden. Wichtig ist, daß immer feuchte Rückzugsgebiete im Terrarium vorhanden sind und daß trotz guter Belüftung die relative Luftfeuchtigkeit nicht zu stark absinkt. Die Temperaturen sollten tagsüber etwa 28 °C betragen und nachts auf 20 bis 23 °C abfallen. Zweimal täglich, am besten am frühen Morgen und am späten Abend, wird das gesamte Terrarium überbraust.
Haltung und Zucht: *A. homolechis* ist ein sehr aufmerksamer Terrarienbewohner. Im Gegensatz zu den anderen *Anolis*-Arten können sie ihren Schwanz seitlich zusammenringeln, was ihnen ein lustiges Aussehen verleiht. Wegen der ausgeprägten Aggressivität empfiehlt sich auch hier wieder eine paarweise Haltung. Während der Fortpflanzungszeit legt das Weibchen regelmäßig sein 1 bis 2 Eier umfassendes Gelege im Boden ab. Gezeitigt werden die Eier bei 25 °C in leicht feuchtem Vermiculite. Unter diesen Bedingungen schlüpfen die ca. 5 cm großen Jungtiere nach etwa 50 Tagen. Die Geschlechtsreife erreichen die Tiere nach 9 Monaten.
Futter: Kleine und mittlere Grillen und Heimchen, Wachsmotten und deren Raupen, Fliegen, *Drosophila.*

Anolis marmoratus alliaceus
Cope, 1864
Verbreitung: Guadeloupe.
Lebensraum: Die Art bewohnt Waldränder und Hecken in Teilen des Hochlandes von Basse Terre. Zwar sind weite Gebiete mit Regenwald bedeckt, doch findet man die Leguane nur an den Waldrändern, besonders häufig in dem Ort Matoube. Die *Anolis* sitzen meist an dünnen Ästen oder Bäumen, nie höher als etwa 1,5 m.
Größe: Bis ca. 20 cm, Weibchen kleiner.
Kennzeichen: Die Männchen weisen meist eine grüne Körperfärbung auf, die im Kopfbereich in einen Braunton übergeht. Sehr markant, aber nicht bei allen Tieren vorhanden, sind die unterschiedlich großen Flecken, die cremefarbig abgesetzt sein können. Die Weibchen sind ebenfalls recht variabel gezeichnet, es gibt einfarbig braune und graubraune, einige haben einen dunklen Mittelstreifen und wieder andere eine regelrechte Musterung.
Terrarium: Typ II.
Die Terrarien müssen eine ausreichend hohe relative Luftfeuchtigkeit aufweisen, gleichzeitig darf sich aber auch keine Stickluft bilden. Die Einrichtung sollte aus zahlreichen senkrecht aufgestellten

Anolis marmoratus alliaceus

Ästen bestehen, die sehr dekorativ mit schönen Tillandsien, Orchideen, kleinen Farnen usw. bepflanzt werden können. Ebenfalls erforderlich ist eine 3 bis 5 cm hohe, immer feucht zu haltende Bodenschicht. Die Temperaturen sollten am Tage etwa 25 bis 28 °C betragen und nachts leicht abfallen. Mehrmals tägliches Überbrausen des gesamten Terrariums ist unbedingt erforderlich.

Haltung und Zucht: *A. m. alliaceus* ist eine sehr attraktive Leguan-Art, die in Großterrarien auch in kleinen Gruppen gemeinsam gepflegt werden kann. Für Normalterrarien empfiehlt sich aber nur die paarweise Haltung. Auch für Paludarien und ähnliche Behälter ist diese Art geeignet. Da es in dicht bepflanzten Bekken nicht möglich ist, die Eier zu finden, sollte man dafür sorgen, daß sich Wärmeinseln im Boden befinden, so daß sich die Weibchen den geeigneten Eiablageplatz selbst aussuchen können. Die geschlüpften Jungtiere sind sofort aus dem Terrarium zu entnehmen und einzeln aufzuziehen.

Futter: Kleine und mittlere Grillen und Heimchen, Wachsmotten und deren Raupen, Mehlwürmer, Fliegen, *Drosophila,* selten Obstbrei.

Anolis marmoratus desiradei

Anolis marmoratus desiradei
Lazell, 1964
Verbreitung: La Desirade
Lebensraum: Die Art bewohnt nur die östlich von Guadeloupe gelegene Insel La Desirade. Diese Insel zeichnet sich durch erheblich geringere Niederschlagsmengen als Guadeloupe aus. Die gesamte Vegetation besteht aus einem sehr lichten Trockenwald oder einer savannenartigen Landschaft. Überall, selbst in den Ortschaften, lebt der *Anolis.* Man findet ihn an Bäumen, Sträuchern, Häusern, Zäunen usw.
Größe: Bis zu 21 cm, Weibchen kleiner.
Kennzeichen: Die Männchen zeigen auf einer blassen grauen, gelblichen oder grünen Grundfärbung ein feines Fleckenmuster aus rosa Farbtönen. Der Schwanz ist meist einfarbig grün und weist einen ca. 1 mm hohen Kamm auf. Ihr Kehlfächer ist gelb gefärbt. Die Weibchen zeigen meist nur eine einfach beige oder braune Färbung.
Terrarium: Typ VI.
Die Art benötigt wegen ihrer Lebhaftigkeit einen geräumigen Behälter, der gut belüftet sein muß. Die Einrichtung kann denkbar einfach gehalten sein, einige senkrecht aufgestellte Äste, einige Felsaufbauten sowie eine hübsche Bepflanzung mit Sukkulenten oder anderen hartlaubigen Pflanzen reicht völlig. Die Temperaturen sollten am Tage etwa 30 °C betragen und nachts etwas absin-

Anolis marmoratus girafus

ken. Das einmal tägliche Überbrausen des Terrariums ist ausreichend.

Haltung und Zucht: *A. m. desiradei* ist eine der am schönsten gefärbten *Anolis*-Arten. Die Haltung erfolgt am besten paarweise, da die Männchen recht unverträglich untereinander sind. Über eine gelungene Nachzucht ist noch nichts bekannt geworden, sie dürfte aber nicht schwieriger sein als bei den anderen *Anolis marmoratus*-Unterarten.

Futter: Kleine und mittlere Heimchen und Grillen, Wachsmotten und deren Raupen, Mehlwürmer, *Drosophila*.

Anolis marmoratus girafus Lazell, 1964

Verbreitung: Guadeloupe.

Lebensraum: Die Art bewohnt die Westküste von Basse Terre. Man findet die *Anolis* überall, wobei sie die größte Populationsstärke in den Ortschaften erreichen. Die Art kann durchaus als Kulturfolger gelten. Im Gegensatz zu den anderen Arten bilden die Männchen nur recht kleine Reviere aus. So konnten wir an einem Baum mit ca. 80 cm Durchmesser im unteren Bereich, also etwa bis in eine Höhe von 5 m, 15 adulte Männchen und ebensoviele Weibchen und Jungtiere beobachten. Zwar hielten sich die Tiere vorwiegend an dem Baumstamm auf, je-

doch verließen sie regelmäßig den Baum zur Nahrungssuche in der angrenzenden Wiese.
Größe: Bis ca. 23 cm, Weibchen kleiner.
Kennzeichen: Bei *A. m. girafus* handelt es sich wiederum um eine sehr schön gefärbte Art. Die ganzen unterschiedlichen Farbmuster der Tiere des oben erwähnten Baumes lassen sich nicht beschreiben. Die Färbung variiert bei den Männchen von fast einfarbigen grünen Tieren mit braunem Kopf und Nacken bis hin zu ganz grünen Tieren mit braunem Kopf und einer wunderschönen schwarz-weißen oder schwarz-gelben Zeichnung vom Nacken bis fast zum Schwanz. Ebenso findet man ganz braune Tiere mit einer an Giraffen erinnernden Fleckenzeichnung. Die Weibchen hingegen sind fast immer einfarbig grün, beige oder braun. Einige zeigen eine dunkle Mittellinie, andere eine Musterung.
Terrarium: Typ III.
Die Art benötigt ein geräumiges, gut belüftetes Terrarium. Rück- und Seitenwände sollten dicht mit Rindenabschwarten beklebt sein. Einige senkrecht aufgestellte Äste sowie eine üppige tropische Bepflanzung vervollständigen die Einrichtung. Wichtig für die Eiablage ist eine mindestens 3 cm hohe feuchte Bodenschicht. Die Temperaturen sollten tagsüber bei 30 °C liegen und nachts leicht abfallen. Ein- bis zweimal täglich muß das Terrarium überbraust werden.
Haltung und Zucht: Die Art läßt sich problemlos in größeren Terrarien in kleinen Gruppen gemeinsam pflegen. Nur sollte die Einrichtung dann so gestaltet sein, daß die einzelnen Männchen auch mal Sichtschutz voreinander haben. Die Weibchen dürfen scheinbar wahllos auch die Reviere der Männchen durchlaufen. Diese Art schreitet im Terrarium recht schnell zur Fortpflanzung und die Weibchen vergraben in regelmäßigen Abständen ihre aus 1 bis 2 Eiern bestehenden Gelege. Diese sollten aus dem Terrarium entnommen und separat auf die übliche Weise bei 25 bis 28 °C gezeitigt werden. Die Zeitigungsdauer beträgt im Durchschnitt etwa 50 Tage. Die Aufzucht der Nachzuchten erfolgt am besten einzeln in kleinen Terrarien oder in kleinen Gruppen in größeren, dicht bepflanzten Behältern. Nach spätestens einem Jahr sind die Tiere geschlechtsreif.
Futter: Kleine und mittlere Grillen und Heimchen, Wachsmotten und deren Raupen, Mehlwürmer, kleine Schaben, kleine Wanderheuschrecken, Fliegen, *Drosophila,* selten Obstbrei.

Anolis marmoratus speciosus
Garman, 1888
Verbreitung: Guadeloupe und verschleppt nach Französisch Guyana.
Lebensraum: Die Art bewohnt den gesamten Südwesten von Grande Terre,

Anolis marmoratus speciosus

etwa ab der Mitte vermischt sie sich mit *A. m. inornatus,* der Art, die den Rest von Grande Terre besiedelt. Außerdem bewohnt *A. m. speciosus* noch den Nord-Osten von Basse Terre, bis das Verbreitungsgebiet von *A. m. marmoratus* beginnt. Ferner wurde die Art nach Französisch Guyana verschleppt, wo sie heute in den Gärten von Cayenne vorkommt. Die Art ist ein ausgesprochener Kulturfolger. Innerhalb des Verbreitungsgebietes findet man die Tiere an fast jedem Baum, an allen Zäunen, selbst an Hauswänden der Hochhäuser von Pointe-a-Pitre.

Größe: Bis ca. 21 cm, Weibchen kleiner.

Kennzeichen: Die Männchen sind fast immer einfarbig grün gefärbt. Auffallend ist die nicht immer vorhandene Blaufärbung im Kopfbereich und der blaue Augenrand. Die Tiere haben einen sehr kurzen Nacken-, Rücken- und Schwanzkamm. Der Kehlfächer ist intensiv gelb gefärbt. Auch hier sind die Weibchen wieder einfarbig grün oder bräunlich. Nur wenige Exemplare zeigen einen deutlichen dunkleren Mittelstreifen oder eine Art Zeichenmuster.

Terrarium: Typ III.

Geeignet sind geräumige Terrarien mit guter Belüftung. Die Einrichtung sollte aus senkrecht aufgestellten Ästen und einer üppigen Bepflanzung bestehen. Die Temperaturen müssen am Tage etwa 30 °C erreichen und sollten nachts leicht absinken. Einmal täglich, am bestens morgens, wird das gesamte Terrarium überbraust.

Haltung und Zucht: *A. m. speciosus* ist eine sehr aggressive Art, so daß nur eine paarweise Haltung möglich ist. Im Terrarium schreiten die Tiere recht schnell zur Fortpflanzung und man kann regelmäßig die aus 1 bis 2 Eiern bestehenden Gelege aus dem Terrarium entnehmen. Die Eier werden in leicht feuchtem Vermiculite bei 25 bis 28 °C gezeitigt. Unter diesen Bedingungen schlüpfen die Nachzuchten nach 45 bis 55 Tagen. Die Aufzucht erfolgt einzeln in kleinen Terrarien.

Futter: Kleine und mittlere Grillen und Heimchen, Wachsmotten und deren Raupen, kleine Schaben, kleine Wanderheuschrecken, Mehlwürmer, Fliegen, *Drosophila,* selten Obstbrei.

Anolis oculatus cabritensis

Lazell, 1962

Verbreitung: Dominika.

Lebensraum: *A. o. cabritensis* bewohnt die trockenste Region auf Dominika. Besonders häufig findet man die Art in den dortigen Trockenwäldern, aber sie bewohnt ebenso alle Dörfer und die Kultursteppe. Überall, an Häusern, an allen Bäumen, an Brückenpfeilern, an Schildern, an Strommasten usw. sieht man die kleinen Leguane sitzen.

Größe: Bis ca. 23 cm, Weibchen kleiner.

Anolis oculatus cabritensis

Kennzeichen: Die Grundfärbung ist sehr variabel, sie kann aus unterschiedlichen grauen bis dunkelbraunen Farbtönen bestehen. Auffälligstes Kennzeichen der Männchen sind schwarze Flecken an den Seiten sowie ein Zeichenmuster aus weißen Punkten. Die Männchen haben ferner häufig noch einen etwa 2 mm hohen Schwanzkamm. Die Kehlwamme ist leuchtend orange gefärbt. Die Weibchen weisen nur ein einfarbiges Farbkleid mit angedeutetem Farbmuster auf. Selten findet man Weibchen mit einem Mittelstreifen.

Terrarium: Typ III.

Zur Haltung eignen sich möglichst größere Terrarien, die es den Tieren ermöglichen, ihr volles Verhaltensrepertoir zu zeigen. Die Einrichtung sollte aus zahllosen senkrecht gestellten Ästen und einer üppigen Bepflanzung bestehen. Die Bodenschicht (Sand-Torf-Gemisch) muß ca. 3 cm hoch und immer feucht sein, damit die Weibchen darin ihre Eier vergraben können. Wie viele *Anolis* ist auch *A. o. cabritensis* eine sehr leicht zu haltende Art, so daß man aus dem Terrarium mit einer aufwendigen Bepflanzung (Tillandsien, Orchideen, kleine Farne usw.) leicht ein Schauterrarium für das Wohnzimmer gestalten kann. Nur für eine gute Belüftung muß immer gesorgt sein. Die Temperaturen sollten tagsüber etwa 28 bis 30 °C betragen und nachts etwas absinken. Einmal täglich muß das gesamte Terrarium überbraust werden.

Haltung und Zucht: Da die *Anolis*-Männchen untereinander sehr unverträglich sind, kann man diese Art nur paarweise pflegen. Nach einer kurzen Eingewöhnungsphase schreitet die Art sehr schnell zur Fortpflanzung und die Weibchen legen etwa alle 4 Wochen ein Ei und einige Tage später ein zweites. Die Eier sollten zur Zeitigung aus dem Terra-

Anolis oculatus montanus

rium entnommen werden und bei 24 bis 28 °C gezeitigt werden. Nach etwa 60 Tagen schlüpfen die 5 cm großen Jungtiere. Die Aufzucht ist nicht ganz einfach, da die kleinen Nachzuchten häufig Häutungsprobleme an den Füßen haben und leicht zu Rachitis neigen. Sie werden daher am besten in gut belüfteten Miniterrarien einzeln bei gezielter Fütterung großgezogen.
Futter: Kleine bis mittlere Heimchen und Grillen, *Drosophila,* Wachsmotten und deren Raupen, Mehlwürmer. Besonders wichtig ist bei dieser Art, daß alle Futtertiere mit einem jodhaltigen Vitamin-Mineralstoff-Aminosäuren-Gemisch (z. B. Korvimin ZVT) eingestäubt werden.

Anolis oculatus montanus
Lazell, 1962
Verbreitung: Dominika.
Lebensraum: Die Art bewohnt nur das Hochland von Dominika etwa ab einer Höhenlage von 800 m. Die Tiere leben ausschließlich im niedrigen Gestrüpp, am Boden und an Felsen. Bei Bedrohung fliehen sie unter Steine oder in Steinspalten. Es handelt sich dabei um einen sehr feuchten Lebensraum. Die Tiere selbst sind nur aktiv, wenn die Sonne scheint, dann steigen auch recht schnell die Umgebungstemperaturen an und nach einem kurzen Sonnenbad ziehen sich die *Anolis* in den feuchten Schattenbereich zurück.
Größe: Bis ca. 28 cm, Weibchen kleiner.

Kennzeichen: Die Grundfärbung kann zwischen verschiedenen Grün-, Braun- oder Schwarztönen variieren. Darauf zeigen sie ein unterschiedliches Zeichenmuster aus Punkten und hellen Flecken. Nur sehr selten sieht man einfarbig hellgrüne Männchen mit weißen Punkten. Die Weibchen zeigen meist eine schmutzige Färbung mit einer regelmäßig unterbrochenen Mittellinie.
Terrarium: Typ V.
Die Tiere benötigen ein sehr feuchtes Felsterrarium. Die Rück- und Seitenwände müssen mit Steinplatten beklebt sein, auch auf der dünnen Bodenschicht sollten sich einige Felsaufbauten befinden. Eine Bepflanzung aus Moosen und kleinen Farnen sowie einige senkrecht stehende Äste vervollständigen die Einrichtung. Trotz der benötigten hohen relativen Luftfeuchtigkeit darf sich keine Stickluft bilden. Die Temperaturen sollten tagsüber zwischen 25 und 28 °C schwanken. Eine lokal durch einen Strahler erwärmte Stelle ist unbedingt notwendig. Das Terrarium muß mehrmals täglich überbraust werden.
Haltung und Zucht: Wegen der innerartlichen Aggressivität der Männchen sollte auch diese Art nur paarweise gepflegt werden. Über eine gelungene Nachzucht im Terrarium ist nichts bekannt geworden.
Futter: *Drosophila,* kleine bis mittlere Grillen und Heimchen, Wachsmotten und deren Raupen, Mehlwürmer. Besonders wichtig ist auch bei dieser Art, daß alle Futtertiere mit einem hochwertigen jodhaltigen Vitamin-Mineralstoff-Aminosäuren-Gemisch (z. B. Korvimin ZVT) eingestäubt werden.

Anolis oculatus oculatus
Lazell, 1962
Verbreitung: Dominika.
Lebensraum: Die Art bewohnt den Süden und Südwesten Dominikas. Erstaunlicherweise weist sie nie eine so hohe Populationsstärke auf wie die anderen drei Unterarten. Relativ häufig findet man den *Anolis* in älteren Kakaoplantagen, in denen jeder zweite Baum von einem Pärchen bewohnt wird.
Größe: Bis ca. 23 cm, Weibchen kleiner.
Kennzeichen: Von allen *Anolis oculatus*-Formen ist diese am unscheinbarsten. Die Tiere sind fast immer einfarbig hellbraun und zeigen selten eine schmutzige Tarnfärbung oder einen Mittelstreifen. Hin und wieder sieht man auch Tiere mit schwarzen kleinen Seitenflecken. Nur die Männchen besitzen leichte Kammansätze im Nacken und auf dem Schwanz.
Terrarium: Typ III.
Die Rück- und Seitenwände müssen mit dünnen Korkplatten oder Rindenabschwarten beklebt sein. Einige dickere, senkrecht aufgestellte Äste sowie einige Rankpflanzen ergänzen die Einrichtung. Der Bodengrund sollte aus einer immer

leicht feuchten, ca. 3 cm hohen Sand-Torf-Gemisch-Schicht bestehen. Die Temperaturen sollten tagsüber 28 °C betragen und nachts leicht abfallen. Zweimal täglich muß das ganze Terrarium überbraust werden.

Haltung und Zucht: Auch *A. o. oculatus* ist eine sehr aggressive Art, so daß nur eine paarweise Haltung möglich ist. Nach einer gewissen Eingewöhnungsphase schreitet auch die Art recht schnell zur Fortpflanzung. Das Weibchen legt dann in ca. 4wöchigen Abständen regelmäßig ihre Gelege ab. Die Eier können bei Bodentemperaturen um die 25 °C im Terrarium belassen werden. Nur sollten die Nachzuchten sofort nach dem Schlupf entnommen und separat aufgezogen werden.

Futter: *Drosophila,* kleine Heimchen und Grillen, Wachsmotten und deren Raupen, Mehlwürmer, Stubenfliegen, selten Obstbrei. Alles Futter muß mit Korvimin ZVT gut eingestäubt werden.

Anolis porcatus
Gray, 1840

Verbreitung: Kuba und verschleppt nach Hawaii.

Lebensraum: Es handelt sich um eine baumbewohnende Art, die aber auch in höheren Sträuchern vorkommt. Es sind typische Kulturfolger, die immer in der Nähe von Siedlungen anzutreffen sind.

Größe: Bis ca. 21 cm, Weibchen kleiner.

Anolis oculatus oculatus

Anolis porcatus

Kennzeichen: *A. porcatus* gehört zu den flachköpfigen Arten mit einer sehr langen und spitzen Schnauze. Die Ähnlichkeit mit *A. carolinensis* ist sehr groß. Nur an dem schwächeren Körperbau sowie an dem feinen Kopf von *A. carolinensis* kann man die Arten leicht unterscheiden. Eine weitere kubanische Art, die sehr eng mit *A. porcatus* verwandt ist, ist *A. allisoni.* Die Arten unterscheiden sich dadurch, daß bei *A. allisoni* die Ohröffnung nicht kreisrund ist und die Tiere im vorderen Körperbereich blau gefärbt sind. Alle Arten haben die Fähigkeit, ihre Farbe von einem Gelbgrün bis hin zu einem dunklen Braun zu ändern. Während der Balz, aber auch als Drohgebärde, zeigen die Männchen ihre dunkelrote, bei einigen Tieren auch lila gefärbte Kehlscheibe. Bei starker Erregung wird im Nacken eine bis zu 4 mm hohe Hautleiste aufgerichtet. Die Weibchen besitzen entlang dem Rückgrat einen hellen Mittelstrich. Die bei den Männchen paarig angeordneten Analschuppen sind schon bei den Jungtieren gut sichtbar.

Terrarium: Typ III.

Ein Terrarium von 50 × 40 × 60 cm (Länge × Tiefe × Höhe) ist für eine Haltung von einem Männchen mit zwei Weibchen gut bemessen. Als Pflanzen eignen sich sehr gut Sansevierien, die von den Tieren auch sofort angenommen werden. Die übrige Einrichtung sollte aus einigen senkrecht sowie schräg geneigten Ästen bestehen. Einmal am Tag muß das gesamte Terrarium überbraust werden. Normalerweise sollten die Temperaturen bei 25 bis 28 °C am Tage liegen und die Beleuchtungsdauer sollte etwa 12 Stunden betragen.

Haltung und Zucht: *A. porcatus* ist eine gut haltbare und auch leicht nachzuzüchtende Art. Die Tiere verpaaren sich das ganze Jahr über, mit einer Ruhephase in den Monaten Dezember bis März. Während dieser Zeit sollte man den Tieren auch etwas kühlere Temperaturen, tagsüber 20 bis 23 °C und in der Nacht 18 bis 20 °C, mit 8- bis 10stündiger Beleuchtungsdauer anbieten. Bei der Paarung, die oft mehrmals täglich durchgeführt wird, führt das Männchen keinen Paarungsbiß aus.

Die Weibchen leben immer etwas versteckter als die Männchen. Die Fruchtbarkeit ist bei dieser Art sehr groß. Es können in einem Jahr über 30 Eier von einem Weibchen abgelegt werden. Die Größe der frischgelegten Eier liegt bei ca. 11 × 7 mm und sie wachsen bis zum Schlupf auf ca. 15 × 9,5 mm heran. Bei unterschiedlichen Zeitigungstemperaturen ergeben sich auch verschiedene Schlupfzeiten. Bei einem Tag-Nacht-Gefälle von 20 bis 25 °C benötigen die Eier über 60 Tage. Bei konstanter Temperatur von 25 °C liegt die Zeitigungsdauer bei 40 bis 45 Tagen. In beiden Fällen waren die Jungtiere robust, gesund und auch in der Größe wiesen sie keinen Unterschied auf. Höhere Zeitigungstemperaturen sollten allerdings vermieden werden, da es sonst häufiger zu Ausfällen kommt. Die Jungtiere haben beim Schlupf eine Größe von ca. 65 bis 70 mm. Die Eier werden in feuchtem Vermiculite gezeitigt. Vorsicht beim Herausnehmen der Eier aus dem Terrarium, es darf keine Lageveränderung vorgenommen werden, da sonst der Embryo abstirbt. Die Jungtiere werden einzeln in Kleinstterrarien (umgebaute Kaffeedosen usw.) mit reichlich Futter, großgezogen. Das Terrarium wird einmal am Tag kurz überbraust, allerdings nur soviel, daß kein Wasser auf dem Boden des Behälters stehen bleibt. Vitaminisiertes Trinkwasser sollte in einer Schale täglich frisch vorhanden sein. Gefüttert wird mit *Drosophila,* frisch geschlüpften Heimchen, kleinste Wachsraupen, Gespinstmotten und deren Raupen. Die Jungtiere sind bei guter Ernährung bereits nach 9 bis 10 Monaten geschlechtsreif. Jedoch sind sie zu dieser Zeit noch nicht ausgewachsen. Schon bei den Jungtieren ist der Farbwechsel von grün nach schokoladenbraun vorhanden. Bei der Geburt sind die Tiere allerdings graugrün gefärbt. Wenn die Tiere über einen längeren Zeitraum braun gefärbt sind, fühlen sie

Anolis roquet caracoli

sich nicht wohl. In diesem Fall sollte man die einzelnen Haltungsbedingungen noch einmal überdenken, z. B. Einrichtung, Temperatur, Licht, Frischluft aber auch Versteckmöglichkeiten. Streß kann ausschlaggebend für eine Farbveränderung sein.

Jungtiere, die im Terrarium schlüpfen, werden nicht grundsätzlich gefressen. Dies hängt sicherlich auch mit dem Futterangebot zusammen.

Futter: Heimchen, Wachsmotten und deren Raupen, Fliegen, Mehlmotten, *Drosophila,* selten Obstbrei.

Anolis roquet caracoli
Lazell, 1972

Verbreitung: Martinique.

Lebensraum: Die Art bewohnt ausschließlich den Trockenwald auf der Halbinsel La Caravelle. Es handelt sich dabei um einen lichten Wald, an dessen Baumstämmen die Tiere leben. Im Gegensatz zu allen anderen *A. roquet*-Formen ist *A. r. caracoli* die einzige Art, die ausschließlich im Wald vorkommt.

Größe: Bis ca. 21 cm, Weibchen kleiner.

Kennzeichen: Die Färbung der Tiere ist eher unscheinbar. Sie besteht aus verschiedenen Brauntönen mit einer dunklen Querbänderung, die aber nicht bei allen Tieren gleichmäßig ausgeprägt ist. Einige unregelmäßige Flecken lockern die Zeichnung etwas auf. Die Kehlfächer weisen eine gelbe Färbung auf. Die Weibchen sind meist einfarbig braun und zeigen teilweise eine breite Mittellinie. Selten findet man Tiere mit einer Musterung.

Terrarium: Typ III.

Die Wände sollten mit Korkplatten beklebt sein. Einige dickere, senkrecht aufgestellte Äste sowie eine dekorative Bepflanzung aus Tillandsien und kleinen Farnen bilden die Einrichtung. Als Bodengrund eignet sich eine etwa 3 cm hohe, immer feucht zu haltende Torf-Sand-Gemisch-Schicht. Die Temperaturen sollten am Tage etwa bei 30 °C liegen und nachts leicht abfallen. Einmal täg-

Anolis roquet majolgris

lich, am bestens morgens, wird das gesamte Terrarium überbraust.

Haltung und Zucht: Auch bei dieser *Anolis*-Form empfiehlt sich die paarweise Haltung. Etwa alle 4 Wochen legen die Weibchen ihre ein bis zwei Eier im Boden ab. Sie sollten aus dem Terrarium entnommen werden und in leicht feuchtem Vermiculite gezeitigt werden. Bei Temperaturen um die 25 °C schlüpfen die Nachzuchten nach etwa 55 Tagen. Die Aufzucht sollte einzeln in Kleinstterrarien erfolgen.

Futter: Kleine und mittlere Grillen und Heimchen, kleine Schaben, kleine Wanderheuschrecken, Wachsmotten und deren Raupen, *Drosophila,* selten Obstbrei.

Anolis roquet majolgris
Lazell, 1972

Verbreitung: Martinique.

Lebensraum: Die Art bewohnt die Nordostküste Martiniques. Man findet die Tiere überall, sowohl an Häusern wie in Gärten als auch auf Felsen und an Waldrändern. Die Art kann als Kulturfolger betrachtet werden.

Größe: Bis ca. 22 cm, Weibchen kleiner.

Kennzeichen: Die Art zeigt eine Art Tarnfärbung. Die Grundfärbung besteht aus gelben, braunen, selten grünen Farbtönen, auf der sich eine schwarze Musterung deutlich absetzt. Am Kopf zeigen die Tiere teilweise eine hellgraue, an Schimmel erinnernde Färbung. Die

Anolis roquet salinei

Kehlwamme der Männchen ist halb grau und halb gelb gefärbt. Auch die Weibchen weisen häufig ein »schmutziges« Zeichenmuster auf. Man findet aber auch einfarbige Tiere mit einem Mittelstreifen.

Terrarium: Typ III.

Die Einrichtung sollte nach dekorativen Gesichtspunkten erfolgen, da die *Anolis* in der Natur jeden Biotop bewohnen. Lediglich einige dünne, senkrecht aufgestellte Äste sollten immer vorhanden sein. Die Temperaturen sollten am Tage um 30 °C betragen und nachts leicht absinken. Einmal täglich wird das gesamte Terrarium überbraust.

Haltung und Zucht: *A. r. majolgris* ist eine anspruchslose *Anolis*-Art. Nach einer kurzen Eingewöhnungsphase werden die Tiere recht zutraulich. Etwa alle 40 Tage vergräbt das Weibchen seine ein bis zwei Eier. Zur Zeitigung werden die Eier aus dem Terrarium genommen und in eine Dose mit leicht feuchtem Vermiculite überführt.

Bei Temperaturen um die 28 °C schlüpfen die *Anolis*-Nachzuchten nach ca. 48 Tagen. Die Aufzucht muß einzeln in kleinen Miniterrarien erfolgen und ist problemlos, nur auf eine gute Belüftung ist zu achten.

Futter: Kleine und mittlere Grillen und Heimchen, Wachsmaden und deren Raupen, Mehlwürmer, *Drosophila,* selten Obstbrei.

Anolis roquet salinei Lazell, 1972
Verbreitung: Martinique.
Lebensraum: Die Art bewohnt den Süden und Südosten Martiniques. Auch sie findet man überall, wobei diese Form die höchste Populationsstärke in den Ortschaften aufweist.
Größe: Bis ca. 23 cm, Weibchen kleiner.
Kennzeichen: *A. r. salinei* ist eine farblich recht ansprechende *Anolis*-Art. Die Grundfärbung besteht aus Gelb- oder Grüntönen, auf der die Männchen meist eine dunkle Querbänderung zeigen. Die Weibchen hingegen haben häufig einen farblich abgesetzten Mittelstreifen. Der Kehlfächer weist eine gelbe Färbung auf und kann von hellen Flecken durchsetzt sein.
Terrarium: Typ III.
Das Terrarium sollte nicht zu klein gewählt sein und eine gute Belüftung aufweisen. Die Einrichtung sollte aus zahlreichen dünnen, senkrecht aufgestellten Ästen sowie einer dichten Bepflanzung bestehen. Die Temperaturen sollten am Tage 30 °C betragen und nachts leicht absinken. Einmal täglich, am besten morgens, wird das gesamte Terrarium überbraust.
Haltung und Zucht: Die sehr lebhaften *Anolis* gewöhnen sich recht schnell im Terrarium ein und zeigen ihr natürliches Verhalten. Die Weibchen legen etwa alle 4 Wochen ein bis zwei Eier, die sie sorgfältig in der Bodenschicht vergraben.

Anolis roquet zebrilus

Herrschen im Boden Temperaturen von über 23 °C, so können sie im Terrarium verbleiben, allerdings dauert die Zeitigung dann etwa 80 Tage. Im Inkubator bei 28 °C benötigen die Jungtiere nur 45 Tage bis zum Schlupf. Wie bei allen *Anolis* muß auch bei dieser Form das Geschlechterverhältnis der Nachzuchten im Auge behalten werden und man muß gegebenenfalls die Temperaturen variieren.
Futter: Kleine und mittlere Grillen und Heimchen, Wachsmotten und deren Raupen, Fliegen, Mehlmotten, Getreideschimmelkäferlarven, kleine Schaben, Mehlwürmer, selten Obst.

Anolis roquet zebrilus Lazell, 1972
Verbreitung: Martinique.
Lebensraum: Die Art bewohnt die Nordwestküste von Martinique. Auch diese

Art ist nicht auf ein Biotop spezialisiert, vielmehr findet man die Tiere an Hauswänden, an Zäunen und an Bäumen.
Größe: Bis ca. 23 cm, Weibchen kleiner.
Kennzeichen: Die Grundfärbung besteht aus einem Grau-Grün- oder Braunton, sehr selten findet man gelbliche Tiere. Darauf zeigen die Tiere dann eine sehr abwechslungsreiche Musterung aus Querbändern oder einfach nur aus unregelmäßigen Punkten. Die Weibchen sind meist braun oder gräulich gefärbt und zeigen einen dunklen bis schwarzen Mittelstreifen. Die Kehlwamme der Männchen ist halb grau und halb gelb gefärbt.
Terrarium: Typ III.
Die Art benötigt ein hohes Terrarium. Die Einrichtung kann aus verschiedenen senkrecht aufgestellten Ästen und einer üppigen Bepflanzung bestehen. Wichtig ist eine gute Durchlüftung des gesamten Terrariums. Die Tagestemperaturen sollten bei 30 °C liegen und nachts leicht abfallen. Einmal täglich, am bestens morgens, wird das gesamte Terrarium überbraust.
Haltung und Zucht: *A. r. zebrilus* ist eine farblich attraktive *Anolis*-Art. Im Terrarium behalten die Tiere ihr lebhaftes Temperament stets bei und zeigen ihr natürliches Verhaltensrepertoir. Auch die Zucht dieser Unterart bereitet keine Schwierigkeiten. Bei paarweiser Pflege legen die Weibchen etwa alle 5 Wochen ein bis zwei Eier. Auch hier können bei ausreichenden Bodentemperaturen die Eier im Terrarium verbleiben. Jedoch sollten die Nachzuchten sofort herausgenommen und separat aufgezogen werden.
Futter: Kleine und mittlere Heimchen und Grillen, Wachsmotten und deren Raupen, Mehlwürmer, *Drosophila,* selten Obstbrei.

Anolis sabanus German, 1887
Verbreitung: Saba.
Lebensraum: *A. sabanus* ist eine typische baumbewohnende Art, die aber auch an den Hütten der Einheimischen anzutreffen ist.
Größe: Bis ca. 17 cm, Weibchen kleiner.
Kennzeichen: Der deutsche Name »Pantheranolis« deutet schon darauf hin, daß die Tiere stark gefleckt sind. Auf gelbbraunem Grund befinden sich über den gesamten Körper verstreut dunkelbraune Flecken. Die Kehlwamme ist hellgelb bis gelborange gefärbt. Bei den Weibchen können die Flecken auch ganz fehlen. Bei ihnen ist die Kehlwamme nur schwach entwickelt.
Terrarium: Typ II.
Das Terrarium sollte höher als lang sein, da die Tiere gewohnt sind, immer an den Bäumen hoch zu laufen. Die Äste werden senkrecht oder leicht schräg aufgestellt und sollten etwa armdick sein. Eine Bepflanzung mit Bromelien, Tillandsien sowie einigen Rankpflanzen vervollstän-

digt die Einrichtung. Der Temperaturbereich liegt zwischen 20 °C in der Nacht und 28 °C am Tage. Ein Strahler kann lokal die Temperatur bis 32 °C erhöhen.
Haltung und Zucht: Es können in einem Terrarium mit den Maßen 50 × 40 × 60 cm (Länge × Tiefe × Höhe) etwa ein Männchen und zwei Weibchen gemeinsam gepflegt werden. Hierbei ist darauf zu achten, daß genügend Versteckplätze vorhanden sind. Es ist immer wichtig, daß sich die Weibchen den Blicken des Männchen entziehen können. Zweimal tägliches Sprühen (Sprühanlage) ist angebracht. Damit aber keine Staunässe entsteht, sollte ein eingebauter Lüfter für die nötige Luftbewegung sorgen. Ihren Wasserbedarf decken die Tiere durch Auflecken der Wassertropfen. Jedoch sollte immer eine Schale mit vitaminisiertem Wasser zur Verfügung stehen.
Haltung und Zucht: Am liebsten sitzen die Tiere kopfüber an senkrechten bzw. schräg aufgestellten Stämmen. Bei der Balz bzw. beim Drohen spreizen die Männchen nicht nur ihre Kehlwamme, sondern stellen auch noch einen Hautkamm im Nacken auf. Bei der Paarung, die etwa 5 bis 8 Minuten dauert, wird das Weibchen vom Männchen durch einen Nackenbiß gehalten. Die Tiere paaren sich meistens am frühen Morgen oder am Abend. Mehrmals im Jahr legen die Weibchen zwei Eier ab. Diese werden im Boden in der Nähe eines Stammes oder

Anolis sabanus

Anolis sagrei-Männchen droht einem Anolis porcatus

einer Pflanze vergraben. Die Eier können nicht im Terrarium gezeitigt werden, da die Adultis die Jungen nach dem Schlupf fressen würden. Bei einer Temperatur von 25 °C benötigen die beim Schlupf ca. 50 mm großen Jungtiere 43 bis 45 Tage. Die Jungen werden mit *Drosophila* und kleinsten Wachsraupen ernährt.
Futter: Wachsmotten und deren Raupen, Fliegen, Motten, kleine und mittlere Grillen und Heimchen, Obstbrei.

Anolis sagrei Dumeril & Bibron, 1837
Verbreitung: Kuba, Jamaika, Florida, Bahamas und Mittelamerika.
Lebensraum: Die Tiere sind sehr anpassungsfähig. Man findet sie jedoch häufig in Bodennähe, wobei die Weibchen auch sehr gerne auf den Boden gehen. Als Kulturfolger sind sie an den Hütten der Einheimischen genau so häufig wie in Parkanlagen und Gärten.
Größe: Bis ca. 18 cm, Weibchen kleiner.
Kennzeichen: *Anolis sagrei* gehört zu den hochköpfigen Arten und hat eine stumpfe Schnauze. Die Männchen besitzen eine Hautfalte im Nackenbereich, die sie bei Erregung bis zu 40 mm hoch aufstellen können. Die Tiere haben einen graubraunen bis schokoladenbraunen Untergrund, der mit hellen Punkten übersät ist. Die Weibchen haben einen gelben Rückenstreifen mit einer an beiden Seiten des Rückgrats verlaufenden Rautenzeichnung. Die Kehlscheibe der Männchen ist kräftig rot mit eingestreuten schwarzen Strichen und einer gelben Umrandung.
Terrarium: Typ III.
Diese Art benötigt ein Terrarium mit großen Lüftungsflächen und viel Frischluft. Einrichtung siehe *A. ferreus.*
Haltung und Zucht: In einem mittelgroßen Terrarium können ein Männchen und zwei Weibchen zusammen gepflegt werden. Die Tiere sitzen an senkrechten Ästen genau so gerne wie an einer eingebrachten Felsrückwand. Die Männchen vertragen sich nicht untereinander. Jedoch macht eine Vergesellschaftung mit farblich stark abweichenden *Anolis*-Arten keine Probleme. In Kuba kommen *A.*

sagrei und A. porcatus sympatrisch vor. Paarungen finden fast das ganze Jahr über statt. Nur in den Monaten Januar bis März tritt eine Ruhephase ein. Die Tiere paaren sich meistens in den frühen Morgenstunden sowie am späten Nachmittag. Die Kopula dauert nur wenige Minuten. Die Weibchen vergraben, in 14tägigen Abständen, immer ein Ei im feuchten Bodengrund. Die Eier sollten in einem Inkubator gezeitigt werden. Vorsicht beim Herausnehmen, die Eier dürfen nicht gedreht werden, da sonst der Embryo abstirbt. Die Jungtiere lassen sich am besten einzeln in Miniterrarien aufziehen (s. *A. porcatus*).

Futter: Heimchen, Wachsmotten und deren Raupen, Fliegen, selten Obstbrei.

Anolis trinitatis

Reinhardt und Lütken, 1863

Verbreitung: St. Vincent.

Lebensraum: Die Tiere leben im unteren Stammbereich der Bäume und an Sträuchern. Als Kulturfolger findet man sie besonders häufig in Parkanlagen und an Häusern.

Größe: Bis ca. 18 cm, Weibchen kleiner.

Kennzeichen: Es gibt verschiedene Rassenkreise, die eine unterschiedliche Färbung besitzen. Der Körper kann von hellgelb über grasgrün bis hellblau gefärbt sein. Der Kopf ist meistens andersfarbig abgesetzt. So besitzen Tiere mit einem grünen Körper einen gelben Kopf

Anolis trinitatis

mit dunkelblauen Augenringen. Die Kehlscheibe kann gelb bis hellblau gefärbt sein mit kleinen weißen, gelben und auch rötlichen Flecken. Die Weibchen sind einfarbig grün mit einer kleinen weißlichen Kehlscheibe.

Terrarium: Typ II.

Eine dichte Bepflanzung sowie einige fingerdicke Äste bilden die Einrichtung des Terrariums. Die Lufttemperatur darf

Anolis valencienni

nicht höher als 28 °C sein, wobei auch Temperaturbereiche im Terrarium von unter 28 °C immer vorhanden sein müssen. Trotzdem sollte ein Strahler lokal die Temperatur auf 30 bis 32 °C erhöhen. Eine relative Luftfeuchtigkeit von 70 % am Tage und 90 % in der Nacht ist einzuhalten.

Haltung und Zucht: In einem gut bepflanzten Terrarium mit den Maßen 60 × 40 × 80 cm (Länge × Tiefe × Höhe) kann man eine Gruppe von einem Männchen und bis zu drei Weibchen ohne Probleme gemeinsam pflegen. Die Tiere verpaaren sich das ganze Jahr über. Die Männchen führen dabei den Paarungsbiß aus und halten so die Weibchen im Nackenbereich fest. Eine warme Stelle, die immer feucht gehalten werden muß, nehmen die Weibchen gerne als Eiablageplatz an. Hierbei werden etwas versteckt liegende Plätze gerne bevorzugt. Die etwa 10 mm großen Eier werden einzeln abgelegt. Da die Weibchen fast immer den gleichen Eiablageplatz benutzen, ist das Auffinden der Eier recht einfach. Bei einer Zeitigung in feuchtem Vermiculite und einer Temperatur von 27 °C benötigen die 48 bis 55 mm großen Jungtiere 45 bis 55 Tage. Die Jungen werden in gut bepflanzten Miniterrarien einzeln aufgezogen. Nach ei-

nem Jahr sind die Tiere bereits geschlechtsreif.
Futter: Heimchen, Wachsmotten und deren Raupen.

Anolis valencienni
Dümerich & Bibron, 1837
Verbreitung: Jamaika.
Lebensraum: Die Art bewohnt die Höhenlagen auf Jamaika. Man findet sie nur in den isolierten Restregenwäldern.
Größe: Bis ca. 20 cm, Weibchen kleiner.
Kennzeichen: Die Grundfärbung besteht aus einem hellen Grauton, worauf sich eine unregelmäßige Fleckenzeichnung erstreckt. Der Kehlfächer der Männchen weist einen schmutzigen Rotton auf. Auffallend ist der große längliche Kopf.
Terrarium: Typ III.
Die Tiere benötigen ein Regenwaldterrarium mit einer hohen relativen Luftfeuchtigkeit, ohne daß sich Stickluft bilden kann. Die Einrichtung besteht aus einer immer feuchten Bodenschicht, auf der sich in den Ecken einige kleinere Felsaufbauten befinden. Zahlreiche Kletteräste sowie eine besonders üppige Bepflanzung mit dekorativen Tillandsien usw. vervollständigen die Einrichtung. Die Temperaturen sollten tagsüber etwa 26 °C betragen und nachts leicht abfallen. Mindestens zweimal täglich, am besten morgens und spät abends, muß das ganze Terrarium überbraust werden.
Haltung und Zucht: *A. valencienni* ist eine sehr ruhige *Anolis*-Art. Trotz des ansprechenden Aussehens ist diese sehr interessante Art nur selten in unseren Terrarien vertreten. Die Weibchen vergraben nicht ihre Eier wie die meisten anderen Arten, sondern drücken sie in Steinspalten an sehr feuchten Stellen. Damit die Eier nicht den Heimchen oder anderen Futtertieren zum Opfer fallen, sollten sie sofort aus dem Terrarium entnommen werden und auf die übliche Weise gezeitigt werden. Bei 28 °C schlüpfen die etwa 65 mm großen Jungtiere nach ca. 50 Tagen. Die Aufzucht kann in kleinen Gruppen in größeren Terrarien erfolgen.
Futter: Kleine und mittlere Heimchen und Grillen, Wachsmotten und deren Raupen, Mehlwürmer, *Drosophila*.

Anolis vermiculatus
Duméril & Bibron, 1837
Verbreitung: Kuba, bisher nur aus der Provinz Pinar del Rio bekannt.
Lebensraum: Der deutsche Name »Wasseranolis« beschreibt schon den Biotop dieser Art. Die Tiere leben an geschützten Bachläufen, die von Bäumen umgeben sind und einen felsigen Verlauf aufweisen.
Größe: Bis ca. 35 cm, Weibchen kleiner.
Kennzeichen: Die Weibchen haben eine braune Grundfärbung mit einigen dunklen über den Rücken bis zu den Flanken

verlaufenden Querbändern. Die Unterseite ist hellbeige abgesetzt. Kurz vor den Hinterbeinen beginnt bei den Weibchen ein weißer Streifen, der beidseitig bis zum Schwanz verläuft. Die Weibchen sind intensiver gefärbt. Die Männchen besitzen nur eine angedeutete Kehlscheibe, der Körper ist mit kleinen braunen Flecken gesprenkelt.

Terrarium: Paludarium.

Bei der Gestaltung des Terrariums sollte man den Ansprüchen der Tiere wenigstens annähernd gerecht werden. Neben einigen dicken Ästen trägt ein Felsaufbau in der Nähe eines Wasserbeckens sehr zum Wohlbefinden der Tiere bei. Das Wasserbecken sollte so tief sein, daß die Tiere darin ganz untertauchen können, wovon sie auch oft Gebrauch machen. Die Größe des Terrariums sollte nicht unter 0,8 m^3 liegen, wobei eher eine größere Grundfläche gewählt werden sollte. Die Tiere sitzen meistens in Bodennähe auf Wurzeln oder Felsen. Die Lufttemperatur liegt zwischen 25 und 30 °C mit einer leichten Nachtabsenkung auf ca. 22 °C.

Haltung und Zucht: Es kommt nur eine paarweise Haltung in Frage. In der Natur haben die Tiere eine sehr hohe Fluchtdistanz. Im Terrarium kann dieses bei Annäherung zu hektischen Reaktionen der Tiere führen. Im natürlichen Biotop schlafen die Tiere auf Ästen oder an Felsen über dem Wasser, um bei der geringsten Störung sofort ins Wasser zu springen. Sie können über 20 Minuten im Wasser bleiben. Die Weibchen legen ein Ei, welches nicht vergraben wird, sondern in Spalten eingeklemmt wird. Wir fanden einige Eier in Felsspalten eingeklemmt, immer nur kurz oberhalb der Wasseroberfläche. Wenn die Tiere keine andere Möglichkeit haben, legen sie die Eier auch im Boden oder in den Ritzen der Korkrinde ab. Bei ausreichender relativer Luftfeuchtigkeit, nicht unter 75 %, entwickeln sich die Eier auch im Terrarium. Die Jungtiere stellen die gleichen Ansprüche wie die adulten Tiere.

Futter: Wachsmotten und deren Raupen, Fliegen, Grillen, Heimchen. Erwachsene Tiere fangen auch kleine Fische aus dem Wasser.

Chamaeleolis Boulenger, 1885

Diese Gattung ist nur auf Kuba endemisch. Man unterscheidet heute 5 Arten. Mit einer Größe von bis zu 33 cm und einem robusten Körperbau wirken die Tiere massiger als die eigentlichen *Anolis*-Arten. Der Schwanz nimmt ungefähr die Hälfte der Gesamtlänge ein. Beide Geschlechter besitzen einen von der Kinnregion beginnenden aufrichtbaren Hautlappen. Dieser wird von zwei Reihen stark abstehender Kegelschuppen eingefaßt. Ein etwa 10 mm hoher Haut-

Chamaeleolis barbatus,
14 Tage alte Nachzucht

Chamaeleolis chamaeleonides

kamm wird bei Erregung in der Nackengegend aufgerichtet. Die Augen können unabhängig voneinander bewegt werden. Die Tiere leben vorwiegend in den Baumkronen der Bergregenwälder Kubas, wo sie nur sehr schwer zu entdecken sind, da sie sich bei der geringsten Störung auf die Rückseite des Astes drehen, an dem sie sitzen. Es sind sehr ruhige Tiere, die manchmal stundenlang an einer Stelle verweilen.

Chamaeleolis barbatus
(Garrido, 1962)
Verbreitung: Kuba, Provinz Pinar del Rio, dort nur in mittlerer Höhenlage der Sierra des Rosario.
Lebensraum: s. *Ch. chamaeleonides.*
Größe: Bis ca. 33 cm.
Kennzeichen: Die Grundfärbung ist graubraun. Die Tiere sind in der Lage, ihre Färbung aktiv zu verändern. An den Flanken besitzen die Tiere große Plattenschuppen. Die zwei Reihen Kegelschuppen an der Kehlwamme können eine Länge von bis zu 7 mm aufweisen. Die Kehlscheibe ist bei den Weibchen grau und bei den Männchen weiß, am äußeren Rand kann ein Blaßrosa vorhanden sein. Die Zunge bei adulten Tieren zeigt einen tiefschwarzen Farbton mit einem weißen Rand.
Terrarium: s. *Ch. chamaeleonides*
Haltung und Zucht: Diese Art wurde schon mehrmals nachgezüchtet (Hottmar 1991). Die Tiere werden in einer Zuchtgruppe von einem Männchen mit zwei Weibchen gemeinsam gepflegt. Nach anfänglicher Scheu und Bissigkeit werden die Tiere nach einiger Zeit handzahm. Die Paarung vollzieht sich wie bei den meisten *Anolis*-Arten. Auch hier versucht sich das Männchen durch einen Paarungsbiß am Weibchen zu halten. Die meisten Paarungen werden in einer senkrechten Lage an einem Ast ausgeführt. Die Kopulation kann sich bis über 30 Minuten hinziehen. Die Weibchen legen etwa alle 5 bis 8 Tage ein Ei. Dieses wird in einer Mulde vergraben. Nach dem Legen wird es mit der Schnauze solange im Substrat gedreht, bis es die

gleiche Färbung wie der Boden zeigt. Danach wird die Mulde sorgfältig zugescharrt. Die Eier müssen aus dem Terrarium entnommen und bei 28 bis 29 °C gezeitigt werden.
Nach 49 bis 57 Tagen schlüpfen die ca. 80 mm großen Jungtiere. Eine Einzelaufzucht der Jungtiere ist sehr wichtig, da sie untereinander sehr aggressiv sind.
Futter: Siehe *Ch. chamaeleonides.*

Chamaeleolis chamaeleonides
(Duméril & Bibron, 1837)
Verbreitung: Kuba, im Westen von der Provinz Pinar del Rio bis zur südwestlich gelegenen Provinz Granma.
Lebensraum: *Ch. chamaeleonides* ist ein typischer Baumbewohner in dicht bewaldeten Gebieten.
Größe: Bis ca. 33 cm.
Kennzeichen: Die Tiere sind in der Lage, ihre Farbe durch Aufhellen und Abdunkeln sehr stark zu beeinflussen. Die Grundfärbung besteht aus verschiedenen Braun- bis Grüntönen, welche aber auch in ein Hellbeige übergehen kann. Der bräunliche Bauch weist helle Flekken auf.

Von den anderen Arten unterscheidet sich *C. chamaeleonides* dadurch, daß sie einen kürzeren Kegelschuppenkamm unterhalb des Kinnes besitzen und ihre Zunge hell- bis sogar weißlich gefärbt ist.
Terrarium: Typ II.
Die Tiere benötigen armdicke Äste, die sowohl senkrecht als auch leicht schräg und waagerecht aufgestellt werden. Die Bepflanzung sollte immer so gewählt sein, daß die Äste zum Laufen frei bleiben. Der Boden wird mit einer 10 cm hohen Schicht aus Blumenerde aufgefüllt und kann mit Bodendeckerpflanzen bestückt werden. Eine dichte Bepflanzung dient auch als Versteckmöglichkeit. Die Temperatur liegt am Tage bei 28 bis 30 °C und geht in der Nacht auf 22 °C zurück. Die relative Luftfeuchtigkeit sollte in einem Bereich von 75 bis 100 % liegen. Das Terrarium muß daher mindestens einmal täglich ganz überbraust werden.
Haltung und Zucht: Über die Zucht dieser Art ist bisher noch nichts bekannt. In der Haltung scheinen die Tiere recht lebhaft zu sein. Terrarienbeobachtungen zeigten, daß die Tiere besonders während der ersten Tage im Terrarium sich sehr unruhig und bissig verhielten. Auch anderen Terrarientieren gegenüber sind sie unverträglich.
Futter: Echsenfresser! Nestjunge Mäuse, Schnecken, Larven des Großen Schwarzkäfers, Wachsmotten und deren Raupen, Grillen und Heimchen, gelegentlich Obst.

Polychrus Cuvier, 1817

Die Gattung Polychrus ähnelt im Verhalten sehr stark den Chamäleons der Alten Welt. Aber auch anatomische Merkmale sind durchaus vergleichbar. So können sie die Augen unabhängig voneinander bewegen und auch die Zehen können wie bei den Chamäleons gegeneinander gestellt und somit wie eine Greifzange eingesetzt werden. Es sind 5 Arten bekannt, die im tropischen Mittel- bis Südamerika beheimatet sind. Es sind relativ träge Tiere, die stundenlang an einen Ast angeschmiegt aushalten können. Die Bewegungen sind meist langsam und behäbig. Es handelt sich um Baumbewohner mit einem seitlich abgeflachten Körperbau.

Polychrus marmoratus
(Linnaeus, 1758)

Verbreitung: Südamerika.

Lebensraum: Die Art lebt im Amazonasgebiet sowie in kleinen Restregenwäldern auf Trinidad und Tobago. Dort findet man die Tiere im Geäst lichter Waldgebiete und in schattigen Buschbereichen.

Größe: Bis ca. 50 cm.

Kennzeichen: Die Grundfärbung ist ein kräftiges Grün mit einigen wellenförmigen dunklen Querbinden am Körper. Der Schwanz besitzt eine marmorierte Fleckenzeichnung. Die Tiere sind in der Lage, ihre Färbung in kürzester Zeit zu verändern. So können hellgrüne Tiere plötzlich total dunkel gefärbt sein. Die Kehlwamme beiderlei Geschlechts ist weiß mit roter Musterung. Die Männchen sind leicht an den Femoralporen zu erkennen.

Terrarium: Typ III.

Es kommt nur ein gut bepflanztes, mit vielen verzweigten Ästen ausgestattetes Terrarium in Frage. Die relative Luftfeuchtigkeit sollte am Tage bei 75 % liegen und in der Nacht auf ca. 100 % ansteigen. Die Temperaturen können tagsüber 28 bis 30 °C betragen und nachts auf 22 bis 25 °C absinken. Es darf im Terrarium aber keine Stickluft entstehen. Ein Lüfter, der nur zeitweise läuft, sorgt für den nötigen Luftaustausch. Eine Sprüh- oder Nebelanlage ist angebracht.

Polychrus marmoratus wurde auch schon ohne Probleme frei in einem Blumenfenster gepflegt. Das Terrarium für ein Paar sollte ein Volumen nicht unter 0,8 m^3 aufweisen, wobei die Höhe sehr wichtig ist.

Haltung und Zucht: *P. marmoratus* gehört zu den empfindlichen Leguan-Arten. Die Tiere sollten nur paarweise gepflegt werden. Dabei ist es wichtig, daß sie genügend Deckung hinter Ästen und Pflanzen finden. Die Tiere sind sehr träge und sitzen oft stundenlang an ein und derselben Stelle. Bei der Jagd nach Futterinsekten können sie jedoch eine

Polychrus marmoratus

erstaunliche Gewandtheit entwickeln. Über die Zucht liegen keine Daten vor, lediglich ist bekannt, daß ein Gelege bis zu 8 Eier umfassen kann.
Futter: Es ist wichtig, verschiedene Insekten anzubieten, da einige Tiere Grillen oder Heimchen ablehnen. Wachsmotten und deren Raupen, gelegentlich wird auch Obst angenommen.

Pristidactylus Fitzinger 1843

Die Gattung Pristidactylus bewohnt nur den südlichen Teil Südamerikas. Bis heute sind 8 Arten dieser Gattung aus Chile und Argentinien bekannt geworden. Leider ist die Unterscheidung sehr schwierig und bei einigen Arten nur eindeutig anhand eines Karyogrammes möglich. Für die Terrarianer ergibt sich daher das große Problem, seine Tiere zu bestimmen, da in den letzen Jahren die verschiedensten Arten importiert wurden.

Pristidactylus torquatus
(Philippi, 1861)
Verbreitung: Chile.
Lebensraum: *P. torquatus* bewohnt lichte Wälder in den Bergregionen Zentralchiles. Dort findet man die Tiere sowohl beim Sonnenbaden an Baumstämmen

Pristidactylus torquatus

als auch bei der Nahrungssuche auf dem Boden.

Größe: Bis ca. 24 cm.

Kennzeichen: Es handelt sich um einen sehr ansprechend gefärbten Leguan. Die Grundfärbung variiert von grau bis leuchtend orange. Häufig zeigen sie darauf eine Art Querbänderung aus dunklen rautenförmig angeordneten Flecken sowie eine weiße bis bläuliche Reihe größerer Seitenflecken. Die Weibchen sind häufig nicht so farbenfroh. Die Männchen sind leicht an der verdickten Schwanzwurzel zu erkennen.

Terrarium: Typ VI.

Die Art benötigt ein geräumiges Terrarium. Die Einrichtung sollte aus zahlreichen knorrigen Kletterästen und einigen Rankpflanzen bestehen. Die Temperaturen müssen im Sommer tagsüber etwa bei 25 °C liegen, wobei zusätzlich eine lokale Wärmequelle vorhanden sein muß, an der sich die Tiere noch weiter erwärmen können. Eine gewisse Nachtabsenkung ist unbedingt erforderlich. Zur Überwinterung wird das Terrarium für ca. 2 Monate in einen kühlen Raum (nicht unter 15 °C) gestellt.

Pristridactylus valeriae

Haltung und Zucht: *P. torquatus* ist ein sehr aufmerksamer Terrarienpflegling, der nach einer kurzen Eingewöhnungsphase recht zutraulich wird. Die Leguane bewegen sich eher langsam und fliehen meist nur ein kurzes Stück. Sofort nach Beendigung der Winterruhe beginnen die Männchen mit der Balz und es kommt zur Paarung. Über eine gelungene Zucht ist nichts bekannt.
Futter: Grillen und Heimchen, Wachsmotten und deren Raupen, Schaben, Wanderheuschrecken, selten Obst und Salat.

Pristidactylus valeriae
(Donoso-Barros, 1966)
Verbreitung: Chile.
Lebensraum: Die Art bewohnt lichte Wälder in Zentralchile.
Größe: Bis ca. 25 cm.
Kennzeichen: Die Art weist ebenso wie *P. torquatus* einen gedrungenen Körperbau auf. Der Schwanz ist etwa 1,5mal so lang wie die Kopf-Rumpf-Länge. Die Grundfärbung ist bei den Männchen ein bläulich schimmerndes Grau und bei den Weibchen ein schmutziger Braunton. Diese Färbung kann durch dunkle

Flecken oder angedeutete Querstreifen aufgelockert sein. Wichtigstes Kennzeichen ist das völlige Fehlen eines Halsbandes.

Terrarium: Typ VI.

Da die Tiere sehr gerne klettern, sollten die Rück- und Seitenwände mit einem gut strukturierten Material beklebt sein. Eingearbeitete »Aussichtsplattformen« werden schnell als beliebter Aufenthaltsort angenommen. Einige Kletteräste sowie eine üppige Bepflanzung vervollständigen die Einrichtung.

Die Temperaturen sollten im Sommer tagsüber bei 25 °C liegen und nachts etwas abfallen. Eine etwa zweimonatige kühlere Phase ist unbedingt einzuhalten.

Haltung und Zucht: *P. valeriae* ist ein sehr ruhiger Terrarienpflegling. Bei Annäherung durch die Hand flieht er nicht immer sofort, sondern gibt häufig Zischlaute von sich und führt Scheinbisse aus. Über eine erfolgreiche Zucht ist bis heute nichts bekannt geworden.

Futter: Grillen und Heimchen, Schaben, Wanderheuschrecken, Larven des Großen Schwarzkäfers, Mehlwürmer, Wachsmotten und deren Raupen, selten Obst und Salat.

Unterfamilie Basiliscinae

Gattung	Arten ca.	Vorkommen	Terrarium	Lebensraum
Basiliscus	4	2/4	I	A
Corytophanes	3	2/4	I/III	A
Laemanctus	2	2	I/III	A

Bei dieser Unterfamilie handelt es sich fast ausschließlich um an das Leben auf Bäumen im Regenwald angepaßte Leguan-Arten. Ihr Verbreitungsgebiet erstreckt sich von Mittelamerika bis ins Amazonasgebiet.

Aufgrund der sehr eindrucksvollen Körperformen, die Arten weisen häufig große knöcherne Helmbildungen und teilweise gewaltige Körperfortsätze in Form von Kopf- und Rückensegeln auf, gehören die Arten mit zu den beliebtesten Terrarientieren.

Basiliscus Laurenti, 1768

Das Verbreitungsgebiet der 4 Arten liegt in Mittel- und Südamerika. Es sind überwiegend Bewohner der tropischen Re-

Basilisk läuft über das Wasser.

genwälder. Hier sind sie hauptsächlich an Bachläufen und Flüssen zu finden. Alle Arten können hervorragend schwimmen.

Mit einer Größe bis 80 cm ist *B. plumifrons* der größte Vertreter seiner Gattung. Mit Geschwindigkeiten bis zu 12 km/h ist er in der Lage, nur auf den Hinterbeinen über die Wasseroberfläche zu laufen.

Basiliscus plumifrons

Cope, 1876

Verbreitung: Panama bis Guatemala.

Lebensraum: Es handelt sich um eine baumbewohnende Art, die immer in der Nähe von Gewässern zu finden ist. Die Tiere sind in der Lage, auf zwei Beinen über das Wasser zu laufen.

Größe: Bis ca. 92 cm, meist jedoch nur 75 bis 80 cm.

Basiliscus plumifrons, Weibchen.
Bild unten: Männchen.

Kennzeichen: Der deutsche Name »Stirnlappenbasilisk« trifft nur für das Männchen zu. Die Tiere sind durchgehend grün gefärbt. Vereinzelt können auf dem Rücken einige schwarze Streifen vorhanden sein. Hellgrüne bis ins Blau gehende Flecken bilden an den Flanken eine Linie. Die Männchen besitzen einen hohen Kopflappen sowie einen mehrere Zentimeter hohen Rücken- und Schwanzkamm. Alle Kämme sind nicht durchgehend, sondern deutlich voneinander getrennt. Die Weibchen besitzen nur einen kleinen Hinterkopffortsatz.

Terrarium: Typ I.

Die Tiere benötigen sehr viel Platz. Bei einer paarweisen Haltung sollte die Terrariengröße nicht unter 1,2 m^3 Volumen liegen. Hierbei ist eine Höhe von 1,5 m nicht zu unterschreiten. Ein großes Wasserbecken sollte immer vorhanden sein. Es muß ständig sauber gehalten werden, da die Tiere sehr gerne darin ihren Kot absetzen. Die Tagestemperaturen können lokal bis auf 35 °C ansteigen und in der Nacht auf 23 °C zurückgehen. Die relative Luftfeuchtigkeit sollte am Tage auf 65 % zurückgehen, aber in der Nacht bis auf 100 % ansteigen. Häufiges Sprühen (Sprühanlage) ist wichtig.

Die Tiere benötigen armdicke Äste, die senkrecht oder leicht schräg ins Terrarium eingebracht werden. Die Bepflanzung muß aus sehr robusten Pflanzen bestehen, da die Tiere oft sehr schreckhaft durch das Terrarium laufen. Es sollte auch nur eine Seite durchsichtig sein, damit die Tiere nicht gegen die Scheibe laufen. Besser geeignet sind bepflanzte Gewächshäuser oder hergerichtete Kellerräume.

Haltung und Zucht: Nur in sehr großen Terrarien kann man mehrere Weibchen mit einem Männchen zusammen pflegen. Zwei Männchen vertragen sich nicht miteinander. Eine jahreszeitliche Klimaveränderung, bedingt durch stärkeres Temperaturgefälle zwischen Tag und Nacht sowie verkürzte Beleuchtungsdauer, wirken stimulierend auf die Fortpflanzung. Trächtige Weibchen erkennt man an der Leibesfülle. Einige Tage vor der Eiablage suchen die Tiere nach einem geeigneten Platz. Die 4 bis zu 17 Eier umfassenden Gelege werden an einer geschützten Stelle, die oft etwas wärmer ist, tief im Boden vergraben. Bei optimaler Haltung werden mehrere Gelege in einem Jahr abgesetzt. Die Eier müssen aus dem Terrarium entfernt werden, da die Adultis die Jungen auffressen würden. Hierfür werden die Eier vorsichtig freigelegt. Eine Lagenveränderung ist je nach dem Zeitpunkt für die Embryos tödlich. Die Eier werden in feuchtem Vermiculite ganz vergraben und in einen Inkubator überführt und gezeitigt. Bei Temperaturen zwischen 29 und 30 °C benötigen die Jungtiere bis zum Schlupf etwa 55 bis 65 Tage. Die

Basiliscus vittatus

Jungtiere haben beim Schlupf eine Größe von ca. 10 cm und nehmen nach 3 bis 4 Tagen das erste Futter zu sich. Erst in einem Alter von 6 bis 8 Wochen häuten sich die Tiere das erste Mal. Zur besseren Kontrolle ist eine Einzelaufzucht immer vorteilhafter. Die Aufzuchtterrarien sollten so eingerichtet sein, daß sie den Jungtieren ein Gefühl der Sicherheit bieten. Einige Versteckplätze müssen deshalb vorhanden sein. Bei gemeinsamer Aufzucht wird schon bei den Jungtieren eine Rangordnung ausgemacht, so daß die schwächeren Tiere sehr schnell unterdrückt werden. Die Tiere decken ihren Wasserbedarf durch das Auflecken des Sprühwassers. Aus diesem Grund sollte es mit einem Vitaminpräparat angereichert werden. Gefüttert werden die Nachzuchten mit allen kleinen Insekten sowie Wachsraupen, Motten, Grillen, Heimchen. Alle Futtertiere müssen mit einem Kalkpräparat eingestäubt werden. Der Kalkbedarf der Jungtiere ist sehr groß. Bei ausgewogener, reichhaltiger Nahrung wachsen die Tiere sehr schnell heran.

Futter: Echsenfresser! Junge Mäuse, Grillen, Heimchen, Wachsmotten und deren Raupen, Larven des Großen Schwarzkäfers, Heuschrecken, Obst, Hunde- und Katzenfutter nur gelegentlich.

Basiliscus vittatus

Wiegmann, 1828

Verbreitung: Von Südmexiko bis Kolumbien.

Lebensraum: Die Tiere leben sowohl in tropischen Regenwäldern als auch im offenen Gelände, wobei sie teilweise sogar noch bis in über 1000 m Höhe vorkommen. Überwiegend halten sie sich

unmittelbar am Wasser auf, es können auch größere Feuchtgebiete sein.
Größe: Bis ca. 75 cm.
Kennzeichen: Die Tiere haben eine braune Grundfärbung und vom Kopf aus ziehen beidseitig gelbe Streifen bis zu den Flanken. Ein kleiner Hautkamm am Hinterkopf und ein schmaler Rückenkamm zieren die Männchen. Die Weibchen besitzen entlang des Rückgrats eine dunkelbraune Fleckenzeichnung.
Terrarium: Typ I.
Einrichtung siehe *B. plumifrons.*
Haltung und Zucht: Eine Haltung von einem Männchen mit mehreren Weibchen macht keine Schwierigkeiten. Auch in der Natur konnten wir auf wenigen Quadratmetern mehrere Tiere beobachten. Die Haltung erfolgt wie bei *B. plumifrons.*

Die Weibchen setzen 2 bis 3 Gelege in einem Jahr ab. Die Anzahl der Eier schwankt meistens zwischen 6 bis 10. Es sind aber auch schon bis zu 18 Eier gelegt worden. Die Eier sind oval und haben eine Größe von ca. 17 × 11 mm. Bei einer Zeitigungstemperatur von 28 bis 30 °C benötigen die 10 bis 12 cm großen Jungtiere 50 bis 70 Tage bis zum Schlupf. Die Aufzucht macht keine großen Probleme und erfolgt wie bei *B. plumifrons* angegeben. Die Geschlechtsreife erreichen die Tiere bereits in einem Alter von 6 bis 10 Monaten.
Futter: Siehe *B. plumifrons.*

Corytophanes Boie, 1827

Von dieser Gattung sind drei Arten bekannt. Alle leben in feuchten Regenwaldgebieten, wobei *C. percarinatus* auch in savannenähnlichen Pinienwäldern gefunden wurde. Es sind Baumstamm-Bewohner, die sich gerne an armdicken Bäumen aufhalten. Bei Tagestemperaturen bis zu 30 °C und einer relativen Luftfeuchtigkeit von fast 100 % fühlen sich die Tiere wohl. Eine Nachtabsenkung auf 22 bis 25 °C ist angebracht.

Der deutsche Name »Helmleguan« ist sehr zutreffend gewählt. Alle Arten besitzen am Hinterkopf einen helmähnlichen Fortsatz, der nur bei der Art *C. hernandezi* zum Nacken hin abgesetzt ist. Die Tiere verlassen sich ganz auf ihre Tarnung und bleiben auch bei Gefahr ruhig sitzen. Eine Vergesellschaftung mit schnellen und unruhigen Tieren ist nicht ratsam. Eine gemeinsame Haltung mit Baumsteigerfröschen hingegen geht problemlos.

Corytophanes cristatus (Merrem, 1820)
Verbreitung: Mittelamerika.
Lebensraum: Die Art bewohnt den tropischer Regenwald. Dort findet man die hervorragend getarnten Tiere an armdikken Baumstämmen sitzen.
Größe: Bis ca. 35 cm.
Kennzeichen: Die Grundfärbung reicht je nach Herkunft von hellbraun bis oliv-

Corytophanes cristatus

grün. Aber auch der Gemütszustand spielt für die Färbung eine wichtige Rolle. Die Männchen können bei Erregung eine schwarze Kehlwamme bekommen. Beide Geschlechter besitzen einen Helmfortsatz am Hinterkopf, der in einen Nackenkamm übergeht und dann in einer schmalen Rückenleiste endet. Die Männchen erkennt man an der verdickten Schwanzwurzel.

Terrarium: Typ III.

Einige armdicke Äste werden senkrecht ins Terrarium gestellt. Eine dichte Bepflanzung mit Bromelien und Tillandsien wird von den Tieren nicht beschädigt. Die Temperatur sollte zwischen 25 °C und 30 °C am Tage liegen, und in der Nacht nicht unter 20 °C abfallen. Die relative Luftfeuchtigkeit liegt am besten bei 75 bis 100 %. Häufiges Sprühen ist angebracht (Sprühanlage).

Haltung und Zucht: Wildfänge sind in der Regel verwurmt und sollten nach einer Kotuntersuchung auf jedem Fall behandelt werden. Nur eine paarweise Haltung ist möglich, da sich mehrere Tiere schon bei Sichtkontakt sehr stark stressen.

Die Tiere sind im allgemeinen sehr ruhig und können stundenlang an einer Stelle sitzen. Jedoch jagen gesunde Tiere selbständig nach Beutetieren. Der Wasserhaushalt wird nur über Sprühwasser gedeckt. Hierbei ist es wichtig, daß die Tiere immer wieder mit den nötigen Vitaminen versorgt werden. Wildfänge sind meistens ziemlich ausgetrocknet und sollten in den ersten Wochen von Hand getränkt werden. Auch eine Zwangsfütterung macht keine Probleme, da die Tiere sofort das Maul aufreißen. So können die Tiere in der ersten Zeit mit allen wichtigen Vitamin- und Mineralstoffen versorgt werden. Nach 4 bis 5 Wochen sollten sie dann über den Berg sein und wieder selbständig Futter annehmen. Einige Tiere fraßen gerne Banane.

Nachzuchten sind bisher die Ausnahmen. Nur vereinzelt ist es bis jetzt gelungen, die Art nachzuzüchten. Die Weibchen vergraben ihr aus ca. 4 Eier bestehendes Gelege in der Bodenschicht. Sie müssen sofort aus dem Terrarium entnommen werden und in einem Inkubator bei ca. 28 bis 30 °C gezeitigt werden. Nach ca. 60 Tagen schlüpfen die Jungtiere.

Futter: Grillen, Heimchen, Heuschrekken, Wachsmotten und deren Raupen, Larven des Großen Schwarzkäfers, Banane.

Corytophanes hernandezi

(Deppe,1830)

Verbreitung: Die Karibikseite von Südmexiko bis nach Guatemala.

Lebensraum: Die Art lebt in den letzten zusammenhängenden Regenwaldgebieten bis in einer Höhe von 1300 m. Über-

Corytophanes hernandezi

wiegend findet man die Tiere wieder im Stammbereich armdicker Bäume.
Größe: Bis ca. 35 cm.
Kennzeichen: Die Grundfärbung ist ein Braun bis Olivgrün. Einige dunkle Flekken können als schwache Bänderung quer über den Körper verlaufen. Der Kopfbereich kann hellbeige gefärbt sein. Der Helm ist im Nacken deutlich abgesetzt.
Terrarium: Typ III.
Einrichtung siehe *C. cristatus.*
Haltung und Zucht: Die Haltung erfolgt wie bei *C. cristatus* angegeben. Im Verhalten sind sich die Tiere sehr ähnlich. Die Legezeit liegt in den Monaten September bis November. Die Trächtigsdauer der Weibchen beträgt etwa 60 Tage. Die Gelege umfassen ca. 5 bis 7 Eier, welche im feuchten Boden vergraben werden. Eine Überführung der Eier in einen Inkubator ist sinnvoll. Die Zeitigung erfolgt am besten in feuchtem Vermiculite. Die Zeitigungsdauer beträgt bei ca. 28 °C mit leichter Nachtabsenkung über 100 Tage. Die Aufzucht ist etwas heikel, wobei die Jungtiere reichlich Futter angeboten bekommen müssen.
Futter: Siehe *C. cristatus.*

Laemanctus Wiegmann, 1834

Der deutsche Name »Kronenbasilisk« wird abgeleitet von einem Kranz spitzer, dreieckiger Schuppen auf dem knöchernen Schädelansatz am Hinterkopf der Tiere. Bisher sind zwei Arten bekannt: *L. longipes* und *L. serratus.* Das Verbreitungsgebiet von *Laemanctus* erstreckt sich von Südamerika bis weit nach Mexiko hinein. Es sind schlanke Tiere, wobei *L. s. serratus* mit 75 cm Gesamtlänge, davon 3/4 Schwanz, die größte Art darstellt. Alle Arten leben in den Büschen und niedrigen Baumkronen der tropi-

Laemanctus serratus

schen Regenwälder Mittelamerikas (weitere Angaben s. Lang 1989).

Laemanctus serratus Cope, 1864
Verbreitung: Von Süd-Mexiko bis Nordost-Honduras.
Lebensraum: Die Leguane leben im Buschbereich der tropischen Regenwälder, aber auch in den Baumkronen kleinerer Bäume.
Größe: Bis ca. 75 cm.
Kennzeichen: Die schlanken Tiere besitzen sehr schlanke und lange Zehen, mit denen sie sich sehr gut im Geäst halten können. Auch die Hinterbeine sind extrem lang. Die Grundfärbung ist grün, welches je nach Erregung hell oder dunkel erscheint. Ein braunes Band erstreckt sich vom Hinterkopf bis zum Schwanz, sowie vom Auge über die Seiten bis zum Schwanz. Der Schwanz und die Oberseite der Beine sind braun gefärbt.

Terrarium: Typ I oder II.
Eine dichte Bepflanzung ist Voraussetzung für das Wohlbefinden der Tiere. Hierbei eignen sich gut sehr große *Ficus benjamina.* Die Art benötigt eine sehr gute Beleuchtung.
Haltung und Zucht: Nach Wicker (mündl. Mitt.) kann man ein Männchen mit mehreren Weibchen in größeren Terrarien zusammen pflegen. Zwei Männchen vertragen sich nicht. Die Tiere leben an den Rändern der Regenwälder und oben auf dem Laubdach, so daß sie sich auch im Terrarium sehr gerne unter einem Strahler erwärmen. Auch direkte Sonneneinstrahlung wird von ihnen genutzt. Die Temperatur sollte tagsüber bei 25 bis 30 °C liegen, wobei lokal unter einem Strahler die Temperatur auch 35 °C betragen kann. Die relative Luftfeuchtigkeit kann tagsüber bis auf 60 % zurückgehen, sollte aber in der Nacht an 100 % herankommen (Sprüh- oder Nebelanlage). Um ihren Bedarf an Flüssigkeit zu decken lecken die Tiere Wassertropfen auf. Der Frankfurter Zoo konnte diese Art bereits mehrmals nachzüchten. Die Weibchen vergraben ihre Eier, im Durchschnitt 6, im feuchten Boden. Sie werden in Perlite bei Temperaturen von 28 bis 30 °C gezeitigt. Die Entwicklung dauert ca. 49 Tage. Ein Weibchen setzt im Jahr ein bis zwei Gelege ab. Die Versorgung mit Vitaminen und Mineralstoffen ist Voraussetzung für eine erfolgreiche Haltung und Zucht.
Futter: Fliegen, Wachsmotten und deren Raupen, Motten und Falter, Heuschrekken, Grillen und Heimchen, Larven des Großen Schwarzkäfers.

Unterfamilie Iguaninae

Gattung	Arten ca.	Vorkommen	Terrarium	Lebensraum
Amblyrhynchus	1	7	–	C
Brachylophus	2	6	I	A
Conolophus	2	7	–	D/E
Ctenosaura	15	1/2/3	IV/V/VI	D/E/F
Cyclura	8	3	IV	C/D/E
Dipsosaurus	3	1/2	VII	F
Iguana	2	2/3/4	I/IV	A/E
Sauromalus	11	1/2	V	C

Brachylophus fasciatus

Bei den Vertretern aus der Unterfamilie Iguaninae handelt es sich um die eigentlichen Leguane. Zu ihnen gehören mit *Iguana iguana* und den *Cycluren* die größten, urtümlichsten und eindrucksvollsten Leguan-Arten. Ihr Verbreitungsgebiet erstreckt sich von Nordamerika bis ins Amazonasgebiet, sowie die isolierten Verbreitungsgebiete auf Galapagos, Fidschi und Tonga.

Brachylophus Wagler, 1830

Die zwei Arten dieser Gattung leben auf Tonga und Fidschi. Wobei die Art *B. vittiensis* nur auf der Insel Yaduataba und den westlich gelegenen Yasava-Inseln Fidschis bekannt ist. Diese Art wurde erst 1979 von J. Gibbons entdeckt. Die Männchen haben im Gegensatz zu *B. fasciatus*-Männchen einen ausgeprägten Rückenkamm und eine andere Bänderung. Mit einer Größe von 1 m und einer stark entwickelten Kehlwamme unterscheiden sie sich von *B. fasciatus* erheblich. Beide Arten sind in ihrem Bestand bedroht. Dieses hängt vor allen Dingen mit der Biotopzerstörung und den eingeschleppten Katzen, Ratten und Mungos zusammen. Die Haltung und Zucht machen jedoch keine großen Schwierigkeiten mehr, und so werden heute bereits in einigen Zoos Fidschi-Leguane regelmäßig nachgezogen. Es wäre wünschenswert, wenn dieses Zuchtprogramm auch auf kompetente Terrarianer ausgeweitet würde.

Brachylophus fasciatus
(Broyniart, 1780)
Verbreitung: Fidschi und Tonga-Inseln.
Lebensraum: Es sind reine Baumbewohner, die sich überwiegend in Küstennähe aufhalten.
Größe: Bis ca. 100 cm.
Kennzeichen: Beide Geschlechter besitzen einen kurzen, im Nacken beginnenden Rückenkamm, der ihnen den deutschen Namen »Kurzkamm-Leguan« einbrachte. Die Weibchen sind einfarbig grün gefärbt, während die Männchen eine breite Bänderung über dem Körper besitzen. Bei Erregung können die Bänder fast schwarz gefärbt sein.
Terrarium: Typ I.
Einrichtung siehe *Iguana iguana.*
Haltung und Zucht: Die Tiere leben in der Natur in größeren Populationen dicht beieinander. Dies setzt eine starke soziale Bindung voraus. Während das dominierende Männchen den höchsten Platz einnimmt, werden andere Männchen in der Nähe nur geduldet. Im Terrarium sollte man die Tiere immer paarweise pflegen. Die Temperaturen können am Tage bei 25 bis 30 °C liegen und in der Nacht bis auf 20 °C absinken. Eine lokale Wärmequelle kann am Tage zeitweise eine Temperaturerhöhung bis auf 35 °C vornehmen. Die Weibchen vergraben ihre Eier im feuchten Sand, der mindestens 20-30 cm hoch aufgefüllt sein muß. In der Anordnung der gelegten Eier kann man erkennen, welche Art diese gelegt hat. Während *B. fasciatus* die Eier im Quadrat ablegt, werden die von *B. vittiensis* in einer Reihe abgelegt. Die Zeitigung der Eier kann je nach Temperatur bis zu 8 Monate dauern. Mit einer Größe von ca. 25 cm sind die Babys schon recht groß.
Futter: Sowohl tierische als auch pflanzliche Kost. In der Natur fressen die Leguane sehr gerne Hibiskus-Blüten.

Ctenosaura Wiegmann, 1828

Die Gattung der Schwarzen Leguane ist in Mittelamerika beheimatet. Es handelt sich dabei größtenteils um Bewohner der trockenen Landstriche. Ihre Systematik ist umstritten.

Ctenosaura acanthura (Shaw, 1802)
Verbreitung: Ost-Mexiko, dort nur die Atlantik-Seite.
Lebensraum: Die Art ist ein typischer Bewohner der trockenen Halbwüsten.
Größe: Bis ca. 70 cm, Weibchen kleiner.
Kennzeichen: Die Grundfärbung der Tiere besteht aus einem schmutzigen Grau bis Hellbeige. Im dunkelgrauen

Ctenosaura clarki

Nackenbereich zeigen sie zwei schwarze breite Querbänder. Die Vorderextremitäten sind schwarz gefärbt. Die Männchen erkennt man an dem größeren Schädel sowie der größeren Kehlwamme. Der Schwanz ist nicht so stark gewirtelt wie bei *C. similis.*

Terrarium: Typ IV.

Da die Tiere vorwiegend am Boden leben, ist eine große Grundfläche sehr wichtig. Der Bodengrund sollte aus einer 40 bis 50 cm hohen Sandschicht bestehen. Einige Felsaufbauten, die nicht untergraben werden können, dienen als Versteckplätze. Schräg gestellte Baumstämme werden von den Tieren gerne aufgesucht. Dort sollte die Temperatur durch Strahler auf 45 °C erhöht werden. Die Durchschnittstemperatur kann tagsüber bei 30 °C liegen, und in der Nacht auf 20 °C absinken.

Haltung und Zucht: Eine paarweise Haltung ist angebracht, nur in sehr großen Terrarien sollte man ein Männchen mit mehreren Weibchen gemeinsam pflegen. Das Paarungsverhalten wird durch eine mehrwöchige Winterruhe ausgelöst. Die Weibchen legen die Eier in selbstgegrabene Gänge in den feuchtem Sand ab. Auch hierfür eignen sich sehr gut selbstgefertigte Legekästen. Ein Gelege umfaßt 20 bis 36 Eier, die wie bei *C. similis*

gezeitigt werden. Bei etwa konstant 30 °C schlüpfen die Jungtiere nach 60 bis 80 Tagen.
Futter: Diese Art scheint sich hauptsächlich von tierischer Kost zu ernähren. Grillen, Heimchen, Larven des Großen Schwarzkäfers, Schaben, Heuschrecken, nackte bis halbwüchsige Mäuse, Salat und Obst.

Ctenosaura clarki Bailey, 1928
Verbreitung: Mexiko.
Lebensraum: Die Art bewohnt aride Bergwälder in West-Mexiko, in den Höhenlagen zwischen 200 bis 510 m. Dort lebt sie auf Felsen, in deren Spalten sie bei Gefahr flüchten.
Größe: Bis ca. 32 cm.
Kennzeichen: Die Tiere haben einen kräftigen, gedrungenen Körperbau. Auf grauer bis roter Grundfärbung zeigen die Tiere eine helle, gepunktete Bänderung. Der Schwanz besteht aus kräftigen Wirtelschwanzringen, zwischen denen sich jeweils eine Reihe Granularschuppen befindet. Die Männchen besitzen einen massigen Kopf und weisen auf der Unterseite einen deutlich größeren schwarzen Fleck in der Halsregion auf als die Weibchen.
Terrarium: Typ V.
Die Art benötigt ein recht hohes Terrarium, da die Tiere sehr gerne klettern. Die Einrichtung sollte aus einigen Felsaufbauten und senkrechten Steinplatten (zwischen die sich die Tiere zurückziehen können) bestehen. Dicke Kletteräste und eine robuste Bepflanzung aus hartblättrigen Pflanzen runden die Einrichtung ab. Die Temperaturen sollten tagsüber ca. 30 °C betragen, wobei lokale Wärmeinseln von 40 °C vorhanden sein müßten.
Haltung und Zucht: Die Tiere sind in der ersten Zeit recht scheu und schreckhaft, gewöhnen sich aber nach einer kurzen Zeit gut ein. Da sie vom Charakter her recht ängstlich sind, sollten sie nicht mit anderen Tieren vergesellschaftet werden. Während der Pflege im Terrarium legen die Tiere jedes Jahr im Sommer ein Gelege von 6 bis 8 Eiern ab, deren Zeitigung bis heute aber nicht gelungen ist.
Futter: Vegetarische Kost, viel Obst, Heimchen, Wachsraupen.

Ctenosaura palearis Stejneger, 1899
Verbreitung: Guatemala.
Lebensraum: Die Art bewohnt trockene aride Wälder in einer Höhe von 300-800 m. Das Gebiet wird häufig als flache Sandzone bezeichnet.
Größe: Bis ca. 60 cm, Weibchen kleiner.
Kennzeichen: Bei *C. palearis* handelt es sich um eine große stattliche Leguan-Art. Die Färbung ist recht variabel, so besteht die Grundfärbung aus verschiedenen Grau- und Brauntönen mit einer schwarzen, sich teilweise auflösenden Querbänderung und verschiedenen eingestreuten

Ctenosaura palearis

hellen und dunklen Flecken. Der Rükkenkamm ist gut ausgeprägt. Die Männchen weisen einen deutlich breiteren schwarzen Streifen am Hals auf der Körperunterseite auf.

Terrarium: Typ IV.

Die Art benötigt ein Terrarium mit einer möglichst großen Grundfläche und einer gut strukturierten Rückwand zum Klettern. Die Einrichtung sollte aus zahlreichen dicken Kletterästen, großen Wurzeln als Versteckmöglichkeit und robusten Pflanzen bestehen.

Die Temperaturen sollten tagsüber bei 30 °C liegen und nachts auf Zimmertemperatur abfallen. Einmal täglich muß das gesamte Terrarium überbraust werden.

Haltung und Zucht: Es handelt sich um sehr lebhafte, eher scheue Terrarientiere. Es dauert schon eine gewisse Zeit, bis sie Vertrauen fassen und nicht bei jeder Annäherung an das Terrarium in ihre Verstecke fliehen.

Voraussetzung für die Zucht ist eine Ruhephase von mindestens 6 Wochen, wobei es ausreicht, wenn man während dieser Zeit einfach die Beleuchtung und die Heizung abschaltet. Kurze Zeit nach der Beendigung der Ruhephase verpaaren sich die Tiere und das Weibchen legt etwa 7 Wochen später seine 20 bis maximal 36 Eier in einer Legehöhle, wie für den Grünen Leguan (siehe *Iguana iguana*) beschrieben, ab. Auch hier müssen

Ctenosaura similis

die Eier sofort entnommen werden und in leicht feuchtem Substrat bei ca. 30 °C gezeitigt werden. Unter diesen Bedingungen schlüpfen nach 10 Wochen die bereits ca. 12 cm großen Jungtiere. Die Aufzucht in kleinen Gruppen ist unproblematisch. In der ersten Zeit fressen die Nachzuchten nur Futterinsekten. Erst ab der 6. Woche gehen sie auch vereinzelt an pflanzliche Nahrung. Die Geschlechtsreife erreichen die Tiere nach einem Jahr.
Futter: Alle großen Insekten wie Schaben, Grillen, Heuschrecken, aber auch Mäusebabys, Obst, Salat usw.

Ctenosaura similis (Gray, 1831)
Verbreitung: Süd-Mexiko bis Panama.
Lebensraum: Die Tiere sind sehr anpassungsfähig, man findet sie in trockenen Gebieten eben so häufig als auch an den Bäumen der feuchten Küstengebiete.
Größe: Bis ca. 100 cm, Weibchen kleiner.
Kennzeichen: Die Färbung ist hellbeige, mit einigen wellenförmigen Querstreifen über dem Rücken. Die Jungtiere sind bei der Geburt graugrün, wobei der Schwanz eine Ringelzeichnung aufweist. Der Schwanz besitzt große, stark gekielte Wirtelschuppen. Die Männchen besitzen einen bis zu 15 mm hohen Rückenkamm.
Terrarium: Typ IV.
Die Tiere benötigen große robuste Terrarienaufbauten. In der Natur sitzen die Tiere gerne auf höheren Aussichtsplätzen. Vor allem die Männchen behalten von oben ihr Revier im Auge. Für ausreichend Versteckplätze muß immer gesorgt sein. Je nach Herkunft der Tiere

sind es Felsaufbauten mit einigen Spalten oder dicke Baumstämme mit hohl stehenden Korkröhren. Alle Einrichtungsgegenstände müssen natürlich fest verankert sein. Die Tiere graben tiefe Höhlen, in die sie sich bei Gefahr zurückziehen. Auch für die Eiablage der Weibchen ist dieses sehr wichtig. Hierfür bringt man entweder eine hohe feste Erdschicht aus einem Erd-Lehm-Gemisch in das Terrarium oder aber versucht es mit Legekästen, wie sie beim grünen Leguan (siehe *I. i. iguana*) beschrieben sind.

Haltung und Zucht: In der Natur lebt ein Männchen sehr häufig mit mehreren Weibchen zusammen. Dieses sollte nur in großen Terrarien praktiziert werden, da auch die Weibchen eine Rangfolge aufbauen. Zur Fortpflanzungszeit kann es zu starken Beißereien unter den Weibchen kommen. Die Tiere müssen sich auf jeden Fall aus dem Weg gehen können. Das Terrarium wird gut ausgeleuchtet, der Größe entsprechend am besten mit HQI-Lampen. An bevorzugten höheren Plätzen sollte die Temperatur lokal auf 40 °C ansteigen und im unteren Bereich nicht über 28 bis 30 °C liegen. Nachts kann die Temperatur auf Zimmertemperatur absinken.

Zur Paarungsbereitschaft der Tiere ist ein jahreszeitlicher Rhythmus zu simulieren. Die Fortpflanzungsperiode wird durch eine Winterruhe ausgelöst. Hierfür wird für ca. 4 Wochen die Beleuchtung und Beleuchtungsdauer reduziert und das Terrarium bei Zimmertemperatur, ca. 18 °C, gehalten. Während dieser Zeit nehmen die Tiere auch kein Futter mehr auf. Danach wird die Temperatur, Beleuchtung sowie die Beleuchtungsdauer wieder langsam erhöht. Nach ca. 10 Wochen beginnen sich die Tiere zu paaren. Schon vorher fangen die Männchen an, den Weibchen zu imponieren.

Die Trächtigkeit der Weibchen dauert etwa 40 Tage. Danach fangen die Weibchen zu graben an oder halten sich öfters in den Legekästen auf. Ein Gelege kann über 40 Eier umfassen. Diese werden in einem Inkubator in feuchtem Vermiculite gezeitigt. Bei einer Zeitigungstemperatur von 28 °C benötigen die Jungtiere bis zum Schlupf 80 bis 100 Tage. Die Jungtiere zehren noch einige Tage von dem Dottersack, ehe sie nach etwa einer Woche das erste Futter annehmen, welches vorwiegend aus tierischer Nahrung besteht. Hierfür kommen alle möglichen Gliedertiere in Betracht, wie z. B. Wachsraupen, Grillen und auch kleine Stücke Rinderherz. Jedoch sollte auch immer wieder pflanzliche Nahrung und Obst angeboten werden. Erwachsene Tiere dagegen ernähren sich hauptsächlich vegetarisch.

Futter: Vegetarische Kost, auch junge Mäuse und Grillen.

Cyclura Harla, 1824

Es sind die Giganten unter den bodenlebenden Leguanen. Mit einer Größe von über 1 m und einem Gewicht von 4 bis 6 kg erinnern sie an längst ausgestorbene Saurier. Alle Arten, Schwartz und Cory (1977) unterscheiden 8 Arten und 14 Unterarten, leben auf den größeren Antillen Inseln und den Bahamas. Es sind tagaktive Bodenbewohner die überwiegend in der Nähe ihrer selbstgegrabenen, bis 1,5 m tiefen und 10 m langen Erdlöchern leben. Einige Arten wie *C. carinata* leben auf felsigem Untergrund und haben nur kurze Bauten bzw. leben unter großen hohlliegenden Steinen. Alle Lebensräume sind überwiegend trocken, der Bewuchs besteht aus niedrigem Strauchwerk, Kakteen, Opuntien und der Bodengrund ist aus Sand oder Fels. Da alle Arten Inselbewohner sind, spielt die Nähe des Meeres sicher auch eine erhebliche Rolle (hohe Jod- und Salzkonzentration in der Luft).

Obwohl alle Arten nach WA Anhang I geschützt sind, ist der Bestand teilweise rückläufig. Auf einigen Inseln wurden die Tiere gejagt und das Fleisch gegessen. Aber auch das Einschleppen von Ziegen als Nahrungskonkurrenten hatte negative Folgen. So leben die meisten Tiere weit zurückgezogen in unzugänglichen Gebieten oder auf kleinen unbewohnten Inseln.

Cyclura cornuta (Bonnaterre, 1789)
Verbreitung: Hispaniola und einige angrenzende Inseln sowie Puerto Rico.
Lebensraum: Trockene Gebiete, die mit Kakteen und Dornenbüschen bewachsen sind. Die Tiere leben in Erdlöchern, deren Eingang zu einem Hügel aufgeschüttet wurde.
Größe: Bis ca. 120 cm, Männchen kleiner.
Kennzeichen: Der deutsche Name »Nashornleguan« deutet auf drei kurze kegelförmige Höcker im vorderen Schnauzenbereich hin. Der Körper ist beigebraun bis grau gefärbt. Die Stachelschuppen auf dem Rückenkamm sind dunkelgrau gefärbt. Die Männchen haben eine verdickte Schwanzwurzel und einen breiteren Kopf als die Weibchen. Die Femoralporen sind bei den Männchen wesentlich ausgeprägter.
Terrarium: Typ IV.
Es kommen nur sehr große Terrarien in Frage. Da diese Art in einer sozialen Gemeinschaft von mehreren Tieren lebt, nehmen wir als Richtlinie die Daten des Exotariums vom Frankfurter Zoo. Für 10 jüngere Exemplare wurde eine Grundfläche von 18 m² mit einer Höhe von 2,5 m gewählt. Der Bodengrund besteht aus einer dicken Sandschicht, die im unteren Bereich feucht ist. Einige Felsimitationen und dicke Baumstämme sorgen für den nötigen Sichtschutz. Drei 1000-Watt-Halogenstrahler bringen die

Cyclura cornuta

notwendige Lichtintensität und dienen auch als Wärmespender (im übrigen vergleiche Heizung). Es wird täglich zweimal 20 Minuten UV-Licht eingeschaltet. Die Temperatur liegt bei 26 bis 42 °C, wobei die relative Luftfeuchtigkeit zwischen 30 bis 70 % schwankt.

Haltung und Zucht: Es kommt nur eine Gruppenhaltung von mehreren Exemplaren in Frage. Hierbei spielt das soziale Zusammenleben in einer Gruppe für die Zucht eine entscheidende Rolle. Es scheint so, als ob sich die Tiere innerhalb dieser Gruppe untereinander erkennen. Dadurch werden vermutlich Beschädigungskämpfe vermieden. Bisher wurden Nashornleguane nur in südlichen Ländern mit einem Freilandaufenthalt nachgezüchtet. Erst in der letzten Zeit gelang es dem Frankfurter Zoo, mehrere Gelege erfolgreich zu zeitigen. Die Weibchen graben zur Eiablage mehrere Meter lange Gänge mit einer Eierkammer am Ende. Hier muß die Temperatur und die Feuchtigkeit vorherrschen, die die Eier benötigen. Nach 3 bis 4 Monaten schlüpfen die 25 bis 28 cm großen und 40 bis 50 g schweren Jungtiere. Der Eingang zum Nest wird zugescharrt und vom Weibchen bewacht. Bei der Zeitigung in einem Brutschrank wurden die Eier in feuchtem Perlite bei 28 bis 30 °C gezei-

tigt. Während ein Jungtier 87 Tage bis zum Schlupf benötigte, kam ein anderes aus einem 2. Gelege schon nach 63 Tagen aus dem Ei. Die Aufzucht der Jungtiere bereitet keine Probleme.
Futter: Siehe *I. i. iguana.*

Cyclura ricordi
(Duméril und Bibron, 1837)
Verbreitung: Hispaniola.
Lebensraum: Er gleicht dem von *C. cornuta,* nur befindet sich bei dieser Art vor dem Höhleneingang eine größere freigelegte Fläche. Auch schütten die Tiere keinen Eingangshügel zur Höhle an.
Größe: Bis ca. 120 cm.
Kennzeichen: Der Körperbau entspricht dem von *C. cornuta.* Die Tiere besitzen keine Nasenhörner. Im Nacken haben sie einen Kamm aus langen Stachelschuppen. Die Tiere haben eine unregelmäßige, wellenförmige Querbänderung. Die Grundfärbung ist ein Hellbeige.
Terrarium: Typ IV.
Da die Tiere in einigen Gebieten mit der Art *C. cornuta* sympatrisch leben, können sie unter den gleichen Voraussetzungen gepflegt werden.
Haltung und Zucht: Bisher ist nicht viel von diesen Großleguanen bekannt. Die Lebensweise dürfte ähnlich sein wie bei *C. cornuta.* Auch diese Art hat ein ausgeprägtes Sozialverhalten. Die Tiere leben immer in Gruppen zusammen.
Futter: Siehe *I. i. iguana.*

Dipsosaurus Hallowell, 1854

Es handelt sich um schlanke Tiere mit einem fast runden Körperquerschnitt. Ein kleiner Rückenkamm vom Nacken bis zum Schwanzende ist immer vorhanden. Es sind Wüstenbewohner, die selbst Temperaturen von über 45 °C noch vertragen. Sehr häufig fanden wir Tiere früh morgens auf dem Asphalt der Straßenränder. Sie kommen in manchen Gegenden in hoher Populationsdichte vor. Die Tiere sind immer streitsüchtig untereinander und ständig in Bewegung. Meist leben sie paarweise in einer tiefen, selbstgegrabenen Höhle, wohin sie auch bei Beunruhigung sofort verschwinden.

Dipsosaurus dorsalis
(Baird & Girard, 1852)
Verbreitung: Nevada, Arizona, Südkalifornien und Mexiko.
Lebensraum: Die Art lebt in Wüsten- bis wüstenähnlichen Gebieten, teilweise sogar am Strand. Die Wohnhöhlen sind meist immer geschützt unter Sträuchern oder Steinen angelegt.
Größe: Bis ca. 40 cm.
Kennzeichen: Die Körperoberseite ist meist grau-braun mit hellen Flecken. Unter dem Bauch sind die Tiere hellgrau. Der Schwanz ist mit dunklen Punktreihen versehen, die eine Querbänderung entstehen lassen. Je nach Herkunft können Farben und Muster intensiver sein.

Dipsosaurus dorsalis

Terrarium: Typ VII.
Die Tiere sollten in der Lage sein, sich Höhlen in den feuchten Sand zu graben. Dafür muß an einer Stelle im Terrarium der Sand auf 30 bis 40 cm Höhe aufgefüllt sein. Es besteht auch die Möglichkeit, künstliche Höhlen anzulegen, diese sollten aber immer eine gewisse Umgebungsfeuchte aufweisen.

Tagestemperaturen von 30 bis 40 °C sind wichtig, wobei die Tiere aber auch die Möglichkeit haben sollten, in den Höhlen kühlere Temperaturen vorzufinden. Strahler müssen lokal die Temperatur auf 50 °C erhöhen. In der Nacht muß die Temperatur auf 20 bis 25 °C zurückgehen. Einmal täglich sollte gesprüht werden.

Haltung und Zucht: *D. dorsalis* ist eine nicht ganz leicht zu pflegende Leguan-Art. Die Eier werden vom Weibchen im feuchten Sand vergraben. Schon einige Zeit vor der eigentlichen Eiablage graben die Weibchen immer wieder einzelne Gänge in den Sand. In den Monaten Juni bis August legen sie bis zu 8 Eier. Die Jungtiere schlüpfen nach etwa zwei Monaten. Die Haltung und Aufzucht erfolgt wie bei den Adulten.

Futter: Pflanzliche und tierische Kost.

Iguana Laurenti, 1768

Die Gattung *Iguana* stellt wohl die bekannteste Leguan-Gattung überhaupt dar. Ihr gehören 2 Arten, einmal der bekannte Grüne Leguan *Iguana iguana* und der Karibische Leguan *Iguana delicatissima*, an. Letzterer führt ein Schattendasein im Gegensatz zu dem bekannten Grünen Leguan. *I. delicatissima* ist heute eine stark bedrohte Art, da auf den Antilleninseln die Bevölkerung immer mehr zunimmt und somit die Lebensräume immer kleiner werden, aber auch weil fast überall inzwischen *I. iguana* eingeschleppt wurde und diese Art die andere erfolgreich verdrängt.

Iguana iguana iguana Linnaeus, 1758
Verbreitung: Von Mittelamerika bis weit nach Südamerika hinein.
Lebensraum: Baumbewohner, meistens in der Nähe von Gewässern. Die Leguane bevorzugen Bäume über dem Wasser. Bei Gefahr lassen sie sich aus 10 bis 20 m Höhe ins Wasser fallen.
Größe: Bis ca. 180 cm.
Kennzeichen: Unter der Schnauze haben die Tiere einen Schuppenkamm, der in einen großen häutigen Kehlsack übergeht. Der Rückenkamm, der bei männlichen Tieren höher ist, endet im ersten Schwanzdrittel. Die Geschlechter sind erst im erwachsenen Stadium gut zu unterscheiden. Die Männchen besitzen einen größeren Kehlsack, einen größeren Rückenkamm und eine dickere Schwanzwurzel. Die hellgrüne Färbung der Jungtiere geht im Alter in ein graugrün mit häufig dunklen Querstreifen über.
Terrarium: Typ I.
Eine Terrariengröße von 4 m^3 mit einer Höhe von 2 m sollte für ein Paar nicht unterschritten werden. Es können in größeren Terrarien auch mehrere Tiere gepflegt werden. Allerdings vertragen sich zwei Männchen nicht miteinander. Da sich die Tiere am liebsten auf querliegenden Ästen aufhalten, sollten diese ausreichend vorhanden sein. Im Verhältnis zur Größe der Tiere müssen auch die Äste ausgelegt sein. Eine gute Verankerung und Befestigung ist selbstverständlich. Auf eine Bepflanzung muß verzichtet werden, da diese beschädigt oder gefressen wird. Die Tiere sollten auch die Gelegenheit haben zu baden. Ein geräumiges Wasserbecken, welches ständig sauber gehalten werden muß, darf eine Wassertemperatur von 26 bis 28 °C nicht unterschreiten. Auf dem Boden kommt eine mehrere Zentimeter hohe Lage aus Rindenmulch oder Sägespäne, die in regelmäßigen Abständen gewechselt werden muß. Es muß für jedes Tier ein Platz vorhanden sein, an dem es sich auf seine Vorzugstemperatur aufheizen kann. Am besten erreicht man dies durch einige Strahler, die mehrere Plätze im oberen

Iguana iguana

Terrarienbereich auf 35 bis 40 °C aufheizen. Dieses sollte über eine Zeitschaltuhr nur für mehrere Stunden am Tag erreicht werden. Eine Durchschnittstemperatur am Tage von 28 °C und in der Nacht von 22 °C ist angebracht. Die relative Luftfeuchtigkeit liegt am Tage bei ca. 75 % und steigt in der Nacht auf 100 %. Eine Sprühanlage wäre sinnvoll.

Haltung und Zucht: Eine Haltung von einem Männchen mit mehreren Weibchen ist durchaus möglich. Wenn man ein reichliches Platzangebot zur Verfügung hat, sollte man eine Gruppenhaltung in Betracht ziehen. Hierfür benötigt man ein Terrarium von mehreren Quadratmetern Größe. Auch unter den Weibchen findet eine Rangordnung statt. Paarungen kommen zu jeder Jahreszeit vor, die aber von den jahreszeitlichen, klimatischen Bedingungen im Terrarium abhängig sind. In der Natur finden die Paarungen in der Zeit von November bis Januar statt. Die Weibchen werden durch einen Paarungsbiß gehalten. Etwa 8 bis 12 Wochen dauert die Trächtigkeit. Während der ersten 6 Wochen ist unbedingt darauf zu achten, daß die Tiere reichlich Futter bekommen, wobei die Vitamin-Mineralstoff-Versorgung verstärkt werden muß. Während dieser Zeit nehmen die Weibchen auch mehr tierische Nahrung auf. Darüber hinaus haben sie ein erhöhtes Trinkbedürfnis.

Einige Zeit vor der Eiablage, dieses kann schon 3 Wochen vorher sein, nehmen die Tiere keine Nahrung mehr zu sich. Da die Eiablage in der Natur in selbstgegrabenen Höhlen stattfindet, muß man den Tieren im Terrarium etwas ähnliches anbieten. Hierfür wird eine Ablegekiste vorbereitet. Bewährt hat sich eine Kiste nach Werner & Miller (1984), wobei vor allen Dingen die Höhe des Deckels 15 cm nicht überschreiten darf. Die Tiere müssen im Inneren wie in einer Höhle den Kontakt zu den Wänden spüren. Die Kiste muß so groß sein, daß sich das Tier ganz darin verstecken und sich am Ende auch noch umdrehen kann.

Hat das Weibchen den Ablageplatz angenommen, so fängt es sofort an zu graben. Während dieser Zeit ist das Weibchen sehr aggressiv gegenüber ihren Artgenossen. Die Eier, es können bei großen Weibchen über 80 Stück sein, werden ganz vergraben. Sie werden in einen Inkubator überführt und in feuchtem Vermiculite bei einer konstanten Temperatur zwischen 28 und 30 °C gezeitigt. Schon geringe Temperaturschwankungen können ein Absterben der Embryos zur Folge haben. Auch ein Drehen der Eier muß vermieden werden. Hierfür kann man die Oberseite der Eier mit einem weichen Bleistift kennzeichnen. Die Jungtiere schlüpfen nach 80 bis 117 Tagen und haben eine Größe von 18 bis 26 cm. Manche Tiere verlassen das aufgeschlitzte Ei erst nach mehreren Stunden. Der noch vorhandene Dottersack wird nach ca. einer Woche abgestoßen. In dieser Zeit nehmen die Tiere noch keine Nahrung zu sich. Danach erhalten die Jungtiere ein abwechslungsreiches, mit sehr vielen Vitaminen und Mineralstoffen angereichertes Futter. Darüberhinaus erhalten sie alle verfügbaren Futtertiere, z. B. Grillen, Heimchen, Larven des Großen Schwarzkäfers, Wachsraupen, Schaben usw. Bei guter Ernährung sind die Tiere nach 1½ bis 2 Jahren geschlechtsreif.

Futter: In erster Linie kommt ausschließlich vegetarische Kost in Frage. Nur trächtige Weibchen sowie Jungtiere bekommen zusätzlich noch Insekten als Nahrung angeboten.

Sauromalus Duméril, 1856

Die Gattung Sauromalus umfaßt 11 Arten, die vom Südwesten der USA bis nach Nord-Mexiko vorkommen. Die Anerkennung der Arten ist allerdings bei einigen Wissenschaftlern unterschiedlich. Die meisten Arten sind Inselpopulationen aus dem Golf von California und den nahegelegenen Inseln von Baya California. Alle Arten leben an Felsen und

Sauromalus obesus

Felsspalten in Steppen oder wüstenähnlichen Gebieten.

Bei Gefahr flüchten die Tiere in schmale Felsspalten, in die sie gerade hineinpassen. Sie haben die Möglichkeit, ihren Körper mit Luft aufzublasen, um sich somit in den Spalten zu verkeilen. Es ist unmöglich, ein Tier in diesem Zustand zu lösen und heraus zu bekommen. Die Größe der Arten reicht von knapp 40 cm bei *S. obesus* bis zu über 60 cm bei *S. varius*. Mit ihren scharfen Krallen können sich die Tiere hervorragend an Felsen bewegen. Die Haut ist an den Seiten etwas faltig und fühlt sich rauh an.

Sauromalus obesus (Baird, 1858)
Verbreitung: Südwesten der USA bis nach Nord-Mexiko.
Lebensraum: Felsformationen in Wüsten und wüstenähnlichen Gebieten. Je nach Verbreitung findet ein starker jahreszeitlicher Rhythmus statt. Im Winter sinken die Temperaturen unter 10 °C.
Größe: Bis ca. 40 cm.
Kennzeichen: Auffällig ist der plumpe Körperbau mit den an den Seiten und im Nacken hängenden Hautfalten. Die Färbung reicht von dunkelbraun bis rotbraun bis zu fast gelben Tieren. Die Männchen können auch im vorderen

Körperbereich fast schwarz gefärbt sein.
Terrarium: Typ V.
Die Terrariengröße sollte über 1 m³ Volumen aufweisen. Ein Aufbau der an eine Felsformation erinnert, dient als Einrichtung. Hierbei ist es wichtig, daß einige Spalten vorhanden sind, in die sich die Tiere zurückziehen können. Die Wände können gemauert oder auf Zementbasis verputzt sein. Sie sollten eine rauhe Oberfläche haben. Ein oder mehrere Strahler müssen für eine hohe Temperatur, lokal bis 42 °C, sorgen. Die Lufttemperatur sollte tagsüber bei 28 bis 35 °C liegen und nachts auf 20 °C abkühlen. Das Terrarium sollte in den frühen Morgenstunden einmal übersprüht werden.
Haltung und Zucht: Ideal wäre eine paarweise Haltung. Nur in sehr großen Terrarien ist eine Vergesellschaftung von einem Männchen und mehreren Weibchen möglich. Die Tiere sollten auf jeden Fall für 2 bis 3 Monate bei Temperaturen von 10 bis 15 °C und einer reduzierten Beleuchtung überwintert werden. Während dieser Zeit sind die Tiere meistens versteckt und nehmen auch keine Nahrung zu sich. Nach der Winterruhe wird die Temperatur und die Lichtintensität wieder bis zur vollen Leistung erhöht. Die Tiere entwickeln nun einen enormen Appetit. Da sie überwiegend pflanzliche Nahrung zu sich nehmen, in der Natur hauptsächlich Blätter des Creosote-Busches *(Larrea divaricata),* ist es wichtig, ein breites Spektrum an pflanzlicher Kost anzubieten. Hin und wieder werden aber auch nackte Mäuse, Heuschrecken, Grillen oder Mehlwürmer gefressen, hauptsächlich von trächtigen Weibchen. Die Zucht ist zwar schon mehrfach gelungen, macht aber immer wieder Schwierigkeiten. Die Weibchen legen ihre Eier in den Monaten Juni bis August im Boden ab. Ein Gelege kann bis zu 16 Eier umfassen, bleibt aber in den meisten Fällen weit darunter. Bei einer Temperatur von 31 °C benötigen die beim Schlupf 10 bis 12 cm großen Nachzuchten ca. 70 bis 80 Tage. Die Jungtiere benötigen wesentlich mehr tierische Nahrung als die erwachsenen Tiere.
Futter: Hauptsächlich vegetarische, aber auch tierische Kost.

Unterfamilie Oplurinae

Gattung	Arten ca.	Vorkommen	Terrarium	Lebensraum
Chalarodon	1	8	VI	E/F
Oplurus	6	8	III/V/VI	A/C/D/E/F

Diese tiergeographisch bemerkenswerte Unterfamilie bewohnt nur Madagaskar und die Komoren.

Chalarodon Peters, 1854

Es handelt sich um eine monotypische Gattung, die nur auf Madagaskar verbreitet ist.

Chalarodon madagascariensis
Peters, 1854
Verbreitung: Madagaskar.
Lebensraum: Die Art bewohnt die mit spärlicher Vegetation bewachsenen Gebiete im Süden und Südwesten Madagaskars. Besonders häufig findet man sie auf Sanddünen am Strand.
Größe: Bis ca. 20 cm.
Kennzeichen: Die Art weist im Gegensatz zu den *Oplurus*-Arten einen schlanken Körperbau auf. Die Färbung ist sehr variabel und besteht aus einer grauen, braunen bis gelblichen Grundfärbung mit einer Zeichnung aus hellen und dunklen Streifen und Flecken. Besonders auffällig ist das Occipitalauge auf der Schädeloberseite. Die Beschuppung ist homogen. Eine kurze Schnauze kennzeichnet die Art.

Die Männchen sind leicht an der auffallend verdickten Schwanzwurzel zu erkennen.
Terrarium: Typ VI oder VII.
Wegen der enormen Beweglichkeit und Aktivität benötigt die Art ein Terrarium mit einer riesigen Grundfläche. Der Bodengrund sollte aus einer Sandschicht bestehen, in die sich die tagaktiven Tiere gerne eingraben. Einige Wurzeln oder Steine runden die Einrichtung ab. Die Tagestemperaturen sollten im Sommer bei 30 °C, lokal sogar bei 40 °C liegen und im Winter bei 18 bis 20 °C, lokal etwa bei 28 °C. Einmal täglich wird das gesamte Terrarium überbraust.
Haltung und Zucht: Die Leguane sind den ganzen Tag aktiv und laufen durch das Terrarium, immer auf der Suche nach Futter. Wenn es ihnen zu heiß ist, vergraben sie sich.

Auch im Terrarium legen die Tiere eine mehrmonatige Winterruhe ein, während der sich die Tiere im Terrarium vergraben und nur hin und wieder zur Nahrungs- und Wasseraufnahme an der Oberfläche erscheinen.

Etwa 4 Wochen nach Beendigung der Winterruhe verpaaren sich die Tiere und einige Zeit später legen die Weibchen ihr Gelege ab. Dabei wird kein Nest gegraben, vielmehr legen sie ihre Eier in leicht feuchtem Sand unter Steinen oder Holzstücken ab.

Über eine gelungene Zeitigung ist bis heute nichts bekannt geworden.
Futter: Grillen und Heimchen, Wachsmotten und deren Raupen, kleine Schaben, Fliegen, Obst und Salat.

Oplurus cyclurus

Oplurus Cuvier, 1829

Bei *Oplurus* handelt es sich um die zweite Gattung der Madagaskarleguane. Sie erinnern im Aussehen und in ihrer Lebensweise sehr stark an die afrikanischen Agamen. Bis heute sind 6 Arten und zahlreiche Unterarten bekannt geworden. Wegen der enormen Weite und Unzugänglichkeit des Südens und Westens von Madagaskar ist noch mit Neuentdeckungen zu rechnen. Die Gattung ist auf fast ganz Madagaskar vertreten, eine Art lebt aber auch auf Grande Comore. Es handelt sich um Bewohner trockener Gebiete sowie arider Wälder. Auffälliges Erkennungsmerkmal, z. B. zur Unterscheidung von *Chalarodon,* sind die großen, wirteligen Dornschuppen des Schwanzes.

Oplurus cyclurus Merrem, 1820
Verbreitung: Madagaskar und Komoren.
Lebensraum: Die Art ist ein Waldbewohner. Man findet die Tiere häufig an Baumstämmen, aber auch an Felsen, an Waldrändern und auf Lichtungen beim Sonnenbaden.
Größe: Bis 25 cm.
Kennzeichen: Die Art weist einen kräftigen, gedrungenen Körperbau auf. Auffälligstes Kennzeichen ist der aus besonders

Oplurus grandidieri

großen dornigen Wirtelschuppen bestehende Schwanz, der etwa 4/5 der Kopf-Rumpf-Länge erreicht. Die Tiere sind in der Grundfärbung sehr variabel, sie reicht von sehr hellen Farbtönen bis zu einem dunklen Braunton. Darauf zeigen sie dunkle Querbänder und ein deutlich schwarzes Halsband. Alle Querbänder sind mit einem weißen Strich nach hinten abgesetzt. Zahllose helle Flecken lokkern die Grundfärbung auf. Die Männchen sind leicht an der verdickten Schwanzwurzel zu erkennen.

Terrarium: Typ VI.

Die Art benötigt ein hohes Terrarium, wobei die Rück- und die Seitenwände mit Kork oder Rindenabschwarten beklebt sein sollten, da die Tiere sehr gerne klettern und mit ihren starken Krallen nur auf rauhem Untergrund sicheren Halt finden. Einige dicke Kletteräste sowie eine Bepflanzung mit robusten Ranken vervollständigen die Einrichtung.

Die Temperaturen sollten im Sommer tagsüber etwa 30 °C betragen, wobei zusätzlich die Möglichkeit angeboten werden muß, sich lokal unter einem Strahler weiter aufzuwärmen.

Sehr wichtig ist eine kühlere Winterphase von etwa 3 Monaten Dauer bei Temperaturen, die am Tage um die 20 °C liegen sollten.

Haltung und Zucht: *O. cyclurus* ist ein recht ansprechender Terrarienpflegling, der recht schnell seine Scheu verliert. Unabdingbare Voraussetzung für die Zucht ist die eingelegte Winterruhe. Bereits einige Wochen nach Beendigung der kühlen Phase beginnt das Männchen mit der Balz und es kommt zur Paarung. Anschließend verhalten sich die Weibchen sehr aggressiv gegenüber den Männchen. Die Eier werden in tiefen, selbst gegrabenen Höhlen an wärmeren, leicht feuchten Stellen im Terrarium vergraben. Sind keine geeigneten Eiablageplätze im Terrarium vorhanden, kann es schnell zur Legenot kommen. Die Gelege umfassen bis zu 8 Eier und müssen in leicht feuchtem Vermiculite bei 26 bis 28 °C gezeitigt werden. Unter diesen Bedingungen schlüpfen die ca. 5 cm großen Jungtiere nach 69 bis 75 Tagen. Die Aufzucht kann in kleinen Gruppen erfolgen.

Futter: Heimchen und Grillen, Heuschrecken, Schaben, Wachsmotten und deren Raupen, selten Obst, Blüten und Salat.

Oplurus grandidieri (Mocquard, 1900)
Verbreitung: Madagaskar.
Lebensraum: Die Art bewohnt nur die lichten Bergwälder des Massif de L'Ikongo. Es handelt sich um einen Boden- und Felsbewohner, der dichtere Wälder meidet.
Größe: Bis ca. 35 cm.
Kennzeichen: Es handelt sich um eine große Leguan-Art. Auffälligstes Kennzeichen ist ein breiter hellblauer Mittelstreifen, der sich zu den Rändern hin auflöst und bis auf den Schwanz fortsetzt. Die Grundfärbung ist meist ein dunkler Grauton. Auffällig sind auch die schwarzen, etwa 3 cm langen Längsstreifen oberhalb der Vorderbeine. Der Körperbau ist etwas gestreckter als bei *O. cyclurus.* Der Schwanz ist etwas länger als die Kopf-Rumpf-Länge und mit nur schwach ausgeprägten, dornigen Wirtelschuppen besetzt.
Terrarium: Typ VI.
Da die Leguane nicht so gerne klettern, muß das Terrarium eine große Grundfläche aufweisen. Die Einrichtung sollte aus einigen Felsaufbauten und dickeren Ästen oder dekorativen Wurzelstücken bestehen. Ebenso dürfen dünne Steinplatten, unter denen sich die Tiere verbergen können, nicht fehlen. Die Tagestemperaturen sollten im Sommer etwa bei 30 °C, lokal wärmer, liegen. Wichtig ist eine ausreichende Nachtabsenkung um wenigstens 8 °C. Ebenfalls wichtig ist eine kühle Phase von mindestens 3 Monaten, während der die Temperaturen unter 20 °C liegen sollten. Das Terrarium muß einmal täglich (am bestens morgens) überbraust werden.
Haltung und Zucht: *O. grandidieri* ist eine sehr lebhafte und hektische Leguan-Art. Nur bei ausreichenden Versteck-

möglichkeiten gewöhnen sich die Tiere schnell ein. In der Natur vergraben die Weibchen ihre Eier an besonders sonnenexponierten kahlen Flächen. Über eine gelungene Nachzucht im Terrarium ist bis heute nichts bekannt geworden.
Futter: Grillen und Heimchen, Schaben, Wanderheuschrecken, Wachsmotten und deren Raupen, selten Obst und Salat.

Oplurus quadrimaculatus
Duméril, 1851
Verbreitung: Madagaskar.
Lebensraum: Die Art bewohnt die trokkenen Dornenwälder, aber auch die offene Savannenlandschaft im Süden und Westen Madagaskars. Dabei handelt es sich um einen ausgesprochenen Bodenbewohner, der aber gerne die aus der Savanne herausragenden Felsen bewohnt.
Größe: Bis ca. 40 cm.
Kennzeichen: *O. quadrimaculatus* ist mit einer der größten Madagaskarleguane. Die Grundfärbung kann aus hellen, beigen Tönen bis hin zu dunklen Brauntönen bestehen. Davon heben sich immer deutlich zwei Längsstreifen ab, die hinter dem Kopf beginnen und bis zum Schwanz reichen. Gegen Ende lösen sich diese Streifen aber in einzelne Flecken auf. Das übrige Zeichenmuster besteht aus nicht so deutlich abgesetzten dunklen Querbändern und unregelmäßigen hellen Flecken. Ein Halsband ist auch ansatzweise nicht vorhanden. Der Schwanz ist etwas länger als die Kopf-Rumpf-Länge. Die dornigen Schwanzwirtelschuppen sind nicht stark ausgeprägt.
Terrarium: Typ VI.
Das Terrarium muß entsprechend der Lebhaftigkeit der Tiere eine große Grundfläche aufweisen. Einige Felsaufbauten sowie dekorative Wurzeln und eine Bepflanzung mit hartblättrigen Sukkulenten bildet die Einrichtung. Die Temperaturen sollten im Sommer tagsüber mindestens 30 °C, lokal wärmer, betragen. Eine mehrmonatige kühle Winterruhe ist unbedingt notwendig. Einmal täglich wird das Terrarium überbraust.
Haltung und Zucht: *O. quadrimaculatus* ist ein sehr lebhafter und hektischer Terrarienpflegling. Damit sich die Tiere schnell und problemlos eingewöhnen, müssen ausreichend Verstecke im Terrarium vorhanden sein. Bereits nach kurzer Zeit kennen die Leguane ihre Pfleger und kommen bei Annäherung an das Terrarium sofort zur Frontscheibe gelaufen. Die Tiere sollten nur alle 2 Tage gezielt gefüttert werden, da sie sehr gefräßig sind. Bereits 4 Wochen nach Beendigung der Winterruhe beginnen die Männchen mit der Balz und einige Tage später kommt es meist zur Paarung. Trächtige Weibchen verhalten sich recht

Oplurus quadrimaculatus

aggressiv gegenüber anderen Terrarienmitbewohnern. Die 6 bis 8 Eier werden an einer leicht erwärmten Stelle in mäßig feuchtem Substrat vergraben. Sie müssen sofort aus dem Terrarium entnommen werden und in leicht feuchtem Vermiculite bei ca. 28 bis 30 °C gezeitigt werden. Nach ca. 60 Tagen schlüpfen die ca. 7 cm großen Nachzuchten. Wegen der Futtergier empfiehlt sich eine Einzelaufzucht oder das gezielte Füttern der Tiere, da sonst nur die Stärksten ausreichend Futter erbeuten würden.
Futter: Grillen und Heimchen, Schaben, Wanderheuschrecken, Mäusebabys, Wachsmotten und deren Raupen, selten Obst und Salat.

Unterfamilie Sceloporinae

Gattung	Arten ca.	Vorkommen	Terrarium	Lebensraum
Callisaurus	1	1/2	VII	F
Cophosaurus	1	1	VI	F
Crotaphytus	5	1/2	VI	E/F
Gambelia	2	1/2	V/VI/VII	E/F
Holbrookia	4	1/2	VI/VII	E/F
Petrosaurus	2	1	V	C
Phrynosoma	15	1/2	VI	E/F
Sator	2	2	VI	E
Sceloporus	100	1/2	V/VI/VII	C/E/F
Uma	4	1/2	VII	F
Urosaurus	10	1/2	VII	F
Uta	9	1/2	VI/VII	E/F

Bei den Stachelleguanen handelt es sich um die ursprünglichste Leguangruppe. Ihr Verbreitungsgebiet ist nur auf Nord- und Mittelamerika beschränkt, wo die Tiere in trockenen und wüstenhaften Gegenden vorkommen. Zu dieser Unterfamilie gehören auch die skurilen Krötenechsen.

Callisaurus Blainville, 1835

Die Gattung *Callisaurus* findet man vom Südwesten der USA bis nach Mexiko. Es sind hauptsächlich die heißen Wüstengebiete, in denen diese Tiere leben. Die Gattung *Callisaurus* steht der Gattung *Holbrookia* sehr nahe, aber die Tiere haben im Gegensatz dazu deutlich erkennbare Ohröffnungen. Die jahreszeitlichen Temperaturschwankungen sind bei der Terrarienhaltung genauso wichtig wie das große Tag-Nacht-Gefälle. Bei zu großer Hitze suchen die Tiere Schutz im Schatten unter niedrigen Büschen oder Steinen. Bemerkenswert für diese Gattung ist die Schnelligkeit der Tiere, die bis zu 25 km/h betragen kann. Hierbei sind sie in der Lage, nur auf den Hinterbeinen zu laufen. Auch können sie sich blitzschnell in den losen Wüstensand eingraben. Der deutsche Name »Gitterschwanzleguan« ist etwas irreführend, da der Schwanz schwarz-weiß geringelt ist. Der Name »Zebraschwanzleguan« ist daher schon passender. Hierbei sieht man, daß es sehr wichtig ist, den lateinischen Namen zu benutzen. Der Schwanz wird auch als Signalgeber eingesetzt.

Callisaurus draconoides
Blainville, 1835
Verbreitung: Kalifornien, Nevada, Arizona, Utah bis Mexiko und Baya California.
Lebensraum: Von Sandwüsten bis zu trockenen Steppengebieten. Die Tiere leben an den heißesten Plätzen der USA.
Größe: Bis ca. 23 cm.
Kennzeichen: Die Grundfärbung am Kopf und auf dem Rücken ist meist ein Grau bis Gelbbraun mit kleinen hellen Punkten. Entlang des Rückgrates laufen paarig angeordnete dunkle Flecken vom Nacken bis zum Schwanz. Die Unterseite ist hellbeige bis weiß. Die Tiere haben an den Bauchseiten zwei bis drei schwarze Balken. Bei den Männchen sind die Zwischenräume blau gefärbt.
Terrarium: Typ VII.
Eine große Grundfläche ist ganz wichtig, die Höhe spielt nur eine untergeordnete Rolle. Der Boden besteht aus einer 10 cm hohen Sandschicht, die im unteren Bereich oder in einer Ecke immer feucht gehalten wird. Da die Tiere in der Natur den extremsten Licht- und Temperaturverhältnissen ausgesetzt sind, ist auch im Terrarium darauf einzugehen. Es sollten nur sehr helle Lampen benutzt werden.

Cophosaurus texana

Die Temperatur muß tagsüber bei 30 bis 35 °C liegen und sollte lokal auf 45 °C erhöht werden. Höhere Temperaturen werden von den Tieren zwar vertragen, sind aber nur in Großterrarien auch lokal durchzuführen. Nachts kann die Temperatur auf 20 °C zurückgehen. Morgens sollte einmal kräftig gesprüht werden. Eine Überwinterung kommt nur für Tiere in Frage, die aus entsprechenden Gebieten kommen (s. *Holbrookia texana*).
Haltung und Zucht: Die Tiere werden nur paarweise gehalten. Sie sollten aber die Möglichkeit haben sich zu verstekken, um sich nicht ständig zu sehen. Die Weibchen legen von Juni bis August ihre Eier in den feuchten Boden ab. Es können bis zu fünf Gelege sein, wobei ein Gelege aus 2 bis 8 Eiern bestehen kann. Die Jungtiere schlüpfen in der Natur vom Juli bis zum November. Die Eier sollten in einem Inkubator gezeitigt werden. Da diese Gattung auch sehr nahe mit *Cophosaurus* verwandt ist, kann man die Daten sicherlich übertragen (siehe *Cophosaurus*).
Futter: Echsenfresser! Grillen und Heimchen, kleine Heuschrecken, Mehlwürmer, kleine Schaben.

Cophosaurus Troschel 1850

Die bereits 1850 beschriebene Gattung *Cophosaurus,* der nur eine Art angehört, wurde häufig zu der nächst verwandten Gattung *Holbrookia* gestellt. Sie wird aber heute als eigenständige Gattung angesehen.

Cophosaurus texana Troschel, 1850
Verbreitung: Süden der USA, Arizona, New Mexiko, Texas sowie das nördliche Mexiko.
Lebensraum: Sandiges, offenes Gelände mit spärlichem, niedrigem Bewuchs. Der Sand ist an der Oberfläche meist locker, da die Tiere sich nachts darin eingraben.

Dieses geschieht mit dem Kopf voran. Die Bodentemperatur liegt am Tage bei weit über 30 °C.

Größe: Bis ca. 20 cm.

Kennzeichen: *C. texana* ist der größte Vertreter seiner Gattung. Die Grundfärbung ist ein Graubraun mit einer unregelmäßigen Fleckenzeichnung. Die Schwanzunterseite besitzt einige schwarze Querstreifen. Beim Laufen wird der Schwanz hochgehoben und zur Seite hin und her bewegt, dabei sieht man sehr deutlich die schwarz-weiße Bänderung. Zwei dunkle Streifen befinden sich vor den Hinterbeinen und reichen vom Rükken bis unter den Bauch.

Terrarium: Typ VII.

Die Tiere benötigen eine größere Grundfläche, ein Paar ungefähr 0,8 m^2. Der Boden besteht aus feinem Sand, der im unteren Bereich oder in einer Ecke feucht gehalten wird. Versteckplätze aus hohl liegenden Steinen und einigen Ästen oder Wurzeln sollten vorhanden sein. Auch eine Bepflanzung in Blumenschalen ist angebracht.

Haltung und Zucht: Es kommt nur eine paarweise Haltung in Frage. Die Tiere verbringen die Nacht sowie die frühen Morgenstunden eingegraben im Sand. Die Weibchen können vom Frühjahr bis in den Spätsommer mehrere Gelege absetzen. Während der Trächtigkeit haben die Weibchen orangene Seitenflekken. Bei Schuhmacher (mündl. Mitt.) setzte ein Weibchen vier Eier in den feuchten Sand ab. Die Eier wurden an der Oberseite markiert wegen der Lageveränderung und in einem Inkubator gezeitigt. Bei einer Temperatur von 30 °C schlüpften nach 38 Tagen die 28 mm großen Jungtiere. Schon am zweiten Tag wurden kleinste Wachsraupen gefressen. Die Tiere zeigten ein starkes Trinkbedürfnis. Eine Überwinterung bei 13 °C führte zum Tod der Tiere. Es ist also höchste Vorsicht geboten, Tiere zu überwintern, wenn man nicht genau weiß, wo sie herkommen.

Futter: Grillen, Heimchen, Wachsmotten und deren Raupen, Fliegen, *Drosophila*, kleine Mehlwürmer.

Crotaphytus Holbrook, 1842

Es sind bisher folgende 5 Arten beschrieben: *C. bicinctores, C. collaris, C. dickersonae, C. insularis* und *C. reticulatus.*

Von einigen Arten sind zusätzlich noch Unterarten beschrieben, wobei auch bei dieser Gattung eine Revision durchgeführt werden sollte. Es kommen sicher noch einige isolierte Populationen dazu. Alle Tiere leben in äußerst trockenen und heißen Gebieten, weshalb die meisten Arten auch ein starkes Tag-Nacht-Gefälle benötigen. Eine Überwinterung ist für eine erfolgreiche Zucht wichtig. Viele Erkenntnisse über diese

Crotaphytus bicinctores

Gattung konnte Herr R. Schuhmacher aus Witten während seiner langjährigen Haltung und Zucht einiger Arten sammeln. Die meisten Arten werden im Laufe der Zeit recht zutraulich und nehmen auch Futter aus der Hand an. Die Art *C. bicinctores* ist recht scheu, immer unruhig und sehr mobil. Wenn die Tiere aufgeheizt sind, können sie Sprünge bis zu 50 cm aus dem Stand vollbringen.

Crotaphytus bicinctores
(Smith & Tarner, 1958)
Verbreitung: Nordamerika, Arizona.
Lebensraum: Die Halsbandleguane lieben trockene, heiße Steinwüsten, die einen mäßigen Bewuchs mit Kakteen aufweisen.
Größe: Bis ca. 33 cm.
Kennzeichen: Die Tiere haben im Gegensatz zu den anderen *Crotaphytus*-Arten einen langen, schlanken Körperbau. Die Tiere besitzen keine Zeichnung auf dem Schwanz. Sie haben als einzige Art ein durchgehendes Halsband und zwei schwarze Flecken vor den Hinterbeinen. Die Tiere haben auf hellgrauem Grund schwarze Punkte.
Terrarium: Typ VI.
Siehe *C. callaris.* Eine feine Schicht aus Muschel- oder Taubengrit auf dem Sand hat sich bewährt. Die Tiere nehmen ei-

nen Teil davon auf und erhöhen somit ihren Mineralstoffhaushalt.
Haltung und Zucht: Diese Art scheint noch höhere Temperaturen vertragen zu können, als die anderen Arten. Allerdings sollte man im Terrarium 40 °C nicht überschreiten. Die Winterruhe wird wie bei *C. collaris* vollzogen. Jedoch benötigen die Tiere mindestens 2 bis 3 Monate Ruhe. Die Paarungen erfolgen etwa 4 Wochen nach der Winterruhe. Die Tiere besitzen keine starke Partnerbindung. Die Trächtigkeitsdauer beträgt ca. 4 Wochen. Danach werden die 3 bis 5 ca. 30 × 15 mm großen Eier im feuchten Sand abgelegt. Hierfür kann aber auch eine etwas tiefere Pflanzenschale hergerichtet werden. Es werden zwei Gelege pro Jahr abgesetzt. Die Eier sollten in einem Inkubator gezeitigt werden. Thoenes (mündl. Mitt.) zeitigte die Eier in feuchtem Vogelsand bei 28 °C. Die Jungtiere schlüpften nach 65 Tagen. Sie wirken durch eine eng anliegende Fleckenzeichnung gebändert. Bei dieser Art zeigen die jungen Männchen keine Trächtigkeitsfärbung wie bei *C. collaris.* Es handelt sich bei *C. bicinctores* um Echsenfresser, die auch andere gleichgroße Echsen nicht verschmähen. Die Tiere sind in der Lage, nur auf den Hinterbeinen zu laufen.
Futter: Echsenfresser! Grillen, Heimchen, Wachsmotten und deren Raupen, Larven des Großen Schwarzkäfers.

Crotaphytus collaris (Say, 1823)
Verbreitung: Missouri, Texas und Arkansas.
Lebensraum: Die Art bewohnt Waldgebiete bis hin zu Steinwüsten. Im Sommer steigen dort die Temperaturen bis auf 50 °C an, im Winter fallen sie aber auch unter 0 °C.
Größe: Bis ca. 35 cm, Weibchen kleiner.
Kennzeichen: Die Grundfärbung ist ein Blaugrün mit einer deutlichen Querbänderung. Der Kopf ist gelblich abgesetzt. Der gesamte Körper ist mit weißen Flekken übersät. Am Hals befindet sich ein an der Kehle unterbrochenes, schwarz abgesetztes Doppelhalsband. Die Weibchen sind etwas blasser gefärbt. Einige Tage nach der Paarung bekommt das Weibchen einige rote Flecken an den Flanken. Diese verschwinden wieder nach der Eiablage.
Terrarium: Typ VI.
Der Bodengrund besteht aus einer mindestens 5 cm hohen Sandschicht. Einige Felsaufbauten kommen dem natürlichen Habitat nahe. Eine Ecke im Terrarium muß immer feucht gehalten werden, damit dort die Eiablage der Weibchen erfolgen kann. Sie müssen die Möglichkeit haben, sich mit dem gesamten Körper darin einzugraben. Die Tiere sind sehr wärmebedürftig. Selbst Temperaturen von über 40 °C erzeugen bei den Tieren kein Unbehagen. Allerdings sollten diese Temperaturen nur lokal und auch nur

Crotaphytus collaris

zeitweise erreicht werden. Dabei muß für eine gute Durchlüftung gesorgt werden. Dieses erreicht man am besten mit einem leistungsstarken Strahler in Verbindung mit einem Lüfter. Die Tiere müssen aber immer die Möglichkeit haben, auch kühlere Bereiche aufzusuchen. Als Pflanzen kommen Sukkulenten in Frage.

Haltung und Zucht: Für eine erfolgreiche Zucht ist eine Winterruhe von 4 bis 8 Wochen unbedingt nötig. Hierbei hat sich die Methode nach Schuhmacher am besten bewährt (vgl. Winterruhe). Nach der Winterruhe von ca. 8 Wochen wird langsam die Beleuchtungsdauer und die Temperatur erhöht. Etwa 2 Wochen danach fangen die Tiere an, sich zu verpaaren. Die Paarungen gehen bis in den Sommer hinein. Diese Art besitzt eine starke Partnerbindung. Die Trächtigkeit dauert ca. 4 Wochen. Bereits eine Woche vor dem Ablegen der Eier werden sehr aufdringliche Männchen von den trächtigen Weibchen »niedergedrückt«. Hierbei scheint es sich um eine Beschwichtigungsgeste zu handeln. In einem Jahr werden bis zu 3 Gelege etwa alle 4 bis 5 Wochen mit je 3 bis 12 Eiern abgelegt. Die Eier sind fast rund, mit einer Größe nach dem Legen von etwa 20 × 15 mm. Gezeitigt werden sie in mäßig feuchtem

Gambelia wislizenii

Vermiculite bei 30 °C. Nach 50 bis 55 Tagen schlüpfen die Jungtiere. Gefüttert wird mit Wachsmotten und deren Raupen, kleinen Grillen und Heimchen. Schuhmacher (münd. Mitt.) warnt vor dem Füttern mit Mehlwürmern, da dieses schon zu Ausfällen geführt hat.

Junge Männchen zeigen nach ca. 2 Wochen die Trächtigkeitsfärbung adulter Weibchen.

Die Umfärbung ist größenabhängig. Nach ca. 1 Jahr sind die Tiere geschlechtsreif.
Futter: Grillen, Heimchen, Wachsmotten und deren Raupen, Larven des Großen Schwarzkäfers, Schaben.

Gambelia Baird, 1859

Früher zur Gattung *Crotaphytus* gestellt, ist es heute eine eigenständige Gattung, die vom Südwesten der USA bis nach Mexiko vorkommt. Der Name »Leopardleguan« trifft die Färbung der Tiere und soll sicher auch seine Gefräßigkeit zum Ausdruck bringen.

Mit einer Größe von knapp unter 40 cm können sie schon große Futterbrocken verspeisen. Es sind Jäger, die sich von kleineren Echsen ernähren. Die Art *G. silus* wird zwar nur ca. 25 cm groß, ist aber genau so gefräßig wie die große Art *G. wislizenii.*

Gambelia wislizenii
(Baird & Girard, 1852)
Verbreitung: Von Südoregon, Süd-Idaho bis Baya California und Neu Mexiko sowie in West-Texas und Südkalifornien.
Lebensraum: *G. wislizenii* lebt in trockenen bis halbtrockenen Gebieten mit sandigem oder festem Untergrund. Vereinzelte Büsche sowie Felsformationen werden gerne als Deckung aufgesucht.
Größe: Bis ca. 38 cm, Männchen kleiner.
Kennzeichen: Es sind kräftige Tiere, die durch ihre Fleckenzeichnung hervorragend dem Untergrund angepaßt sind. Die Färbung besteht aus einem Hellgrau bis Braun mit unterschiedlich großen Flecken, die bis in den Schwanz verlaufen. Einige helle Querbalken auf dem Rücken können vorhanden sein. Die kleiner bleibenden Männchen besitzen zwei stark vergrößerte Postanalschuppen. Die Tiere haben die Möglichkeit, ihre Färbung je nach Temperatur aufzuhellen oder abzudunkeln.
Terrarium: Typ V, VI und VII.
Das Terrarium sollte der Größe und der Lebhaftigkeit der Tiere entsprechen. Eine Bodenfläche von 0,8 m² ist für eine paarweise Haltung ausreichend. Einige Felsaufbauten mit einigen hohl liegenden Steinen dienen als Versteckplätze. Eine 10 cm hohe Sandschicht wird in einer Ecke immer feucht gehalten. Am Morgen muß einmal kräftig gesprüht werden. Die Temperaturen liegen tagsüber bei 28 bis 32 °C und dürfen lokal auf 42 °C ansteigen. Nachts kann die Temperatur auf Zimmertemperatur absinken. Nur helle Lampen benutzen.
Haltung und Zucht: In der Natur leben die Tiere vorwiegend einzeln und kommen nur zur Paarungszeit zusammen. Dieses sollte man bei der Terrarienhaltung berücksichtigen. Sollte das Paar nicht harmonieren, so muß man es sofort trennen und die Tiere einzeln halten. Sie werden dann nur zur Paarung zusammengesetzt. Für eine Zucht der Tiere, die aus Gebieten mit einer starken jahreszeitlichen Abkühlung stammen, muß eine gewisse Überwinterung stattfinden. Für Tiere, die aus gemäßigteren Zonen kommen, reicht eine Winterruhe bei Temperaturen von 12 bis 15 °C über 6 bis 8 Wochen aus. Meist paaren sich die Tiere kurz nach der Winterruhe. Die Weibchen bekommen dann ihre Trächtigkeitsfärbung, orangene bis rote Flekken und Streifen an den Seiten. Die aus 4 bis 10 Eier bestehenden Gelege werden im feuchten Sand vergraben.
Futter: Echsenfresser! Nackte Mäuse, große Insekten, Heuschrecken, Grillen, Heimchen, Schaben, Larven des Großen Schwarzkäfers, Mehlwürmer.

Holbrookia Girard, 1851

Der deutsche Name »Taubleguan« wird davon abgeleitet, daß die Tiere keine äußere Ohröffnung besitzen. Das Verbreitungsgebiet reicht vom Südwesten der USA bis Mexiko. Es besteht eine nahe Verwandtschaft mit den Gattungen *Callisaurus* und *Uma*. Die Lebensräume sind sehr ähnlich. *Holbrookia* liebt offene Flächen mit niedrigem Bewuchs und lebt teilweise als Kulturfolger in der Nähe menschlicher Ansiedlungen. Nachts graben sich die Tiere meistens in den lockeren Sand ein. Die Weibchen zeigen eine Trächtigkeitsfärbung.

Holbrookia maculata Girard, 1851
Verbreitung: Diese Art hat das größte Verbreitungsgebiet innerhalb der USA. Es reicht von Süd-Dakota, Nebraska, Kansas bis Texas und Zentral-Mexiko.
Lebensraum: Die Tiere leben überwiegend auf sandigem Boden. Dabei wird offenes Gelände, teilweise auch lichte Wälder, bevorzugt.
Größe: Bis ca. 13 cm.
Kennzeichen: Die Tiere sind sehr variabel in ihrer Zeichnung. Je nach Herkunft können sie fast grau bis zu braun mit einer starken Fleckung als Färbung zeigen. Eines haben sie aber alle gemeinsam, zwei dunkle Flecken mittig an jeder Bauchseite. Die Männchen besitzen größere Postanalschuppen.

Holbrookia maculata

Terrarium: Typ VI oder VII.
Einrichtung siehe *Cophosaurus texana*, die Tiere benötigen eine nur weniger große Grundfläche. Die Temperatur sollte bei 28 bis 30 °C liegen und lokal durch Strahler auf 35 °C ansteigen. Nachts kann die Temperatur auf 20 bis 22 °C absinken. Es wird lediglich in den frühen Morgenstunden einmal gesprüht.

Petrosaurus thalassinus

Haltung und Zucht: Auch diese Art verbringt die Nacht und die frühen Morgenstunden eingegraben im lockeren Sand. Die Tiere hält man paarweise, was auch in der Natur beobachtet wurde. Die Weibchen vergraben ihre Eier in der feuchten Erde bzw. in dem feuchten Sand. Ein Gelege besteht aus 5 bis 7 Eier. Die Zeitigung erfolgt wie bei *C. texana.* Die Weibchen haben während der Trächtigkeit eine orangene oder gelbe Kehlfärbung.
Futter: Siehe *C. texana.*

Petrosaurus Boulenger, 1885

Bisher sind zwei Arten dieser Gattung und eine Unterart bekannt. Wobei die Unterart *P. thalassinus repens* aus dem mittleren Teil von Niederkalifornien von einigen Wissenschaftlern als eigene Art gewertet wird. Diese Gattung wird sicher neu eingeordnet und ist wie viele Gattungen mit neuem Kenntnisstand revisionsbedürftig. Alle Arten leben in Niederkalifornien und sind reine Felsbewohner.

Petrosaurus thalassinus (Core, 1863)
Verbreitung: Der südliche Teil Niederkaliforniens (Baya California).
Lebensraum: Es sind reine Felsbewohner der trockenen Landschaft Niederkaliforniens.
Größe: Bis ca. 30 cm, Weibchen kleiner.
Kennzeichen: Der deutsche Name »Blauer Felsleguan« trifft schon sehr genau das Aussehen dieser Tiere. Der Körper ist blaugrün. Der Kopf kann kräftig blau gefärbt sein und vom Nacken zum Rücken verlaufen drei dunkle Querbänder. Die Augenregion ist orange bis rot. Die Tiere sind von kräftiger Gestalt. Die Männchen besitzen Postanalschilder- und Femoralporen. Die Weibchen bekommen eine Trächtigkeitsfärbung, in dem die Rückenstreifen rot oder orange eingefaßt sind, sowie eine rote Kehle und Brust.
Terrarien: Typ V.
In einem größeren Terrarium, nicht unter 1,5 m³, kann eine Gruppe von einem Männchen mit 2 bis 3 Weibchen gemeinsam gepflegt werden. Der Boden kann aus Sand oder Lehm bestehen. Die Wände sollten aus festem Material sein (Steine, Moltofill oder Zement), damit die Tiere sich daran festhalten können. Einige Steine müssen als Felsen aufgebaut sein mit Zwischenräumen, um den Tieren die nötige Sicherheit zu bieten. Die Temperatur sollte bei 30 bis 35 °C liegen, mit lokalen Erhöhungen bis auf 40 °C. Nachts kann die Temperatur bis auf Zimmertemperatur zurückgehen.
Haltung und Zucht: *P. thalassinus* ist ein sehr attraktiver Terrarienpflegling, der bei artgerechter Haltung schnell seine Scheu verliert. Leider neigen die Tiere dann auch zur Überfettung, so daß man sich angewöhnen sollte, nur alle 2 Tage gezielt zu füttern.

Im Hochsommer legen die Weibchen dann ihre 8 bis 18 Eier umfassenden Gelege in tiefen selbstgegrabenen Höhlen ab. Die Zeitigung erfolgt bei 28 bis 32 °C im mäßig feuchten Substrat und dauert ca. 61 bis 66 Tage. Bei der Aufzucht muß man auf Spannungen in der kleinen Gruppe achten, da es wiederholt zu Todesfällen durch Streß (besonders bei den Männchen) gekommen ist.
Futter: Grillen, Heimchen, Schaben, Wanderheuschrecken, junge Mäuse, Obst, Salat, Blüten, Löwenzahn und selbst Wespen.

Phrynosoma Wiegmann, 1828

Der abgeflachte, runde Körper mit dem kurzen Kopf sowie das vorne etwas aufgerichtete Sitzen einiger Arten hat den Tieren den deutschen Namen »Krötenechsen« eingebracht.

Der Schwanz ist extrem kurz, bei einigen Arten weniger als 1/3 der Körperlänge. Die Größe schwankt zwischen 10

Phrynosoma platyrhinos

und 20 cm bei den verschiedenen Arten, wobei die Riesenkrötenechse *P. asio* mit 20 cm die größte bekannte Art darstellt. Krötenechsen sind Bodenbewohner, die sowohl in Sand- und Steinwüsten als auch in lichten Waldgebieten zu finden sind. Die Haltung und Zucht dieser heiklen Gattung ist bisher immer nur in Einzelfällen geglückt. Ein wichtiger Aspekt hierbei ist vor allen Dingen die Fütterung mit Ameisen.

Eine Überwinterung ist für die meisten Arten lebenswichtig. Durch ihre perfekte Tarnung an den Untergrund sind die Tiere sehr schwer zu entdecken. Das Fluchtverhalten ist dementsprechend gering ausgebildet. Die Tiere bleiben am Untergrund gepreßt ruhig liegen. In einigen Gegenden Kaliforniens fanden wir auf der Straße überfahrene Tiere, denen dieses Verhalten zum Verhängnis wurde.

Darüber hinaus haben einige Arten aber auch andere Abwehrmöglichkeiten entwickelt. Sie können sich aufblähen um größer zu wirken oder sie stellen sich tot. Eine überaus seltene Art der Verteidigung haben die Arten *Phrynosoma coronatum, P. cornutum* und *P. solare* entwickelt. Sie pumpen Blut in die Augenlider, welches anschließend bis über 1 m weit verspritzt werden kann.

Phrynosoma platyrhinos
Girard, 1852

Verbreitung: Im Norden bis zu dem Hochland des Columbia Plateau und im Süden bis zum Golf von Kalifornien. Im Westen begrenzt durch das Great Basin-Hochland.

Lebensraum: Aufgrund des großen Verbreitungsgebietes bewohnen die Tiere unterschiedliche Klimate. Man findet diese Art in Steinwüsten genau so häufig wie in Sandwüsten oder Halbwüsten. Alle Gebiete haben eine starke jahreszeitliche Temperaturschwankung.

Größe: Bis ca. 13 cm, Männchen kleiner.

Kennzeichen: Die unterschiedliche Grundfärbung erlaubt Rückschlüsse auf den Lebensraum. Sie rückt von Hellgrau bis zu einem kräftigen Rotbraun. Jedoch alle Tiere besitzen eine charakteristische Fleckenzeichnung auf dem Rücken. Zwei deutlich längere Occipitalstachel als die übrigen Kopfstachel sowie zwei Reihen vergrößerter Kehlschilder unterscheiden diese Art von allen anderen. Die Schnauze ist sehr abgestumpft. Die Männchen erkennt man an den vergrößerten Postanalschuppen sowie an der verbreiterten Schwanzwurzel.

Terrarium: Typ VII.

Für ein Pärchen sollte das Terrarium eine Bodenfläche von 0,50 m² haben. Die Höhe spielt nur eine untergeordnete Rolle, da die Tiere nicht klettern. Eine Lufttemperatur von 25 bis 30 °C sollte erreicht werden, wobei ein Strahler die Temperatur lokal auf 40 °C erhöhen kann. Diese hohe Temperatur ist wichtig, damit die Tiere ihre Vorzugstemperatur erreichen können. Ein Freiluftaufenthalt im Sommer kommt den Tieren sehr entgegen. Allerdings ist dabei zu beachten, daß bei lang anhaltendem schlechtem Wetter eine Zusatzbeleuchtung zur Temperaturerhöhung vorhanden sein muß. Da die Tiere auch sehr schnell laufen können, sollte man das Freilandterrarium etwas größer wählen. Die Einrichtung besteht aus feinem Sand und einigen Versteckplätzen. Gegen Regen sollte die Anlage geschützt sein, obwohl kurze Regenschauer den Tieren nichts ausmachen.

Haltung und Zucht: Eine Winterruhe ist Voraussetzung für eine gesunde Haltung und spätere Zucht. Die einfachste Methode ist, das Terrarium langsam abzukühlen und die Beleuchtung zu reduzieren. Die Tiere werden sich nach einiger Zeit im Boden vergraben. Bei einer Temperatur von 8 bis 10 °C können die Tiere bis zu 5 Monaten überwintern.

Die Paarung erfolgt meistens 1 bis 2 Wochen nach der Winterruhe. Zu diesem Zeitpunkt muß die Temperatur gleichbleibend hoch sein, 20 °C in der Nacht bis 30 °C am Tage mit einer lokalen Erhöhung. Während der Paarung halten sich die Männchen mit einem Paarungsbiß an den Occipitalstacheln der Weibchen fest. Einige Wochen später werden die Weibchen unruhig und fangen an, einige Gänge in den Sand zu graben. Hierfür hält man eine Ecke im Terrarium immer feucht.

Während der Eiablage graben sich die Weibchen komplett ein. Wenn sie wieder herumlaufen, kann man die Eier herausnehmen und in einen Inkubator überführen. Hier zeitigt man die Eier in feuchtem Vermiculite bei einer Temperatur von 28 bis 30 °C. Die Jungtiere schlüpfen nach 40 bis 50 Tagen, allerdings sind auch Zeiten von über 70 Tagen bekannt.

Die Aufzucht der Jungtiere erfolgt in kleinen Terrarien mit feinem Sand und einigen Versteckplätzen. Die Temperatur sollte tagsüber bei 30 °C liegen. Es wurde beobachtet, wie eine kleine Krötenechse aus einer flachen Schale vitaminisiertes Wasser aufnahm. Es sollte also immer eine flache Schale mit Wasser, in der die Tiere nicht ertrinken können, vorhanden sein. Die Aufzucht bereitet keine großen Probleme.

Futter: Es werden dunkle Futtertiere bevorzugt. Ameisen müssen immer zwischendurch mal wieder angeboten werden. Schwarze Ameisen werden den hellen Ameisen vorgezogen. Ansonsten fressen die Tiere alles, was sie bewältigen können. Grillen und Heimchen, Mehlkäfer und deren Larven, Wachsmotten und deren Raupen, Spinnen und Fliegen.

Sceloporus Wiegmann, 1828

Diese Gattung hat ein großes Verbreitungsgebiet mit zahlreichen extremen Landschaftsformen. Während einige Arten in den heißen Wüsten Nordamerikas leben, findet man andere im Gebirge noch in einer Höhe von 4000 m. Dieses spiegelt sich auch in der Fortpflanzung wieder. Während die meisten Arten Eier legen, sind einige Arten, wie *S. cyanogenes, S. grammicus, S. jarrovi* und *S. poinsetti* lebendgebärend. Die Gattung umfaßt über 100 Arten, die von Südwest-Kanada bis nach Panama vorkommen. Die Größe der einzelnen Arten variiert von ca. 8 cm bis zu 35 cm Gesamtlänge. Die großen, stark gekielten Schuppen lassen die Tiere sehr stachelig aussehen und haben auch zu dem Namen »Stachelschuppenleguan« beigetragen. Im Gegensatz zu anderen verwandten Leguanen besitzen Stachelleguane keine Kehlfalte. Auffällig sind die gegenüber den Vorderbeinen längeren Hinterbeine. Die Männchen haben deutlich ausgebildete Femoralporen und sind auch farblich meist intensiver gezeichnet.

Sceloporus cyanogenes Cope, 1885
Verbreitung: Vom Süden Texas bis nach Nordost-Mexiko.
Lebensraum: Felsbewohner, der nur selten außerhalb von Felsformationen angetroffen wird.

Sceloporus cyanogenes

Größe: Bis ca. 35 cm.
Kennzeichen: Auffällig bei dieser Art ist ein schwarzes Halsband, welches von beiden Seiten weiß eingefaßt ist. Die Paare besitzen einen deutlichen farblichen Geschlechtsdimorphismus. Während die Weibchen mehr braun bis gelb gefärbt sind, haben die Männchen eine blaugrüne Färbung. Die Bauchseite und die Kehle sind blau.
Terrarium: Typ V.
Die Einrichtung sollte aus Felsaufbauten mit einigen übereinanderliegenden Steinen bestehen. Obwohl die Tiere sehr anpassungsfähig sind, werden Steine gegenüber Ästen bevorzugt. Der Boden kann aus einem Sand-Lehm-Gemisch bestehen und etwas fester sein. Die Temperatur sollte lokal 40 °C betragen und nachts auf Zimmertemperatur zurückgehen. Morgens oder abends muß einmal kräftig gesprüht werden.
Haltung und Zucht: Die Tiere hält man immer paarweise. Eine Winterruhe wirkt stimulierend auf die Fortpflanzung. Die Tiere verpaaren sich während des Sommers, teilweise bis in den Herbst hinein, wobei erst im nächsten Frühjahr die Jungen geboren werden. Es können bis zu 18 Jungtiere sein.
Eine getrennte Aufzucht der Jungtiere ist sehr wichtig, vor allem wegen der bes-

Sceloporus malachiticus

seren Kontrolle. Die ausreichende Versorgung mit Vitaminen und Kalk ist selbstverständlich und auch unerläßlich.
Futter: Grillen und Heimchen, Wachsmotten und deren Raupen, Wanderheuschrecken, junge Mäuse, Blüten und Früchte.

Sceloporus graciosus
Baird & Girard 1864
Verbreitung: Von Süd-Montana bis Neu-Mexiko.
Lebensraum: Die Tiere leben in steinigen, trockenen oder sandigen, mit niedrigem Buschwerk bewachsenen Gebieten. Sie halten sich immer in der Nähe von größeren Steinen auf.
Größe: Bis ca. 15 cm.
Kennzeichen: Die Tiere haben eine graue bis hellbraune Grundfärbung. Mehrere dunkelbraune Längsstreifen verlaufen vom Kopf bis zum Schwanz. Diese Streifen können auch aus aneinander gereihten Flecken bestehen. Männchen besitzen eine hellblaue Sprenkelung an der Kehle und dunkelblaue Flekken am Bauch. Die Weibchen sind an den Flanken orange gefärbt.
Terrarium: Typ VI.
Der Bodengrund sollte aus einem Gemisch von Lehm und Kies bestehen, so daß der Untergrund fest ist. Als Versteckmöglichkeit müssen einige größere Steine vorhanden sein. Haltungsbedingungen siehe *S. occidentalis.*
Haltung und Zucht: Die Tiere werden paarweise gepflegt. Es ist sehr wichtig zu wissen, aus welchen Gebieten die Tiere stammen, da für eine erfolgreiche Haltung und Zucht eine Überwinterung unerläßlich ist. Die Weibchen legen in den Monaten Juni bis Juli ein Gelege von 2 bis 7 Eiern ab. In der Natur schlüpfen die Jungtiere im Juli und August.
Futter: Wachsmotten und deren Raupen, Grillen und Heimchen, kleine Schaben, selten Blüten und Blätter.

Sceloporus malachiticus Cope, 1864
Verbreitung: Mittelamerika von Panama bis Mexiko.
Lebensraum: Die Tiere leben sowohl am unteren Baumbereich wie auch an Felsen, an Zäunen sowie Legsteinmauern. Alle Lebensräume liegen aber in Gebieten mit ständig nebeligen Niederschlägen, teilweise bis in Höhenlagen von 2000 m. Nachttemperaturen von knapp über 0 °C sind keine Ausnahmen.
Größe: Bis ca. 20 cm.
Kennzeichen: Die Tiere besitzen einen farblichen Geschlechtsdimorphismus. Die Männchen sind auf der Körperoberseite smaragdgrün gefärbt. Am Hals besitzen sie beidseitig einen schwarzen Fleck, während die Kehle türkis gefärbt ist.
Die Weibchen sind meistens hellgrau bis rötlichbraun mit dunkler Fleckenzeichnung. Ein schwacher grüner Schimmer kann auch bei Weibchen vorhanden sein. Die Art ist lebendgebärend.
Terrarium: Typ V oder VI.
Die Tiere halten sich sehr gerne auf rauhem Untergrund auf. Dieses kann eine Rückwand aus Korkrinde oder auch eine Natursteinmauer sein. Für einige Versteckmöglichkeiten sollte gesorgt sein. Mehrmaliges Sprühen am Tage ist wichtig (Sprüh- oder Nebelanlage).
Haltung und Zucht: Die Haltung erfolgt paarweise, nur vereinzelt vertragen sich auch mehrere Weibchen untereinander. Die Tiere sollten im Winter 4 bis 6 Wochen bei Temperaturen um die 15 °C gehalten werden. Es werden aber nur gut genährte Tiere überwintert. Nach dieser Zeit wird die Temperatur sowie die Beleuchtungsdauer langsam wieder erhöht, bis nach ca. 2 Wochen wieder 12 Stunden Beleuchtungsdauer und lokal eine Temperatur von 30 °C erreicht werden. Die Tiere paaren sich im Frühjahr kurz nach der Winterruhe. Die Weibchen stellen 2 bis 3 Wochen vor der Geburt der Jungtiere das Fressen ein. Es werden in der Regel 3 bis 5 Jungtiere geboren. Die Jungen haben bei der Geburt eine Größe von 55 bis 60 mm. Eine separate Aufzucht ist anzuraten. Bisher ist noch nicht beobachtet worden, daß die Elterntiere ihren Jungen nachstellen.

Bei der Aufzucht ist es sehr wichtig, daß die Tiere nicht zu trocken gehalten werden (häufiges Sprühen, besser noch vernebeln). Lokal sollte die Temperatur durch einen Strahler auf 30 °C erwärmt werden. Die Jungen fressen kleine Grillen, Heimchen, Wachsraupen, *Drosophila* oder auch Gespinstmotten und deren Raupen. Das Einstäuben der Futtertiere mit einem Vitamin-Mineralien-Gemisch ist sehr wichtig. Bei guter Ernährung sind die Tiere nach etwa 1 Jahr geschlechtsreif.
Futter: Grillen, Heimchen, Wachsmotten und deren Raupen, junge Heuschrecken, kleine Schaben.

Sceloporus occidentalis
Baird & Girard, 1852
Verbreitung: Der gesamte Westen der USA, von der Kanadischen Grenze bis Baya California.
Lebensraum: Der Name »Zaunleguan« sagt schon einiges über seinen Lebensraum aus. Er besiedelt alles, was ihm die nötige Sicherheit und ausreichend Futter bietet. Er ist ein Kulturfolger, den man auch in größeren Städten finden kann.
Größe: Bis ca. 23 cm.
Kennzeichen: So groß wie sein Verbreitungsgebiet, so unterschiedlich ist auch die Zeichnung der Tiere. Auf dem beigen bis braunen Untergrund befinden sich in Längsrichtung verlaufende, helle Flecken über dem Körper. Es können aber auch paarig angeordnete dunkle Flecken auf dem Rücken vorhanden sein. Die Männchen haben blaue Bauchflecken mit schwarzem Rand und eine blaue Kehle.
Terrarium: Typ VI.
Der Bodengrund sollte aus fester Erde oder Lehm bestehen. Es können einige Pflanzen in Blumentöpfen oder separat in Blumenerde eingepflanzt werden. Einige stabile Äste oder auch eine kleine Mauer aus Steinen werden von den Tieren gut angenommen.

Die Tiere sollten nicht zu trocken gehalten werden. Auf einige bevorzugte Stellen sollte ein Strahler gerichtet sein, der die Temperatur dort auf ungefähr 35 °C erhöht.
Haltung und Zucht: In größeren Terrarien können mehrere Tiere zusammen gepflegt werden. Sie müssen aber die Möglichkeit haben, eigene Reviere bilden zu können. Darüber hinaus sollten genügend Versteck- und Sonnenplätze vorhanden sein. Eine Überwinterung ist für eine erfolgreiche Zucht sehr wichtig. Die Weibchen vergraben ihre Eier in der feuchten Erde. Es sind in der Regel unter 10 Eier. Diese zeitigt man in einem Inkubator in leicht feuchtem Vermiculite. Die ca. 5 cm großen Jungtiere sind in den ersten Wochen etwas heikel in der Aufzucht. Bei guter Ernährung sind die Tiere nach einem Jahr geschlechtsreif.
Futter: Wachsmotten und deren Raupen, Fliegen, Mehlwürmer, Grillen und Heimchen.

Sceloporus orcutti Stejneger, 1893
Verbreitung: Südkalifornien bis Baya California.
Lebensraum: Es sind vorwiegend Felsbewohner, die aber auch in offenen Landschaften sowie lichten Wäldern gefunden wurden.
Größe: Bis ca. 28 cm.
Kennzeichen: In der Sonne schimmern sie in verschiedenen Farben. Vorwiegend sind es blaue bis blaugrüne Töne sowie bei den Männchen ein lila Rücken. Eine Querbänderung kann vorhanden sein, diese ist am deutlichsten bei den Weibchen zu erkennen. Die Grundfärbung ist

ein Beigebraun bis Kupfer. Die Männchen besitzen eine bläuliche Kehle.
Terrarium: Typ V oder VI.
Die Tiere mögen einen Felsaufbau mit einigen Spalten als Versteckplätze. Einige Pflanzen können in Blumentöpfen oder in Blumenerde, die auch als Bodengrund genommen werden kann, eingepflanzt sein. Als Bodengrund eignet sich aber wieder hervorragend Lehm oder Sand. Die Temperatur sollte tagsüber bei 25 bis 32 °C liegen und lokal durch einen Strahler auf 38 bis 40 °C ansteigen. Einmal morgens oder abends muß das Terrarium kräftig überbraust werden.
Haltung und Zucht: Die Tiere werden paarweise gepflegt. Eine Überwinterung ist nicht nötig, wohl aber eine kühle Phase mit Temperaturen unter 20 °C und reduziertem Licht. Hierbei reichen 6 bis 8 Wochen völlig aus. In der Zeit von Mai bis Juli werden in der Natur die Eier abgelegt. Im Terrarium ist der Zeitraum der Trächtigkeit natürlich davon abhängig, wann die Tiere ihre Ruheperiode abhalten. Die Tiere verpaaren sich einige Zeit danach. Die Weibchen vergraben ihre Gelege, bestehend aus 8 bis 12 Eiern, in dem feuchten Bodengrund. Die Zeitigung der Eier erfolgt am besten in einem Inkubator. Hier werden sie in leicht feuchtes Vermiculite gebettet und bei Temperaturen um ca. 28 °C gezeitigt. Eine Einzelaufzucht ist wegen der besseren Kontrolle vorzuziehen.

Sceloporus undulatus

Futter: Grillen, Heimchen, Wachsmotten und deren Raupen, kleine Heuschrecken, Mehlwürmer, selten Blüten und Obst.

Sceloporus undulatus Daudin, 1802
Verbreitung: Die Art wird auch als »östlicher Zaunleguan« beschrieben. Das Vorkommen erstreckt sich von der Atlantikküste über die mittleren USA bis Texas und reicht im Süden bis Mexiko.
Lebensraum: Diese Art ist das Gegenstück zum »westlichen Zaunleguan«. Auch sie haben sich zu Kulturfolgern entwickelt.
Größe: Bis ca. 19 cm.
Kennzeichen: Die Tiere sind genau so variabel in der Zeichnung, wie auch ihr Äußeres sehr ähnlich *S. occidentalis* ist.

Sceloporus variabilis

Da es von beiden Arten auch mehrere Unterarten gibt, ist eine Einzelbeschreibung sehr schwierig. Bei *S. undulatus* können seitlich an der Kehle zwei blaue Flecken vorhanden sein, während bei *S. occidentalis* nur ein Fleck in der Kehlmitte vorhanden ist.
Terrarium: Typ VI.
Einrichtung siehe *S. occidentalis.*
Haltung und Zucht: Die Tiere stellen keine großen Ansprüche und können wie *S. occidentalis* gehalten werden. Es handelt sich hierbei um Tiere, die man auch einem Anfänger empfehlen kann.
Futter: Siehe *S. occidentalis.*

Sceloporus variabilis
Wiegmann, 1834
Verbreitung: Von Südtexas bis Costa Rica.
Lebensraum: Die Tiere sind sehr anpassungsfähig. Man findet sie überwiegend in trockenen bis halbtrockenen Gebieten. Sie bewohnen sowohl Felsformationen als auch einzeln liegende größere Steine oder Holzstämme.
Größe: Bis ca. 14 cm.
Kennzeichen: Die Tiere haben eine graue bis braune Grundfärbung mit hellen Längsstreifen. Der Kopf kann rotbraun gefärbt sein. Die Weibchen sind etwas heller gefärbt und haben schwach orangene Halsseiten. Bei den Männchen befinden sich an den Seiten direkt hinter den Vorder- und Hinterbeinen dunkelbraune Flecken, die unter dem Bauch zusammenlaufen. Einige lila und rote Flecken befinden sich an der Bauchseite. Hinter den Hinterbeinen weisen sie eine kleine Hauttasche auf.
Terrarium: Typ V oder VII.
Das Terrarium kann mit einigen Steinen und Ästen bestückt sein. Eine Bepflanzung mit eingetopften Sukkulenten ist sinnvoll, da die Pflanzen den Tieren Deckung bieten. Der Bodengrund sollte aus Sand oder Lehm bestehen. Die Temperaturen müssen tagsüber bei 28 bis 30 °C liegen und lokal an bevorzugten Stellen bis auf 35 °C ansteigen. Eine Winterruhe kommt nur für Tiere in Fra-

ge, die aus entsprechenden Gebieten stammen.

Haltung und Zucht: Die Tiere werden immer paarweise gepflegt. Die Weibchen können mehrere Gelege im Jahr produzieren. Ein Gelege kann bis zu 5 Eier umfassen. Die Zeitigung erfolgt in leicht feuchtem Vermiculite. Die Jungtiere benötigen in den ersten Wochen sehr viel Kleinstfutter (*Drosophila,* kleine Wachsraupen, winzige Grillen oder Heimchen).

Futter: Heimchen, Wachsmotten und deren Raupen, Fliegen, Grillen, Mehlwürmer.

Urosaurus Hallowell, 1854

Die Gattung *Urosaurus* bevorzugt trokkene Gebiete mit einem starken Bewuchs. Einige Arten leben hauptsächlich an Bäumen und größeren Sträuchern. Aber auch Felsblöcke sind ein beliebter Aufenthaltsort. Je nach Biotop sind die Tiere in verschiedenen Farb- und Zeichnungsvarianten zu finden. Das Vorkommen reicht vom Süden der USA bis nach Südmexiko.

Die Tiere besitzen eine deutliche Kehlfalte und als Abgrenzung zur Gattung *Uta* befindet sich an den Seiten eine Hautfalte. Auf der Rückenmitte befinden sich große, gekielte Schuppen, deren verschiedene Anordnungen die einzelnen Arten abgrenzen.

Urosaurus ornatus

Urosaurus ornatus
(Baird & Girard, 1851)

Verbreitung: USA, vom äußersten Südwesten Wyomings bis nach Mexiko.

Lebensraum: Trockene Gebiete mit stärkerem Bewuchs. Die Tiere leben sowohl an Felsen als auch an niedrigen Bäumen. Da in trockenen Gebieten die meisten Bäume in der Nähe von Flüssen stehen, findet man dort die Tiere wesentlich häufiger. An manchen Stellen stößt man auch auf *Urosaurus ornatus* als Kulturfolger in der Nähe menschlicher Siedlungen.

Größe: Bis ca. 14 cm.

Kennzeichen: Die Grundfärbung ist ein Graubraun mit einigen Flecken und Strichen, die hell eingefaßt sein können. Eine Bänderung an den Beinen kann vorhanden sein. Die Männchen haben eine verdickte Schwanzwurzel sowie hellblaue Flecken am Bauch und eine orangene Kehle.
Terrarium: Typ VI.
Der Bodengrund besteht aus Sand oder Erde, der im unteren Bereich feucht gehalten wird. Die Tiere bevorzugen etwa armdicke, rauhe Äste, die zum Teil senkrecht, aber auch waagerecht ins Terrarium eingebracht werden. Strahler sollten einige Plätze nur im oberen Bereich bis auf 38 °C erwärmen. Auf eine Bepflanzung kann verzichtet werden. Eine Winterruhe, mit Temperaturen zwischen 12 bis 15 °C, ist angebracht.
Haltung und Zucht: Die Tiere sollten paarweise gepflegt werden. Eine Gruppenhaltung ist nur in großen Terrarien möglich. Die Weibchen produzieren bis zu 6 Gelege im Jahr und setzen dabei 3 bis 10 Eier ab. Über eine erfolgreiche Zeitigung und Aufzucht ist bisher nichts bekannt. Da die Gattung aber sehr nahe mit der Gattung *Uta* verwandt ist, sollte man diese Daten heranziehen.
Futter: siehe *Uta stansburiana.*

Uta Baird & Girard, 1852

Die Gattung *Uta* kommt vom Westen der USA bis nach Mexiko vor. Es sind kleinbleibende Leguane von ca. 15 bis 20 cm Länge, die vorwiegend am Boden, auf Steinen oder niedrigem Buschwerk leben. Sie leben in wüstenähnlichen Gebieten mit einem größeren Tag-Nacht-Temperaturgefälle. Je nach Vorkommen halten die Tiere eine mehrwöchige Winterruhe ab. Diese Gattung ist sehr nahe verwandt mit den Gattungen *Sceloporus* und *Urosaurus.* Von der letzteren unterscheiden sie sich hauptsächlich durch ihre deutliche Kehlfalte, außerdem fehlt ihnen die typische Körperfalte von *Urosaurus.* Der Schwanz ist meist doppelt so lang wie der Körper.

Uta stansburiana Baird & Girard, 1852
Verbreitung: Vom Südwesten der USA bis nach Mexiko.
Lebensraum: Die Art bewohnt wüstenähnliche, trockene Gebiete mit starken Temperaturgefällen (Tag-Nacht) sowie auch jahreszeitlichen Schwankungen. Die Leguane leben überwiegend am Boden oder auf kleineren Felsen sowie umgestürzten Baumstämmen.
Größe: Bis ca. 16 cm.
Kennzeichen: Der deutsche Name »Seitenfleckenleguan« stammt von den beiden blauen bis schwarzen Flecken in der Achselgegend. Die Grundfärbung reicht

Uta stansburiana

von fast schwarz, meistens braun bis hin zu gelb. Der Rücken kann gefleckt, gestreift oder auch genetzt sein. Häufig besitzen die Tiere eine blaue und gelbe Fleckung. Die Weibchen sind meistens braun mit einer schwachen Musterung. Die Männchen haben eine verdickte Schwanzwurzel.

Terrarium: Typ VI oder VII.

Der Bodengrund sollte aus einer ca. 10 cm hohen Bodenschicht bestehen. Einige größere Steine können vorhanden sein, die von den Tieren gerne als Aussichtsplätze aufgesucht werden. Die Rückwand sowie die Seitenwände sollten mit Moltofill gestrichen und mit Sand beworfen oder bearbeitet sein. Einige Versteckplätze aus Steinplatten müssen ebenfalls vorhanden sein. Die Temperatur liegt am Tage bei 28 bis 32 °C und sollte durch einen Strahler auf 38 bis 40 °C erhöht werden. In der Nacht kann die Temperatur auf 20 bis 22 °C zurückgehen. Eine Winterruhe mit Temperaturen von 10 bis 15 °C sollte über einige Wochen dauern. Der Bodengrund wird in einer Ecke oder im unteren Bereich feucht gehalten.

Haltung und Zucht: Es kommt nur eine paarweise Haltung in Frage. Die Tiere paaren sich das ganze Frühjahr über bis in den Sommer hinein. Die Weibchen sind in der Lage, Spermien für mehrere Gelege zu speichern. Die 2 bis 6 Eier werden in einem selbstgegrabenen Gang abgelegt. Eine Überführung in einen Inkubator ist sinnvoll. Hier werden sie in feuchtem Vermiculite gezeitigt. Bei einer Temperatur von 28 °C benötigen die Jungtiere über 40 Tage bis zum Schlupf. Die Jungen sind mit einem Jahr geschlechtsreif.

Futter: Fliegen, Grillen, Heimchen, Wachsmotten und deren Raupen.

Unterfamilie Tropidurinae

Gattung	Arten ca.	Vorkommen	Terrarium	Lebensraum
Ctenoblepharis	6	4/5	VI	E
Enyalioides	7	2/4	VI	E
Garbesaura	1	4	?	?
Hoplocerus	1	4	VI	D/E
Leiocephalus	12	3	VI	D/E
Liolaemus	60	4/5	III/V/VI/VII	C/D/E
Morunasaurus	2	2/4	V/VI	G
Ophryoessoides	14	4	V/VI	C/D/E
Phymaturus	1	5	VI	E
Plica	3	4	I/II/V	A/C
Proctotretus	3	2/4	VI	D/E
Stenocerus	14	4/5	VI	D/E
Strobilurus	1	4	III	G
Tropidurus	20	4/5/6	III/V/VI	C/E/F/G
Uracentron	4	4	III	G
Uranoscodon	1	4	III	A

Die Unterfamilie der Kielschwanzleguane weist das größte Verbreitungsgebiet innerhalb der Familie der Leguane auf. Die Tiere bewohnen dabei die unterschiedlichsten Lebensräume und Klimate von Nordamerika bis hinunter nach Feuerland sowie auf den Galapagos-Inseln.

Leiocephalus Gray, 1827

Die Gattung *Leiocephalus* kommt im karibischen Raum von Kuba bis Trinidad vor. Sehr häufig findet man die Tiere am Strand oder in dessen unmittelbarer Nähe. Sie bevorzugen aber auch offenes Gelände sowie lichte Stellen in Wäldern. Die Tiere haben einen kleinen Rückenkamm und vor allem die Männchen sind bei einigen Arten auffallend bunt gefärbt. Die Schuppen sind gekielt und liegen dachziegelförmig übereinander.

Leiocephalus carinatus
Gray, 1827
Verbreitung: Kuba und eingeschleppt nach Florida.
Lebensraum: Die Tiere bevorzugen küstennahe Gebiete mit großen Korallenkalkfelsen. Wir fanden die Art in der gesamten Küstenregion um Havanna. Auf der Festung El-Morro leben sie an den alten Gemäuern, verschiedentlich auch im Landesinneren als Kulturfolger.
Größe: Bis ca. 25 cm, Weibchen kleiner.
Kennzeichen: Die Grundfärbung ist ein Graugrün bis Graubraun mit einigen hellen Flecken, die in undeutliche Querbänder übergehen.

Bei den Männchen treten einige Bänder am Hals und im Nackenbereich während der Paarungszeit sehr kräftig hervor. Der Schwanz ist gebändert und wird immer wieder senkrecht aufgerichtet.
Terrarium: Typ VI.
Die Tiere benötigen ein Terrarium mit einer großen Grundfläche. Die Einrichtung kann aus Felsaufbauten, in denen sich die Leguane auch verstecken können, bestehen. Eine mindestens 20 cm hohe Bodenschicht aus Sand muß vorhanden sein. Die Tiere graben sich immer wieder mal ein. Das Terrarium sollte morgens einmal kurz übersprüht werden. Die Tiere trinken auch aus einer Schale. Die Temperaturen liegen tagsüber bei 25 bis 30 °C, wobei lokal die Temperatur auf 35 bis 40 °C erhöht werden sollte. Eine Nachtabsenkung auf 18 bis 20 °C ist sinnvoll.
Haltung und Zucht: Die Art sollte nur paarweise in geräumigen Terrarien gepflegt werden. Jüngere Männchen werden bis sie etwa halbwüchsig sind im Revier geduldet.

Eine Voraussetzung für die erfolgreiche Zucht ist eine kühlere Ruhephase der Tiere. Der Zeitpunkt spielt während der Terrarienhaltung keine Rolle. Die Tiere graben sich zu jeder Zeit bei mäßigem Licht und niedrigen Temperaturen (unter 20 °C) im Bodengrund ein. Wenn man nach ca. 4 bis 6 Wochen die Temperaturen und die Helligkeit erhöht, kommen sie wieder hervor. Einge Tage später fangen die Männchen an zu Balzen und die Tiere verpaaren sich mehrmals. Kurz vor der Eiablage werden die Weibchen unruhig und fangen an, einige Löcher zu graben. Die bis zu 10 Eier werden am Ende eines tiefen Ganges abgelegt. Es kann vorkommen, daß das Weibchen mehrere Tage darin verschwindet, bis es die Eier abgelegt hat. Danach wird der Gang wieder zugescharrt. Das Gelege zeitigt man am besten in feuchtem Vermiculite. Bei einer Temperatur von ca. 28 °C schlüpfen die Jungtiere nach 50 bis 60 Tagen. Die Aufzucht ist nicht sehr schwierig. Zur besseren Kontrolle ist eine Einzelaufzucht am sinnvollsten. Es ist unbedingt darauf zu achten, daß die Tiere ausreichend mit Kalk und Vit-

Leiocephalus cubensis

aminen versorgt werden. Ein abwechslungsreiches Futter ist sehr wichtig.
Futter: Grillen, Heimchen, Wachsmotten und deren Raupen, Larven des Großen Schwarzkäfers, nackte Mäuse, Regenwürmer, aber auch süßes Obst.

Leiocephalus cubensis (Gray, 1840)
Verbreitung: Kuba.
Lebensraum: Bei der Art handelt es sich um einen Bodenbewohner lichter Wälder.
Größe: Bis ca. 25 cm.
Kennzeichen: Es handelt sich um farblich sehr ansprechende Tiere. Da mehrere Unterarten bekannt sind, ist die Zuordnung der eigenen Tiere häufig schwierig, da kaum jemand den genauen Fundort kennt. Die Tiere haben meist eine braune Rückenfärbung und zeigen an den Seiten ein buntes Fleckenmuster aus roten, weißen und dunklen Flecken. Die Tiere haben eine schwarze »Maske«, die hinter den Augen beginnt. Auffallend ist auch der weiße Schnauzenstrich. Die Art hat einen flachen Rücken- und Schwanzkamm. Die Weibchen sind immer weniger farbenprächtig gefärbt.
Terrarium: Typ VI.
Das Terrarium sollte etwa die Größe 80 × 40 × 40 cm (Länge × Tiefe × Höhe) aufweisen. Neben der üblichen Be-

leuchtung dient ein 40-Watt-Strahler als Heizung, der für eine kühle Phase etwa 2 Monate ausgeschaltet bleibt. Die Einrichtung besteht aus einer höheren Sandschicht sowie einigen Steinplatten und dickeren Kletterästen. Einige Rankpflanzen und Sukkulenten runden die Einrichtung ab. Einmal täglich wird das Terrarium überbraust.

Haltung und Zucht: Wegen der ausgeprägten Aggressivität während der Fortpflanzungszeit empfiehlt sich nur eine paarweise Haltung. Etwa ab Mai beginnen die Männchen mit der Balz und es kommt zur Paarung. Kurze Zeit später verbeißt das Weibchen das Männchen. Dies kann sogar so schlimm sein, daß die Tiere für die Dauer der Trächtigkeit getrennt gepflegt werden müssen. Die Eier werden in feuchtem Sand gegen Abend abgelegt.

Im Lauf einer Fortpflanzungsperiode kann ein Weibchen in 3- bis 4wöchigem Abstand bis zu 5 Gelege mit 3 bis 6 Eiern ablegen. Die Eier müssen sofort aus dem Terrarium entnommen werden und in mäßig feuchtem Vermiculite bei 23 bis 30 °C (Tag-Nacht-Schwankung) gezeitigt werden. Nach ca. 60 Tagen schlüpfen die etwa 6 cm großen Nachzuchten. Die Aufzucht erfolgt in kleinen Gruppen und ist problemlos.

Futter: Grillen und Heimchen, Wachsmotten und deren Raupen, Mehlwürmer, Schaben und Wanderheuschrecken.

Leiocephalus personatus

Leiocephalus personatus Cope, 1862

Verbreitung: Hispaniola.

Lebensraum: Auf der gesamten Insel kommen mehrere Unterarten vor. Es werden offene Flächen bevorzugt. Am Strand in Dünennähe fanden wir Tiere unter Strandgut und verrotteten Kokosnüssen.

Größe: Bis ca. 25 cm, Weibchen kleiner.

Leiocephalus schreibersii

Kennzeichen: Der deutsche Name »Maskenleguan« bezieht sich auf den schwarzen Streifen, der sich von der Schnauzenspitze bis über die Augen zieht und den Eindruck einer Maske entstehen läßt. Die Männchen sind wesentlich bunter gekennzeichnet als die Weibchen. Der Rücken ist meistens braun gefärbt. An den Flanken befinden sich auf beigem bis gelblichem Untergrund blaue Flecken und rote Streifenmuster. Die Weibchen sind braun gestreift.

Terrarium: Typ VI.

Wer die Möglichkeit besitzt, Seesand zu bekommen, sollte diesen verwenden. Der Sand wird etwa 10 cm hoch ins Terrarium eingebracht, wobei die untere Schicht oder eine Ecke immer feucht gehalten werden muß. Einige Versteckplätze aus Wurzeln oder Rinde müssen vorhanden sein. Der Temperaturbereich kann am Tage 25 bis 30 °C betragen, wobei lokal auch 35 bis 40 °C erreicht werden können. Hierfür kann man an einer Stelle den Boden erwärmen oder einen Strahler verwenden. Nachts sollte die Temperatur auf 20 °C zurückgehen.

Haltung und Zucht: In einem Terrarium mit einer Grundfläche von 80 × 50 cm kann man ein Männchen und ein Weibchen gemeinsam pflegen. Zwei Männchen vertragen sich nie. Eine Ruhephase ist wichtig für die Zucht. Hier kann man genauso verfahren wie bei *L. carinatus.* Auch hier graben die Weibchen einen tiefen Gang in den Sand, wo sie am Ende ihre Eier ablegt. Da man am Umfang der Weibchen erkennen kann, ob sie die Eier abgelegt haben, sollte man die Eier sofort aus dem Terrarium entnehmen. Wenn man zu früh nach den Eier sucht, kann es passieren, daß man das Weibchen zu sehr stört. Es können mehrere Gelege in einem Jahr abgelegt werden. Die 4 bis 8 Eier zeitigt man in feuchtem Vermiculite

bei 27 bis 28 °C. Nach etwa 60 bis 70 Tagen schlüpfen die Jungtiere. In den ersten Monaten besitzen sie die Zeichnung der Weibchen. Die Aufzucht erfolgt wie bei *L. carinatus.*
Futter: Grillen, Heimchen, Wachsmotten und deren Raupen, selten Obst.

Leiocephalus schreibersii
(Gravenhorst, 1838)
Verbreitung: Haiti.
Lebensraum: Die Art lebt in trockenen, wüstenähnlichen Gebieten.
Größe: Bis ca. 22 cm.
Kennzeichen: Diese Art ist etwas kräftiger und massiger als *L. personatus.* Auch die Beschuppung ist wesentlich feiner. Ein feiner Kamm zieht sich vom Hinterkopf bis zum Schwanzende. An den Flanken befindet sich eine deutliche Hautfalte.

Die Grundfärbung ist hellbraun auf der Oberseite und graublau auf der Unterseite. Einige rote und weiße Punkte ziehen sich an den Flanken entlang und bilden mehrere Querbinden bis über den Bauch hinweg. Die Männchen haben eine bläuliche Kehle sowie vergrößerte Postanalschuppen.
Terrarium: Typ VI.
Das Terrarium kann wie bei den vorherigen Arten eingerichtet sein. Lokale Temperaturen von 35 bis 40 °C sind für das Wohlbefinden der Tiere wichtig. Diese Art gräbt sich sehr oft in den Sand ein. Die untere Schicht muß deshalb leicht feucht gehalten werden.
Haltung und Zucht: Die Tiere hält man am besten paarweise.
Nach einer etwa achtwöchigen Absenkung der Temperaturen beginnen die Männchen unmittelbar mit der Balz und etwa 3 Wochen später kann man die ersten Paarungen beobachten. Die Weibchen setzen mehrere Gelege mit 3 bis 8 Eiern pro Jahr ab. Zeitigung und Aufzucht siehe *L. personatus.*
Futter: Grillen und Heimchen, Wachsmotten und deren Raupen, selten vegetarische Kost.

Liolaemus Wiegmann, 1834

Mit über 50 Arten und Unterarten zählt die Gattung *Liolaemus* zu den formenreichsten Gattungen innerhalb der Familie der Leguane. Die Erdleguane bewohnen den gesamten südlichen Teil Südamerikas. So lebt *L. magellanicus* selbst noch auf Feuerland und stellt somit die am weitesten nach Süden vordringende Reptilienart der Welt dar. Auch den Höhenrekord halten die Erdleguane, so wird *L. multiformis* noch in über 5000 m Höhe in den Anden gefunden. Neben diesen Extremformen gibt es aber noch eine ganze Reihe von Arten, die die Weiten Chiles und Argentiniens bewohnen und sich für die Terrarienhaltung eignen.

Liolaemus-Arten finden sich in den unterschiedlichsten Höhenlagen.

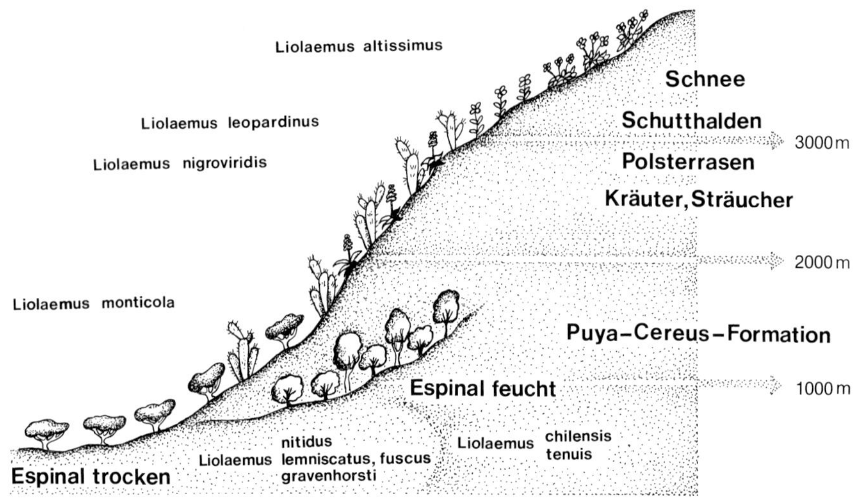

Trotz Massenimporte ist die Zahl der Haltungs- und Nachzuchtberichte gering. Dies liegt zum Teil an den wenig bekannten natürlichen Habitaten und den dort vorherrschenden klimatischen Bedingungen. Aber Vorsicht, nicht alle in der Natur vorherrschenden Bedingungen, wie z.B. Nachtfröste, sind im Terrarium unbedingt nachzugestalten, da die Leguane die Nacht geschützt in Verstekken verbringen und erst bei Sonnenschein wieder erscheinen.

Liolaemus cyanogaster cyanogaster
(Dúmeril & Bibron, 1846)
Verbreitung: Chile und Argentinien.

Lebensraum: Die Art bewohnt in Chile die Region Concepcion to Puerto Montt und in Argentinien Nahuel Huapi. Es handelt sich dabei um feuchtere Biotope wie die Ränder der Regenwälder, aber auch Feldränder und Gärten. Die Leguane klettern gern auf freistehende Zäune, aber auch an Baumstämmen, um sich zu sonnen.
Größe: Bis ca. 20 cm.
Kennzeichen: *L. cyanogaster* zeigt auf metallisch schimmernder hellbrauner oder beiger Grundfärbung drei dicke, leuchtend grüne Streifen ohne irgendwelche Musterung. Die Schwanzlänge macht etwa 2/3 der Gesamtlänge aus. Die

Liolaemus cyanogaster cyanogaster

Rückenschuppen sind groß, rhombisch und gekielt. Die Weibchen zeigen häufig eine hellere Grundfärbung als die Männchen.

Terrarium: Typ III.

Die Tiere benötigen ein geräumiges Terrarium, in dem sie auch kurze Strecken im Spurt zurücklegen können. Als Bodengrund eignet sich ein Sand-Torf-Gemisch, in dem sich die Tiere eingraben können. Die Einrichtung sollte aus zahlreichen Kletterästen, einer alten Wurzel sowie Versteckmöglichkeiten am Boden, z.B. unter Kork- oder Rindenstücken, bestehen. Eine dekorative Bepflanzung mit hartblättrigen Ranken und schönen Tillandsien oder Farnen rundet die Einrichtung ab. Die Temperaturen sollten im Sommer tagsüber etwa 25 °C betragen. Zusätzlich muß immer eine helle Stelle mit Hilfe eines Strahlers stärker erwärmt werden, wo die Tiere ihre Sonnenbäder nehmen können. Eine Nachtabsenkung um mindestens 8 °C ist für das Wohlergehen der Leguane unbedingt erforderlich. Zur Überwinterung reduziert man einfach die Beleuchtungsdauer und die Umgebungstemperatur auf etwa 10 bis 15 °C. Zweimal täglich muß das gesamte Terrarium überbraust werden.

Haltung und Zucht: *L. c. cyanogaster* ist eine gut haltbare und verträgliche Legu-

Liolaemus lemniscatus

an-Art. In größeren Terrarien kann man auch eine kleine Gruppe von Tieren gemeinsam pflegen. Wichtig ist nur, daß die Männchen Ruheplätze mit Sichtschutz vor den anderen aufsuchen können. Eingewöhnte Tiere sollten auf unseren Jahresrhythmus umgestellt werden. Dies geschieht dadurch, daß sie nicht im Sommer, also wenn in ihrem Verbreitungsgebiet Winter ist, in die Winterruhe geschickt werden, sondern erst in unserem Winter. Nach einer Winterruhe von Anfang Dezember bis Ende Januar verhielten sich die Tiere ganz normal, nur das Weibchen zeigte einen deutlich gesteigerten Appetit. Etwa gegen Ende März gebar es dann drei Jungtiere. Die Nachzuchten wurden gemeinsam unter den gleichen Bedingungen wie die Eltern, aber separat von ihnen, großgezogen.
Futter: Grillen und Heimchen, kleine Schaben, kleine Wanderheuschrecken, selten Obst und Salat.

Liolaemus lemniscatus
Gravenhorst, 1838
Verbreitung: Chile und Argentinien.
Lebensraum: Die Art bewohnt die Savanne Zentralchiles und des angrenzenden Argentiniens. Sie lebt vorwiegend am Boden und zeigt eine deutliche Vorliebe für die Gestrüpp- und Laubschicht, in der sie sich geschickt bewegen kann.
Größe: Bis ca. 16 cm.
Kennzeichen: *L. lemniscatus* ist eine mittelgroße, schlanke Erdleguan-Art. Die Grundfärbung besteht aus einem hellen Braunton. An den Seiten befinden sich zwei gleichmäßige Fleckenreihen aus abwechselnd schwarzen und weißen Schuppen. Diese Reihen sind durch einen weißen Strich unterlegt und setzen sich auf dem Schwanz fort. Der Kopf ist einfarbig braun. Die Männchen erkennt man leicht an den wenigen eingestreuten hellblauen Flecken in dem auf dem Rükken verlaufenden braunen Streifen.
Terrarium: Typ VI.
Die Art benötigt nur ein kleines Terrarium. Der Bodengrund sollte überwiegend aus grobkörnigem Sand bestehen. Darauf gibt man eine dekorative Wurzel und einige eingetopfte Ziergräser sowie

Liolaemus leopardinus

zur Hälfte etwa eine 5 cm hohe Laubschicht.

Die Temperaturen sollten im Sommer am Tage etwa 25 °C betragen und nachts um ca. 8 °C zurückgehen. Wichtig ist ein kleiner Strahler, unter dem die Tiere sich lokal noch weiter erwärmen können. Einmal täglich, am besten morgens, wird das gesamte Terrarium überbraust.

Haltung und Zucht: *L. lemniscatus* ist eine sehr attraktive Leguan-Art. Die Tiere verlieren recht schnell ihre Scheu im Terrarium und sind den ganzen Tag unterwegs auf der Suche nach Freßbarem. In der Natur vergraben die Weibchen gegen Ende Oktober ihr aus vier Eiern bestehendes Gelege.

Futter: Kleine und mittlere Grillen und Heimchen, Wachsmotten und deren Raupen, *Drosophila,* Mehlmotten.

Liolaemus leopardinus leopardinus
Müller & Hellmich, 1932

Verbreitung: Chile.

Lebensraum: Die Art bewohnt Täler im Hochgebirge, etwa in den Höhenlagen von 2500 bis 3000 m. Die Tiere leben dort auf alpinem Polsterrasen sowie auf von niedrigen Blütenpflanzen bewachsenen Schutt- und Geröllhalden.

Größe: Bis ca. 25 cm.

Kennzeichen: Es handelt sich um eine große Erdleguan-Art mit kräftigem Körperbau. Die Färbung besteht aus einer hellgrauen bis bräunlichen Grundfär-

Liolaemus nigromaculatus bisignatus

bung, auf der sich eine unregelmäßige, zu den Seiten hin zunehmende dunkelbraune bis schwarze Fleckenzeichnung erstreckt.

Terrarium: Typ V.

Die Tiere benötigen ein geräumiges Terrarium. Die Einrichtung sollte aus Felsaufbauten und einer spärlichen Bepflanzung mit Sukkulenten bestehen. Die Temperaturen müssen im Sommer am Tage etwa bei 23 °C liegen, zusätzlich muß ein Strahler vorhanden sein, unter dem sich die Tiere bis auf 45 °C aufwärmen können. Eine Nachtabsenkung auf etwa 10 °C und die Einhaltung einer Winterruhe ist unbedingt erforderlich. Einmal täglich wird das gesamte Terrarium überbraust.

Haltung und Zucht: *L. l. leopardinus* ist eine unter entsprechenden klimatischen Bedingungen gut haltbare Leguan-Art. Man sollte die Tiere immer paarweise pflegen, da es sich teilweise um ausgesprochene Echsenfresser handelt. Trächtig importierte Weibchen haben schon häufig ihre Jungtiere im Terrarium geboren. Die Babys sind sofort aus dem Terrarium zu entfernen und separat aufzuziehen.

Futter: Grillen und Heimchen, Schaben, Wanderheuschrecken, Obst, Blüten und Salat.

Liolaemus nigromaculatus bisignatus (Philippi, 1860)
Verbreitung: Chile.
Lebensraum: Die Art bewohnt den schmalen Küstenstreifen von Chanaral, wo sie ausschließlich auf den Sanddünen vorkommt. Die bodenbewohnende Echse flüchtet unter Steine und in Sandhöhlen. Die sandigen Dünen sind mit einer reichhaltigen Flora bewachsen, die eine große Anzahl an Insekten anlockt.
Größe: Bis ca. 20 cm.
Kennzeichen: Die Art besitzt eine leicht gedrungene Gestalt. Die Grundfärbung der Oberseite besteht aus einem hellen Silbergrau, teilweise mit einem grünlichen Schimmer. Da die Schuppenbasis in der Regel schwarz ist, sehen die Leguane wie mit feinen schwarzen Punkten überzogen aus. In der Achselgegend kann sich ein länglicher, senkrecht stehender Fleck befinden. Sehr leicht erkennt man den Geschlechtsunterschied während der Fortpflanzungszeit, da sich die normalerweise hellgrüne Bauchseite der Männchen besonders zu den Seiten hin rot färbt.
Terrarium: Typ VII.
Der Bodengrund sollte aus einer ca. 8 cm hohen lockeren Sandschicht bestehen. Einige wenige Kletteräste oder eine alte Wurzel sowie flach auf den Boden gelegte dünnere Steinplatten oder Korkstücke bilden die Einrichtung. Mit einigen Sukkulenten läßt sich das Terrarium optisch sehr ansprechend gestalten. Die Temperaturen sollten am Tage etwa bei 30 °C liegen und lokal sogar wärmer. Sehr wichtig ist wieder eine deutliche Nachtabsenkung um wenigstens 10 °C und eine mindestens zweimonatige Winterruhe. Einmal täglich, am besten morgens, wird das gesamte Terrarium übersprüht. Da sich in diesem niederschlagsarmen Gebiet häufig Küstennebel bildet, wäre eine Nebelanlage für die artgerechte Haltung sehr sinnvoll.
Haltung und Zucht: Die Tiere gewöhnen sich recht schnell im Terrarium ein und zeigen ihr natürliches Verhalten. So begrüßen sie sich mit Liegestützbewegungen ähnlich den Agamen und zeigen ein sehr abwechslungsreiches Imponier- und Balzverhalten. Auch vermögen sie sich durch kräftige, schnelle Körperwindungen in den lockeren Sand einzugraben. Im Terrarium legten die Weibchen zweimal je Fortpflanzungsperiode drei Eier, deren Zeitigung aber bisher nie glückte.
Futter: Kleine und mittlere Heimchen und Grillen, Wachsmotten und deren Raupen, Fliegen, Mehlmotten, *Drosophila,* Pflanzenteile.

Liolaemus nigromaculatus kuhlmanni Müller & Hellmich, 1933
Verbreitung: Chile.
Lebensraum: *L. n. kuhlmanni* ist ein typischer Küstenbewohner in Zentralchile.

Liolaemus nigromaculatus kuhlmanni

Die Art lebt sowohl im Brandungsbereich, auf den Sanddünen, in der angrenzenden Strauchsteppe und in der Wüste. Ja selbst in Höhenlagen von 2000 m wird sie noch gefunden.

Größe: Bis ca. 23 cm.

Kennzeichen: Die Tiere besitzen einen recht kräftigen Körperbau. Die Rückenbeschuppung besteht aus großen gekielten, spitz auslaufenden Schuppen. Die Färbung besteht aus einem hellblauen bis silbergrauen Farbton mit eingestreuten schwarzen Flecken.

Terrarium: Typ VI oder VII.

Der Bodengrund sollte aus einer etwa 3 cm hohen lockeren Sandschicht bestehen. Als Einrichtung dienen einige Felsaufbauten sowie zahlreiche Kletteräste. Mit Hilfe einiger Sukkulenten läßt sich das Terrarium sehr dekorativ einrichten. Die Temperaturen sollten am Tage etwa 28 °C betragen, lokal noch wärmer, und nachts um mindestens 10 °C sinken. Eine Überwinterung bei kühleren Temperaturen ist unabdingbare Voraussetzung für eine erfolgreiche Nachzucht.

Haltung und Zucht: *L. n. kuhlmanni* ist eine sehr aktive und attraktive Erdleguan-Art. Die Tiere lassen sich am besten paarweise pflegen, können aber auch problemlos mit anderen Arten, z.B. *L. nitidus,* einer Art, mit der sie auch in der

Liolaemus nigroviridis campanae

Natur gemeinsam vorkommen, vergesellschaftet werden. Im Laufe einer Fortpflanzungsperiode legen die Weibchen mehrmals 2 bis 3 Eier, deren Zeitigung allerdings noch nicht gelungen ist.
Futter: Kleine und mittlere Grillen und Heimchen, kleine Wanderheuschrecken, Wachsmotten und deren Raupen, kleine Schaben, Obst, Blüten, Salat.

Liolaemus nigroviridis campanae
Hellmich, 1950
Verbreitung: Chile.
Lebensraum: Es handelt sich um eine Montanform, die die Hochanden in einer Höhe von 1800 bis 2400 m bewohnt.
Größe: Bis ca. 20 cm.
Kennzeichen: *L. n. campanae* ist eine schlanke, etwa mittelgroße Erdleguan-Art. Vom Schädel her den Rücken hinunter zeigen die Tiere eine dunkle, fast schwarze Färbung, die sich zu den Seiten und zum Schwanz hin immer mehr mit hellgrünen Flecken durchsetzt, bis der Schwanz und die Extremitäten nur noch die grüne Färbung zeigen. Allerdings variiert die Färbung bei dieser Form sehr stark. Die Grundfärbung der Weibchen ist eher braun als schwarz.
Terrarium: Typ VI.
Die Rück- und Seitenwände sollten mit Steinplatten zum Klettern dicht beklebt

Liolaemus nigroviridis nigroviridis

sein. Als Einrichtung dienen Felsimitationen, Kletteräste und einige hartblättrige Pflanzen. Die Temperaturen sollten am Tage etwa 23 °C betragen, lokal allerdings etwa 40 °C. Eine Nachtabsenkung von 10 °C sowie eine mehrmonatige Winterruhe sind unbedingt erforderlich.
Haltung und Zucht: *L. n. campanae* ist eine sehr hübsch gefärbte, interessante Leguan-Art. Erst am späten Vormittag, wenn das Terrarium sich erwärmt hat, verlassen die Tiere ihr Versteck und nehmen erst einmal ein »Sonnenbad« unter dem Strahler. Anschließend durchstreifen sie aufmerksam auf der Suche nach Futter das Terrarium. Die Art ist lebendgebärend. Über eine gelungene Zucht im Terrarium ist noch nichts bekannt geworden.
Futter: Kleine Grillen und Heimchen, Wachsmotten und deren Raupen, kleine Wanderheuschrecken, kleine Schaben, Obst, Blüten und Salat.

Liolaemus nigroviridis nigroviridis
Müller & Hellmich, 1932
Verbreitung: Chile.
Lebensraum: Die Art bewohnt die Santiaguiner Hochkordillere und dort spärlich bewachsene Schutthänge und felsiges Gelände. Oberhalb von 2400 m findet man diese Echsen nicht mehr.

Größe: Bis ca. 20 cm.
Kennzeichen: Die Art besitzt einen kräftigen Körperbau. Die Grundfärbung besteht aus einem dunkelblauen oder schwarzen Farbton. Darauf zeigen die Leguane im Rücken- und Schwanzbereich eine aus hellen, weißen bis türkisfarbenen Flecken bestehende Zeichnung, die an den Seiten einen kräftigen Gelbton und an der Schädelseite einen Rotton aufweist.
Terrarium: Typ V oder VI.
Geeignet sind Felsterrarien, da es sich um eine sehr lebhafte, gerne kletternde Erdleguan-Art handelt. Die Einrichtung sollte aus einer ca. 5 cm hohen Sandschicht und einigen Felsaufbauten bestehen. Mit Hilfe einiger Sukkulenten läßt sich das Terrarium sehr dekorativ einrichten. Die Temperaturen sollten am Tage etwa bei 23 °C liegen, lokal muß eine Wärmequelle, unter der sich die Tiere bis auf 45 °C erwärmen können, vorhanden sein. Sehr wichtig ist eine ausreichende Nachtabsenkung von mindestens 10 °C und eine etwa zweimonatige Winterruhe.
Haltung und Zucht: *L. n. nigroviridis* ist eine sehr attraktive Leguan-Art, da es sich um sehr hübsche, lebhafte Tiere handelt, die nach einer kurzen Eingewöhnungsphase schnell ihr natürliches Verhalten zeigen. Über die Fortpflanzung dieser Art ist bis heute nichts bekannt geworden.
Futter: Kleine bis mittlere Grillen und Heimchen, Wachsmotten und deren Raupen, Mehlwürmer, selten Blüten und Blätter.

Liolaemus nitidus (Wiegmann, 1835)
Verbreitung: Chile.
Lebensraum: Die Art ist ein typischer Bodenbewohner in Zentralchile. Sie geht dabei bis in eine Höhe von 2100 m. Als Kulturfolger findet man sie besonders häufig in Gärten und an Feldrändern. Sie liebt gut besonntes, steiniges Gelände.
Größe: Bis ca. 28 cm.
Kennzeichen: *L. nitidus* gehört zu den großen Erdleguan-Arten. Von der nächsten verwandten Art *L. chiliensis* unterscheidet sie sich durch die meist dunkelgestreifte Kehle. Die Art weist einen stark gedrungenen Körperbau auf. Die Schuppen des Nackens und des Rückens sind groß, mit einem kurzen Dorn versehen und leicht abstehend, so daß sich der Leguan leicht strohig anfühlt.

Das Farbkleid der am häufigsten importierten Form erinnert an eine abwechselnd dunkle und helle Streifenzeichnung, wobei der helle Farbton zu den Seiten hin immer gelber wird. Nur die Männchen zeigen an den Bauchrändern einen roten Farbton. Leider haben sich innerhalb des riesigen Verbreitungsgebietes zahllose Farbvarianten herausgebildet.
Terrarium: Typ VI.

Liolaemus nitidus

Der Bodengrund sollte aus einer 5 cm hohen Sandschicht bestehen. Die Einrichtung kann aus flachen Felsimitationen, einigen Kletterästen und eingetopften hartblättrigen Rankpflanzen bestehen.

Die Temperaturen sollten am Tage etwa bei 28 °C liegen, wobei natürlich lokal eine noch wärmere Stelle angeboten werden muß. Ebenso notwendig ist eine Nachtabsenkung um mindestens 10 °C und eine zweimonatige Winterruhe. Einmal täglich muß das ganze Terrarium überbraust werden.

Haltung und Zucht: *L. nitidus* ist eine recht zutrauliche und aufmerksame Leguan-Art. In der Natur legen die Weibchen ihr aus 5 bis 6 Eiern bestehendes Gelege im Oktober ab.

Futter: Grillen und Heimchen, Schaben, Wanderheuschrecken, Larven des Großen Schwarzkäfers, Wachsmotten und deren Raupen, Mehlwürmer.

Liolaemus pictus pictus
(Dumeril & Bibron, 1848)

Verbreitung: Chile.

Lebensraum: Die Art bewohnt nur die Urwaldregionen Südchiles. Dort lebt sie entlang der Urwaldränder, wobei sie gerne und viel klettert.

Größe: Bis ca. 20 cm.

Liolaemus pictus pictus

Kennzeichen: Bei *L. p. pictus* handelt es sich um eine recht schlanke, mittelgroße Erdleguan-Art. Der Rücken und die Schwanzoberseite weisen ein rindenartiges braunes, mit weißen Pünktchen durchsetztes Muster auf. An den Seiten zeigen die Tiere eine schwarze Zickzacklinie als Abgrenzung zum grünen Bauch. Die Weibchen zeigen häufig ein grob strukturiertes Muster und eine dunklere Gesamtfärbung.

Terrarium: Typ III.

Die Einrichtung sollte aus zahlreichen knorrigen Kletterästen und einer üppigen Bepflanzung bestehen. Während des Sommers müssen die Temperaturen tagsüber etwa 25 bis 28 °C betragen, ferner muß immer ein Strahler, unter dem sich die Tiere noch weiter aufwärmen können, vorhanden sein. Eine Nachtabsenkung um etwa 8 °C ist völlig ausreichend. Zur Überwinterung reicht ein Absenken der Temperaturen auf ca. 18 bis 20 °C für zwei Monate. Ein- bis zweimal täglich wird das Terrarium überbraust.

Haltung und Zucht: *L. p. pictus* ist eine gut haltbare Erdleguan-Art. Bereits kurz nach Beendigung der Winterruhe verpaaren sich die Tiere und etwa 3 Monate später bringen die Weibchen bis zu 12 lebende Nachzuchten zur Welt. Die Aufzucht sollte in kleinen Gruppen von im-

mer gleichgroßen Tieren erfolgen. Da die Tiere unterschiedlich schnell wachsen, ist die Gruppenzusammensetzung häufig zu ändern. Nach spätestens einem Jahr sind die Tiere geschlechtsreif.
Futter: Grillen und Heimchen, Wachsmotten und deren Raupen, Mehlwürmer, Fliegen, *Drosophila,* Regenwürmer, Ameisen.

Liolaemus platei platei (Werner, 1898)
Verbreitung: Chile.
Lebensraum: Die Art bewohnt den nördlichen Teil von Zentralchile. Es handelt sich um einen Bodenbewohner, der felsiges Gelände bevorzugt. Typische Biotope sind Schutthalden, Sträucher am Rande von Sandflächen, aber auch Gartenzäune und Lehmmauern.
Größe: Bis ca. 17 cm.
Kennzeichen: Es handelt sich um eine kleinere Erdleguan-Art. Die Färbung ist sehr variabel. Sie besteht häufig auf der Oberseite aus einer hellbraunen gelblichen Grundfärbung mit kleineren, unregelmäßig verstreuten schwarzen Flekken.
Terrarium: Typ VI.
Die Einrichtung sollte aus einer ca. 5 cm hohen Bodenschicht, einigen Felsaufbauten, Kletterästen und einer aufgelokkerten Bepflanzung bestehen. Die Temperaturen müssen am Tage etwa bei 25 °C liegen und nachts um mindestens 10 °C abfallen. Ein Strahler, unter dem sich die Tiere noch stärker erwärmen können, gehört ebenfalls zur selbstverständlichen Einrichtung. Eine wenigstens zweimonatige Winterruhe ist dem Wohlbefinden der Tiere sehr zuträglich. Einmal täglich muß das gesamte Terrarium überbraust werden.
Haltung und Zucht: *L. p. platei* ist eine anspruchslose Art. Unter den beschriebenen Bedingungen lassen sich die Tiere leicht pflegen. Die Art gehört zu den eierlegenden Formen.
Futter: Kleine und mittlere Grillen und Heimchen, Wachsmotten und deren Raupen, Mehlwürmer.

Phymaturus Gravenhorst, 1838

Von dieser Gattung ist bis heute nur eine Art aus den Hochanden Chiles bekannt geworden.

Phymaturus palluma (Molina, 1782)
Verbreitung: Chile.
Lebensraum: Die Art bewohnt nur die Hochanden, etwa bis Patagonien, in den Höhenlagen von 3000 bis 4000 m. Der Leguan ist ein ausgesprochener Felsbewohner, er wird teilweise direkt an der Schneegrenze gefunden.
Größe: Bis ca. 22 cm.
Kennzeichen: Dieser Hochgebirgsleguan besitzt einen abgeflachten gedrungenen Körperbau, der Schwanz ist mit dorni-

gen Wirtelschuppen besetzt. Die Tiere weisen meist eine dunkle, uniforme Braunfärbung auf, die durch dunkle Flecken aufgelockert sein kann. Nur sehr selten sieht man grünliche oder rötliche Farbtöne.

Terrarium: Typ V.

P. palluma benötigt ein etwa 50 × 70 × 50 cm (Länge × Tiefe × Höhe) großes Terrarium, dessen Rück- und Seitenwände mit Steinplatten beklebt sein müssen. Einige Steine am Boden sowie eine Bepflanzung aus Moosen und Sukkulenten vervollständigen die Einrichtung. Die Temperaturen sollten möglichst niedrig sein und auch im Sommer nicht auf über 20 °C ansteigen. Zusätzlich muß dem Leguan die Gelegenheit geboten werden, sich durch Strahlungswärme erheblich über die Umgebungstemperatur zu erwärmen. Eine Nachtabsenkung und eine mindestens zweimonatige kühlere Haltung sind unbedingt erforderlich. Das Terrarium muß zweimal täglich überbraust werden.

Haltung und Zucht: Selbst unter den oben beschriebenen Bedingungen ist eine Haltung problematisch, wie auch immer in der Literatur angegeben. Denn wer kann schon seinen Tieren ein Terrarium mit diesen klimatischen Bedingungen anbieten.

P. palluma gewöhnt sich recht schnell ein und ist dann ein aufmerksamer Terrarienpflegling. Über eine echte Nachzucht im Terrarium ist nichts bekannt. Wiederholt haben trächtig importierte Weibchen lebende Junge im Terrarium geboren.

Phymaturus palluma

Futter: Vegetarische Kost, gerne Salat und Blüten, selten Heimchen, Wachsmotten und deren Raupen und Mehlwürmer.

Plica Gray, 1831

Bisher wurden 2 Arten, *Plica plica* und *Plica umbra* beschrieben. Eine dritte Art wird wohl in der nächsten Zeit der Wissenschaft zugeführt (vgl. Mägdefrau & Schlüter 1991). Während es sich bei den bisher bekannten Arten um rein arboricol lebende Tiere handelt, scheint es sich bei *Plica* spec. um eine an Felsen lebende Art zu handeln. Die Vorliebe für Amei-

Plica plica

sen ist nicht lebensnotwendig, so daß die Tiere auch ohne diese ernährt werden können. Wer die Möglichkeit besitzt, Ameisen zu füttern, sollte diese allerdings immer wieder zwischendurch anbieten. Alle Arten leben in den tropischen Regenwäldern des nordöstlichen Südamerika, in Trinidad und Grenada.

Plica plica (Linnaeus, 1758)
Verbreitung: Nördliches Südamerika von Bolivien bis Brasilien, Trinidad und Grenada.
Lebensraum: Die Bäume der tropischen Regenwälder, vor allem der untere Stammbereich.
Größe: Bis ca. 40 cm, Weibchen kleiner.
Kennzeichen: Der Körper ist sehr abgeflacht und im Nacken sowie am Hals befinden sich stachelartige Hautfortsätze. Ein kleiner Kamm zieht sich vom Nacken bis zum Schwanz. Am Hals besitzen die Tiere Hautfalten, die bei Erregung einen kleinen stacheligen Saum bilden. Die Grundfarbe ist ein schmutziges Grün mit dunklen Flecken, die am Hals zu einem Band verschmelzen können. Die Extremitäten haben eine leichte Bänderzeichnung.
Terrarium: Typ I oder II.
Es sollten einige armdicke Äste senkrecht, andere leicht schräg ins Terrarium eingebracht werden. Eine dichte Bepflanzung kann vorhanden sein, dabei müssen die Äste aber frei bleiben. Eine Mindesthöhe von 1 m sollte nicht unterschritten werden. Eine jahreszeitliche Temperaturschwankung ist nicht nötig. Da die Tiere auch keine direkte Sonneneinstrahlung mögen, kann auf Strahler

verzichtet werden. Ein Temperaturbereich von 25 bis 28 °C sollte eingehalten werden. Die Luftfeuchtigkeit liegt tagsüber bei 75 % und steigt in der Nacht auf 100 % an. Eine Sprüh- bzw. Nebelanlage wäre angebracht.
Haltung und Zucht: Es sollte nur eine paarweise Haltung erfolgen. Die Männchen imponieren sich zwar permanent, aber es kommt nicht zu Beißereien. Eingewöhnte Tiere sind in der Haltung nicht schwierig, jedoch ist die Zucht bisher nur in Ausnahmefällen gelungen. Bei der Paarung wird das Weibchen vom Männchen durch einen Paarungsbiß gehalten. Das Gelege, in der Regel 3 Eier mit der Größe 32 × 35 mm, wird am Boden in einer Grube vergraben. Eine Zeitigung in einem Inkubator ist sinnvoll. Die Eier werden in leicht feuchtem Perlite bei tagsüber 30 °C und nachts bei 25 °C gezeitigt. Nach über 80 Tagen schlüpfen die Jungtiere. Eine Versorgung mit Vitaminen und Mineralstoffen und abwechselungsreichem Futter ist sehr wichtig. Hin und wieder sollten einige Ameisen angeboten werden.
Futter: Grillen und Heimchen, Wachsmotten und deren Raupen, wenn möglich Ameisen.

Plica umbra (Linnaeus, 1758)
Verbreitung: Nördl. Südamerika, Guyana, Surinam und der Nordosten von Brasilien.
Lebensraum: Wie *Plica plica,* auch außerhalb von Waldgebieten anzutreffen.
Größe: Bis ca. 30 cm, Weibchen kleiner.
Kennzeichen: Die Grundfärbung ist grün mit dunklen Flecken über dem gesamten Körper. Der Kopf ist hellgrau abgesetzt. Am Hals befindet sich ein fast schwarzes Halsband. Die Kehle der Männchen kann gelb bis rot gefärbt sein.
Terrarium: Typ I oder II.
Auch diese Art sollte nur in großen, nicht unter 1 m hohen Terrarien gepflegt werden (s. *Plica plica*).
Haltung und Zucht: Die Haltung entspricht der von *Plica plica.* Über Zuchterfolge ist bisher nichts bekannt.
Futter: Siehe *Plica plica.*

Tropidurus Wied, 1824

Die Gattung der Kielschwanzleguane ist in ganz Südamerika, von Kolumbien bis Chile, sowie auf Galapagos (hier alleine mit 8 Arten) beheimatet. Die Tiere weisen in der Regel einen abgeflachten Körperbau und eine kurzstachelige Körperbeschuppung auf. Die meisten Arten sind Bewohner trockener und sonniger Biotope.

Tropidurus melanopleurus pictus (Müller, 1924)
Verbreitung: Süden Perus bis Bolivien.
Lebensraum: Die Art lebt in den östli-

Tropidurus torquatus

chen Wäldern der Anden. Die Tiere werden zwischen Felsen und an Bäumen beim Sonnenbaden gefunden.
Größe: Bis ca. 37 cm, Weibchen kleiner.
Kennzeichen: Bei der Art handelt es sich um sehr ansprechend gefärbte Tiere mit einem so großen geschlechtlichen Farbdimorphismus, daß früher einmal die Männchen und die Weibchen für jeweils eine eigene Art gehalten wurden. Die Männchen weisen eine helle graue, beige bis gelbe Grundfärbung mit weißen regelmäßigen Punkten und einem schwarzen Halsband auf. Die Weibchen sind in der Regel eher farblos einfach grau oder braun gefärbt mit einem dunklen dickeren Mittelstreifen. Nur während der Trächtigkeit zeigen sie orangene Flankenflecken. Die Rückenbeschuppung besteht aus kleinen Schuppen mit stumpfem Kiel, der Nacken- und Rückenkamm ist nur schwach angedeutet und bei den Männchen etwa 1 mm höher.
Terrarium: Typ VI.
Die Rück- und Seitenwände müssen mit dünnen Steinplatten oder Rindenabschwarten beklebt werden, in die einzelne, waagerecht hervorstehende Platten als Ruhe- und Aussichtsplätze eingearbeitet werden. Eine aufgelockerte Bepflanzung aus robusten Sukkulenten sowie einige dickere Äste runden die Terrarieneinrichtung ab. Die Temperaturen müssen den Lauf der Jahreszeiten widerspiegeln. So sollten sie im Sommer tagsüber bei 35 °C und im Winter bei 25 °C liegen. Lokal sind noch wärmere Stellen erforderlich. Das ganze Terrarium wird einmal morgens kurz überbraust.
Haltung und Zucht: Entsprechend den Jahreszeiten legen die Leguane eine aktive Phase im Sommer ein, während der sie sich auch fortpflanzen, und eine zurückgezogene Phase im Winter. Pro Jahr legen die Weibchen 2 Gelege mit je 2

Eiern in einem sorgfältig gegrabenen Gang an. Die Eier müssen sofort aus dem Terrarium entnommen werden und in einer dicht schließenden, mit leicht feuchtem Vermiculite gefüllten Plastikdose gezeitigt werden. Die Inkubationsdauer beträgt 150 bis 170 Tage. Während dieser Zeit müssen die Temperaturen wie folgt variiert werden: die ersten 30 Tage 27 bis 30 °C, dann 3 Monate bei 20 °C und dann wieder 27 bis 30 °C bis zum Schlupf (mündl. Mitt. Schuhmacher). Im Alter von etwa 2 Jahren erreichen die Nachzuchten die Geschlechtsreife.
Futter: Nur kleine Insekten, Essigfliegen, Stubenfliegen, Mehlwürmer, kleine Grillen und Heimchen (8 bis 10 mm), Wachsraupen.

Tropidurus torquatus (Wied, 1820)
Verbreitung: Brasilien, Guyana-Schild.
Lebensraum: *T. torquatus* ist ein typischer Waldrandbewohner. Man findet die Tiere an Baumstämmen, an Felsen und auf dem Boden, selbst die Kulturlandschaft wird nicht gemieden. Lediglich geschlossene Waldgebiete werden von dieser Art nicht bewohnt.
Größe: Bis ca. 28 cm.
Kennzeichen: Die Grundfärbung besteht aus verschiedenen Braun- und Grüntönen (je nach Herkunft). Hierauf kann sich ein variables Zeichenmuster aus verschiedenen Punkten und Streifen befinden.
Terrarium: Typ VI.
Die Rück- und Seitenwände sollten mit dickeren Korkplatten oder Rindenabschwarten verkleidet sein, die den Tieren ein problemloses Klettern ermöglichen. Eine üppige Bepflanzung aus robusten Rankpflanzen sowie einige dickere Äste ergänzen die Einrichtung. Die Temperaturen sollten ganzjährig am Tage bei etwa 30 °C liegen, lokal noch etwas wärmer. Zweimal täglich wird das gesamte Terrarium überbraust.
Haltung und Zucht: *T. torquatus* ist ein sehr lebhafter Terrarienpflegling, entsprechend groß sollte der Behälter ausgewählt sein. Die Art pflegt man am besten paarweise oder in einer kleinen Gruppe, bestehend aus einem Männchen mit mehreren Weibchen.

Zwei- bis dreimal im Jahr legen die Weibchen ihre 6 bis 12 Eier umfassende Gelege am Ende eines selbst gegrabenen Ganges ab. Bei der Suche nach einem geeigneten Eiablageplatz werden wärmere Orte eindeutig bevorzugt. Die Eier werden sofort aus dem Terrarium entnommen und separat gezeitigt. Bei Temperaturen um 28 °C schlüpfen die ca. 5 cm großen Jungtiere nach etwa 150 Tagen. Die Aufzucht ist unproblematisch und sollte in kleinen Gruppen erfolgen. Nach ca. 1½ Jahren sind die Tiere geschlechtsreif.
Futter: Grillen und Heimchen, Wachsmotten und deren Raupen, Mehlmotten.

Literatur

Angel, F. (1942): Les Lezards de Madagascar. Memoires de L'academie, Malgache XXXVI.

Anonymus (1992): In memoriam Rainer Hagmann Fachgebiet Großiguaniden. Iguana-AG, Hanau.

Baur, B. (1973): Pflege und Zucht der Wüstenkrötenechse *Phrynosoma platyrhinos.* Salamandra, Bonn, 9(3/4): 145–159.

– (1979): Pflege und Zucht der Riesenkrötenechse *Phrynosoma asio.* Salamandra, Bonn, 15(1): 1–12.

– (1986): Die Felsenkrötenechse. herpetofauna, Weinstadt, 8(40): 27.

– (1987): Kurzhorn-Krötenechsen Teil 1. Das Aquarium, Nr. 217: 421–426.

Bech, R. (1985): Zur Problematik *Tropidurus* spez. elaphe, 7(3): 43–44.

– (1986): Zur Haltung und Vermehrung von Ritteranolis im Terrarium. Aquarien Terrarien, Urania Verlag, Leipzig, 1/86: 20–22.

– & U. Kaden (1990): Echsen. Urania Verlag, Leipzig, Jena, Berlin.

Behler, J.L. & F.W. Kinge (1979): The Audubon Society Field to North American Reptiles and Amphibians. Alfred A. Knopf, New York.

Bellairs, A. (1971): Die Reptilien. Editions Recontre, Lausanne, 390–767.

Blair, H.S. (1989): Supplement to West Indian Amphibians and Reptiles: A Check-List.- Milwaukee Public Mus.

Böhme, W. (1975): Indizien für natürliche Parthenogenese beim Helmbasilisken, *Basiliscus basiliscus.* Salamandra, Frankfurt 11(2): 77–83.

– (1982): Ein neues Chamäleon aus Tansania, mit Bemerkungen über Mimese bei Echsen. Bonn, zool. Beitr. 33, Heft 2–4: 349–361.

– (1990): Buchbesprechung. Zeitschrift für zoologische Systematik und Evolutionsforschung, 28(4): 315–316.

– , R. Hutterer & W. Bings (1985): Die Stimme der Lacertidae, speziell der Kanareneidechse. Salamandra, Bonn, 36(3/4): 337–354.

Bosch, H. (1991): Wirtelschwanzleguane im Löbbecke-Museum. DATZ 1/91: 29–31.

– & W. Frank (1983): Häufige Erkrankungen bei im Terrarium gehaltenen Amphibien und Reptilien. Salamandra, Bonn, 19(1/2): 29–54.

– & H. Werning (1991): Leguane. Terrarien-Bibliothek, Münster.

Boylan, T. (1985): Captive management of a population of Rhinoceros Iguanas, *Cyclura cornata cornata,* at Taronga Zoo, Sydney. In: Biology of Australien Frogs and Reptiles. Ed. by Grigg. G. et al. Royal Society of New South Wales, 491–494.

Broer, W. & H.G. Horn (1985): Erfahrungen bei Verwendung eines Motorbrüters zur Zeitigung von Reptilieneiern. Salamandra, Bonn, 21 (4): 304–310.

Burghardt, G.M. & A.St. Rand (Hrsg.) (1982): Iguanas of the World. Neyes Publications, Park Ridge, New Jersey.

Cannatella, D.C. & K. De Queiron (1989): Phylogenetic Systematic of the *Anolis.* Is a new Taxonomy Warrented? Uni. of California, Syst. Zool., 38(1): 57–69.

Carpenter, C.C. (1967): Aggression and social structure in Iguanid Lizards. In Lizard Ecology: A Symposium. University of Missouri at Kansas City 165.

Cei, J.M. (1974): Revision of the Patagonian Iguanids of the *Liolaemus elongatus* Complex. Journ. of herp. 8 (3).

Cole, C.J. (1971): Karyotypes of the five monotypic species groups of lizards in the genus *Sceloporus.* Amer. Mus. Novitat. Nr. 2450: 1–17.

Cowles, R.B. & C.M. Bogert (1974): A Preliminary Study of the Thermal Requirements of Desert Reptiles. American Museum of Natural History, New York.

Conant, R. (1975): A Field Guide to Reptiles and Amphibians, Eastern und Central North America, 2. Aufl. Roughton Mifflin Comp. Boston.

Cuellar, O. (1966): Oviducial anatomy and sperm storage structures in lizards. J. Mophol. 119: 7–20.

Curio E. & H. Mobius (1978): Versuche zum Nachweis eines Riechvermögens bei *Anolis l. lineatopus.* Z. Tierpsychol., 47: 281–292.

Duelmann, W.E. (1978): The Biology of an Equatorial Herptofauna in Amazonian Ecuador. Miscellaneous Publ. 65, University of Kansas, Lawrence.

Dugan, B.A. (1982): The mating behavior of the green iguana, *Iguana iguana.* In Iguanas of the world: 320–341.

Eibl-Eibesfeldt, I. (1955): Der Kommentkampf der Meeresechsen *(Amblyrhynchus cristatus)* nebst einigen Notizen zur Biologie dieser Art. Z. Tierspsych. 12: 49–62.

– (1966a): Das Verteidigen der Eiablageplätze bei der Hood-Meeresechse. Z. Tierspsych. 23: 627–631.

– (1966b): Beobachtungen über das innerartliche Kampfverhalten der Kielschwanzleguane *(Tropidurus)* des Galapagos-Archipels. Z. Tierspsych. 23: 42–44.

Eickhoff, H.P. & M. Heising (1991): Zur Haltung des chilenischen Kielschwanzleguans *Tropidurus atacamensis.* herpetofauna, Weinstadt, 72: 6–10.

Fläschendräger, A. (1986): Zur Haltung und Nachzucht von kleinen *Anolis*-Arten. elaphe, 8(2): 21–25.

– (1988a): *Anolis bartschi.* Bemerkungen zu Haltung, Verhalten und Nachzucht. herpetofauna, Weinstadt, 55: 26–29.

– (1988b): *Anolis luciae* im Terrarium. elaphe, 10(4): 71–72.

– (1990): Erfahrungen bei der Haltung und Vermehrung kleiner *Anolis*-Arten. elaphe, 12 (2): 21–23

– (1992): Zur Kenntnis des mittelamerikanischen Wasseranolis *Anolis oxylophus,* Cope 1975. herpetofauna, Weinstadt, 14(77): 27–32.

Fox, W. (1963): Special tubules for sperm storage in female lizards. Nature, London, 198: 500–501.

Frenzel, P. (1987): Erfolgreiche Nachzucht von *Liolaemus tenuis,* einen selten gepflegten Erdleguan aus Chile. Sauria, Berlin, 9(1): 9–12.

Friederich, U. & W. Volland (1992): Futtertierzucht. Verlag Eugen Ulmer, Stuttgart, 2. Aufl.

Frost, D. R. & R. Etheridge (1989): A Phylogenetic Analysis and Taxonomy of Iguanian Lizards (Reptilia: Squamata). Univ. Kansas Museum Nat. Hist. Misc. Publications No. 81.

Gasc, J.-P. (1990): Les Lezards de Guyane.- Chabaud, Paris.

Gorman, G.C. (1968): The Relationships of *Anolis* of the Roquet Species Group (Saura: Iguanidae)-III: Comparative study of display behavior. Breviora Museum of Comparative Zoology, Cambridge, Mass., 5. April 1968, number 284.

Groves, J.D. (1971): Cannibalism in a Captive *Sceloporus undulatus hyacinthimus.* J. of Herptology 5(3–4): 205.

Häussler, F. (1988): Zur Haltung und Nachzucht des Stelzenläuferleguans *Plica plica.* Sauria, Berlin, 10(1): 13–16.

Hellmich, W. (1934): Die Eidechsen Chiles, insbesondere die Gattung *Liolaemus.* Abhandlungen der Bayerischen Akademie der Wissenschaften Nr. 24, München.

– (1950): Die Eidechsen der Ausbeute Schröder. Veröffentlichungen der zool. Staatssammlung München, München.

– (1960): Die Sauria des Gran Chaco und seiner Randgebiete. Bay. Akademie der Wis., Heft 101.

Henderson, R. W. & A. Schwartz (1984): A guide to the identification of the amphibians and reptiles of Hispaniola. Pu. Spezial Publ. Biol. Geol. No. 4, Milwaukee, Public Museum: 1–70.

Henkel, F.W. & W. Schmidt (1991): Geckos. Ulmer Verlag, Stuttgart.

– (1995): Farbatlas der Amphibien und Reptilien Madagaskars, der Komoren, der Seychellen und der Maskarenen. Ulmer Verlag (in Vorbereitung).

Heselhaus, R. & M. Schmidt (1990): Karibische *Anolis.* Terrarien-Bibliothek, Münster.

Hiller, U. (1968): Untersuchungen zum Feinbau und zur Funktion der Haftborsten von Reptilien. Z. Morph. Tiere, 62: 307–362.

Hoogmoed, M.S. (1973): Notes on the Herpetofauna of Surinam IV, The Lizards and Amphibians of Surinam. Junk, Den Haag.

Hottmar, V. (1991): Zur Erstnachzucht von *Chamaeleolis barbatus* im Terrarium mit einer Übersicht über die Gattung *Chamaeleolis* auf Kuba. herpetofauna, Weinstadt, 13(73): 29–33..

Ippen, R., H.D. Schröder und K. Elze (1985): Handbuch der Zootierkrankheiten, Band 1 Reptilien. Akademie Verlag, Berlin.

Isenbügel, E. und W. Frank (1985): Heimtierkrankheiten. Ulmer Verlag, Stuttgart.

Jes H. (1987): Echsen als Terrarientiere. GU, München.

Kästle, W. (1967): Zur Ethologie des Anden-Anolis *Phenacosaurus richteri.* Z. f. Tierspsychol. Bd. 22(7): 751–769.

– (1972): Echsen im Terrarium. Franckh'sche Verlagshandlung, Stuttgart.

– (1980): Die Leguane, in: Grzimeks Tierleben, Kriechtiere. dtv, München.

Klingelhöffer, W. (1957): Terrarienkunde III, Echsen. Alfred Kernen Verlag, Stuttgart.
Köhler, G. (1988a): Der kleine Tip: Frischfutter aus dem »Bio-Snacky«. Sauria, Berlin, 10 (1): 24.
- (1988): *Iguana iguana.* Sauria, Berlin, 10 (3): 115–118.
- (1991): *Ctenosaura similis.* Sauria, Berlin, Suppl. 13: 1–4.
- (1992a): Artgerechte Ernährung und ernährungsbedingte Erkrankungen des Grünen Leguans, *Iguana iguana* (Linnaeus 1759). Sauria, Berlin, 13(1): 3–8.
- (1992b): Der Grüne Leguan. Eigenverlag, Hanau.
Kunik, C. (1990): Beobachtungen zum Sozial- und Fortpflanzungsverhalten bei Nashornleguanen *(Cyclura cornuta)* im Fankfurter Zoo. Dipl. Arbeit.
Lamborot, M. & N. F. Diaz (1987): A New Species of *Pristidactylus* (Sauria: Iguanidae) from Central Chile and Comments on the Speciation in the Genus. J. of Herp., Vol. 21, No. 1: 29-37.
Lang, M. (1989): Phylogenetic and Biographic Patterns of Basiliscine Iguanians. Bonner Zool. Nonog. Nr. 28.
Lazell, J. D. (1962): Geographic differentation in *Anolis oculatus* on Dominica. In: The Anoles of the Eastern Carribean (Sauria, Iguanidae), Part V. Bull. Mus. Comp. Zool., Harvard Univ., 127(9): 451–478.
- (1964): The *Anoles* (Sauria-Iguanidae) of the Goudelpoupeen Achipelago. Bull. Mus. Comp. Zool., Harvard Univ., 131(11): 359–401.
- (1972): The *Anoles* of the Lesser Antilles. Bull. Mus. Comp. Zoo., 143(1): 1–115.
- (1973): The Lizard Genus *Iguana* in the Lesser Antilles. Bulletin of the Museum of Comparative Zoology, 145(1): 1–28.
Mägdefrau, H., K. Mägdefrau & A. Schlüter (1991): Herpetologische Daten von Guaipuinima-Tepui, Venezuela. herpetofauna, Weinstadt.
Manthey, U. (1984a): 9 Jahre *Anolis*-Zucht, Teil I. Sauria, Berlin, 6(2): 31–34.
- (1984b): 9 Jahre *Anolis*-Zucht, Teil II. Sauria, Berlin, 6(3): 23–27.
- (1984c): 9 Jahre *Anolis*-Zucht, Teil III. Sauria, Berlin, 6(4): 9–14.
Marx, H. (1966): An Aquatic Marvel The Basilisk.- Bull. Field Mus. Hist. 37(5): 11–12.
Matz, G. u. M. Vanderhaege (1980): BLV Terrarienführer. BLV- Verlagsgesellschaft, München, Wien, Zürich.
Meier, H. (1981a): Einige Vertreter der Gattung *Liolaemus,* beobachtet in ihrem Lebensraum und im Terrarium. DATZ, Stuttgart, 34.
- (1981b): Zur Ökologie, Ethologie und Taxonomie einiger Arten der Gattung *Oplurus* auf Madagaskar. Salamandra, Bonn, 17(1/2): 43–54.
- (1982): Leguane aus Madagaskar. herpetofauna, Weinstadt.
Mertens, R. (1946): Die Warn- und Drohreaktion der Reptilien. Abh. senckenb. naturforsch. Ges. 471: 1–108.
- (1952): Die Amphibien und Reptilien von El Salvador. Abhandlungen der Senckenbergischen Naturforschenden Gesellschaft Nr. 487, Frankfurt a. M.
Miller, D.M. u.a. (1982): Amphibians and Reptiles of the Grand Canyon National Park. Grand Canyon Nat. Hist. Ass., Prescott.
Moehn, L. D. (1976): The Effect of Sunlight on a Despotism in the Desert Collared Lizard, *Crotaphytus insularis.* Journ. of Herp. 10(3).
Molle, F. (1961a): 7 Jahre Anoliszucht Erfahrungen und Erkenntnisse. DATZ, Stuttgart, 14: 147–148.
- (1961b): 7 Jahre Anoliszucht – Erfahrungen und Erkenntnisse. DATZ, Stuttgart, 14: 181–183.
- (1961c): 7 Jahre Anoliszucht – Erfahrungen und Erkenntnisse. DATZ, Stuttgart, 14: 214–217.
- (1961d): 7 Jahre Anoliszucht – Erfahrungen und Erkenntnisse. DATZ, Stuttgart, 14: 244–245.
Müller, L. & W. Hellmich (1935): Beiträge zur Kenntnis der Herpetofauna Chiles, IX. über *Liolaemus buergeri.* Zool. Anzeiger 109.
- (1938): *Liolaemus*-Arten aus dem westlichen Argentinien. Zool. Anzeiger 123.
- (1939): *Liolaemus*-Arten aus dem westlichen Argentinien. Zool. Anzeiger 127.
Müller, H. (1983): Beobachtungen bei der Haltung und Zucht von *Basiliscus plumifrons* im Terrarium. herpetofauna, Weinstadt, 26: 17–21.
Müller, M.J. (1983): Klima Handbuch ausgewählter Klimastationen der Erde. Uni. Trier, 347 S.
Nietzke, G. (1978): Die Terrarientiere Bd. 1. Ulmer Verlag, Stuttgart.
- (1980): Die Terrarientiere Bd. 2, 3. Auflage. Ulmer Verlag, Stuttgart.
- (1984): Fortpflanzung und Zucht der Terrarientiere. Landbuch Verlag, Hannover, 237 S.
Obst, F.J., K. Richter & U. Jacob (1984): Lexikon der Terraristik und Herpetologie. Landbuch Verlag, Hannover.

Oostveen, H. (1974): *Corytophanes cristatus* in der Natur und im Terrarium. DATZ, Stuttgart, 27(3).
Ortiz, J.C. (1974): Reptiles Del Parque Nacional »Vicente Perez Rosales«. Anales del Museo de Hist. nat. de Valparaiso, Nr. 7: 317–326.
– (1989): Description de *Liolaemus silvai* sp. nov. (Sauria, Iguanidae) du »Norte Chico« du Chili. Bull. Mus. natn. Hist. nat., Paris, 4 ser., 11: 247–252.
– & G.M. Riveros (1976): Habitos Alimenticios de *Liolaemus nigromaculatus kuhlmanni,* Müller & Hellmich. Anales del Museo de Hist. nat. de Valparaiso, Nr. 9: 131–140.
– & S. Zunino (1976): Ciclo Reproductor de *Liolaemus nigromaculatus kuhlmanni.* Anales del Museo de Hist. nat. de Valparaiso, Nr. 9: 127–130.
Parker, H.W. u. A. Bellairs (1972): Die Amphibien und die Reptilien. Editions Rencontre, Lausanne.
Perron, S. (1974): Erfolgreiche Haltung und Nachzucht von *Basiliscus basilicus* und *Basiliscus plumifrons.* Salamandra, Bonn, 10(2): 61–65.
Peters, G. (1970): Zur Taxonomie und Zoogeographie der kubanischen anolischen Eidechsen. Mitt. Zool. Museum Berlin, Band 46(1).
Peters, J. A. (1986): Catalogue of the Neotropical Squamata. Smithsonian Inst. Press, Washington, D. C.
Petzold, H. G. (1982): Aufgaben und Probleme bei der Erforschung der Lebensäußerungen der Niederen Ammionten (Reptilien). Berliner Tierpark Buch Nr. 38, Nachdruck aus Milu Bd. 5 (4/5): 485–786.
Philippen, H. D. (1989): Neue Erkenntnisse bei der »temperaturabhängigen Geschlechterfixierung«. herpetofauna, Weinstadt, 11 (61): 20–22.
Podloucky, R. (1987): Das neue Artenschutzrecht und seine Folgen für die Amphibien- und Reptilienhaltung. herpetofauna, Weinstadt, 9 (50) 50: 9–16.
Rand, A. S. & H. W. Green (1982): Latitude and climate in the phenology of reproduction in the green iguana, *Iquana iguana.* In: Iguanas of the world: 142–149.
Ravet, J. (1948): Atlas climatographique de Madagascar. Publ. Serv. Meteorologique Madagascar, Antananarivo, 10.
Rensch, B. & C. Adrian-Hinsberg (1963): Die visuelle Lernkapazität von Leguanen. Z. Tierpsychologie 20: 34–42.
Rese, R. (1987): *Basiliscus plumifrons.* SAURIA, Berlin, supp. 9 (3).
Rogner, M. (1992): Echsen 1. Ulmer Verlag, Stuttgart.
Rohde, H. (1989): Zur Pflege von *Enyaliosaurus quinquecarinatus.* SAURIA, Berlin, 11 (2): 11–13.
Salwen P. (1990): Galapagos. Karl Müller Verlag, Erlangen.
Savage, J. M. & G. Guyer (1989): Infrageneric classification and species composition of the Anole genera, *Anolis, Ctenonotus, Dactyloa, Norops* and *Semiurus* (Sauris: Iguanidae). Amphibia-Reptilia, 19: 105–116.
Schmidt, J. (1979): Warum eigentlich immer *Anolis carolinensis?* herpetofauna, Weinstadt, 3: 26–29.
– (1980a): Warum eigentlich immer *Anolis carolinensis?* herpetofauna, Weinstadt, 5: 22–25.
– (1980b): Warum eigentlich immer *Anolis carolinensis?* Teil III. herpetofauna, Weinstadt, 8: 24–26.
– (1981): Warum eigentlich immer *Anolis carolinensis?* Teil IV. herpetofauna, Weinstadt, 12: 6–8.
Schmidt, W., F. W. Henkel & W. Böhme (1989): Zur Haltung und Fortpflanzungsbiologie von *Brookesia stumpffi* (Boettger, 1894). Salamandra, Bonn, 25 (1): 14–20.
Schmidt, W., K. Tamm & E. Wallikewitz (1989): Chamäleons, Drachen unserer Zeit. Terrarien-Bibliothek, Münster.
Schneider, H. (1989): »Chuckwalla« Im natürlichen Lebensraum von *Sauromalus obesus.* Das Aquarium, Minden, 235: 43–44.
Schröter, G. (1986): Anfänge der Pflege und Zucht von *Anolis porcatus.* Aquarien Terrarien, Berlin, 12: 411–415.
Schwartz, A. (1978): The Hispaniolan *Anolis* (Reptilia, Lacertilia, Iguanidae) of the hendersoni Complex. J. Herpetol. 12 (3): 355–370.
– & M. Carey (1977): Systematics and Evolution in the West Indian Iguanid Genus *Cyclura.* Studies of the Fauna of Curacao and other Caribean Islands. Vol. L111.
– & R. W. Henderson (1985): A Guide to the Identification of the Amphibians and Reptiles of the West Indies (exclusive of Hispaniola). Milwaukee Public Museum, Milwaukee.
– (1988): West Indian Amphibians and Reptiles: A Check-List. Contributions Biol. Geol. Nu. 74, Milwaukee, Publ. Mus.

Sherbrooke, W. S. (1981): Horned Lizards. Southwest Parks and Monuments Ass., Phoenix.
– (1990): Rain – harvesting in the Lizard, *Phrynosoma cornatum*. J. of Herpetology, Vol. 24, Nr. 3: 302–308.
Smith, H. M. (1946): Handbook of Lizards. Comstock Publ., Ithaca.
Smith, H. M. & E. H. Taylor (1950): An Annotates Checklist of the reptiles of Mexico exclusive of the Snakes. Bull. O S. Nat. Mus. Nr. 199.
Smith, H. M. & A. H. Savitzky (1974): Another Cryptic Associate of the Lizard *Sceloporus formosus* in Guerrero, Mexico. Journ. of Herp., 8 (4).
Smith, H. M. & E. D. Brodie jr. (1982): Reptiles of North America. Golden Press, New York.
Stebbins, R. C. (1985): Western Reptiles and Amphibians. Roughton Mifflin Company, Boston.
Stettler, P. H. (1973): Handbuch der Terrarienkunde. Kosmos Verlag, Stuttgart.
Strahm, M. H. & A. Schwartz (1977): Osteoderms in the Anquid Lizard subfamily Diploglosinae and their Taxanomic Importance. Biotropica, 9 (1): 58–72.
Switak, K. H. (1984): The Life of Desert Reptiles and Amphibians. Karl A. Sitak, San Francisco.
Villa, J., L. D. Wilson & J. D. Johnson (1988): Middle American Herpetology. University of Missouri Press, Columbia.
Vogel, Z. (1965): Hepetologische Beobachtungen auf Kuba. Aquarien Terrarien, Berlin, 12: 234–239.
Vosjoli, P. (1990): Green Iguana. The Herpetocultural Library, Lakeside.
Werner, D. (1977): On the Biology of *Tropidurus delanonis,* Baur. Dissertation der Universität Basel.
Werner, D. J. & T. J. Miller (1984): Artificial nest for female green iguana. Herpetol. Rev. 15 (2): 57–58.
Weygold, P. (1984): *Anolis chrysolepis* im Terrarium. herpetofauna, Weinstadt, 32: 22–26.
Wicker, R. (1991a): Junge Nashornleguane im Exotarium geschlüpft. herpetofauna, Weinstadt, 13 (73): 18–19.
– (1991b): Erstmals blaue Felsenleguane im Exotarium geschlüpft. herpetofauna, Weinstadt, 13 (73): 19.
Williams, E. E. (1962): Species and ecologie. In: The Anoles of the Eastern Carribean (Sauria, Iguanidae), Part VI. Bull. Mus. Comp. Zool., Harvard Univ., 127 (9): 451–478.
– & M. Hecht (1955): »Sunglasses« in the two anoline lizards from Cuba. Science, 122: 691–692.
Zimmermann, E. (1983): Das Züchten von Terrarientieren. Franckh'sche Verlagsbuchhandlung, Stuttgart.

Bildnachweis

Fotos
Lutz Bädermann: Abb. Seite 220
Uwe Bartel: Abb. Seite 122, 128, 170
Dr. Wolfgang Bartmann: Abb. Seite 6
Friedrich-Wilhelm Henkel: Abb. Seite 2, 8, 124, 125, 142, 150, 164 groß, 168, 173, 175, 181, 185, 187, 198, 204, 106, 210, 215, 222
Vaclav Hottmar: Abb. Seite 155, 156
Gunther Köhler: Abb. Seite 178, 213, 214
Joachim Sameit: Abb. Seite 221
Wolfgang Schmidt: Abb. Seite 10, 126, 127, 130, 132, 133, 134, 136, 138, 139, 141, 144, 145, 146, 147, 149, 151, 152, 159, 160, 161, 164 klein, 166, 171, 177, 183, 190, 191, 194, 200, 203, 209, 217, 225, 226, 227, 228, 230, 231, 232, 234, 235, 237, 238, 240
Robert Schuhmacher: Abb. Seite 196
Heiko Werning: Abb. Seite 201

Zeichnungen
Seite 11, 13 und 94 von Helmut Flubacher nach Vorlagen von Friedrich-Wilhelm Henkel.
Alle übrigen Zeichnungen von Marianne Hoffmann.

Register

Seitenzahlen mit Sternchen verweisen auf Abbildungen

Agamen 11, 13, 14
Agamidae 11
Aggressionsverhalten 38, 39, 41, 70
Akrodontes Gebiß 11
Amblyrhynchus 54, 64, 99, 172
- *cristatus* 6*, 16
Ameisen 99, 100
Amphygonia retardata 55
Analogie 19, 20
Anisolepis 121
Anolinae 11, 12, 120
Anolis 12, 14, 15, 20, 22, 24, 25, 26, 30, 32, 35, 38, 39, 41, 47, 53, 54, 57, 60, 69, 71, 75, 85, 88, 102, 104, 120, 121
- *alutaceus* 121
- *argenteolus* 32, 122*
- *bahorucoensis* 123, 124*
- *bartschi* 121
- *capito* 124, 125*
- *carolinensis* 26, 30, 66, 121
- *chrysolepis* 51, 55
- *cristophei* 126*
- *cupreus dariense* 127*
- *equestris* 12, 121, 128*
- *ferreus* 129, 130*
- *griseus* 121
- *homolechis* 130
- *lineatopus* 33
- *lucius* 32, 35
- *marmoratus alliaceus* 131, 132*
- *marmoratus desiradei* 133*
- *marmoratus girafus* 134*
- *marmoratus speciosus* 135, 136*
- *nebulosus* 41
- *oculatus cabritensis* 137, 138*
- *oculatus montanus* 139*
- *oculatus oculatus* 140, 141*
- *porcatus* 44, 121, 141, 142*, 150*
- *recordi* 121
- *roquet caracoli* 144*
- *roquet extremus* 26
- *roquet majolgris* 145*
- *roquet salinei* 146*, 147
- *roquet zebrilus* 147*
- *sabanus* 148, 149*
- *sagrei* 44, 150*
- *trinitatis* 151*
- *tropidonotus* 55
- *valenciennі* 152*, 153
- *vermiculatus* 35, 51, 58, 95, 121, 153
Aptycholaemus 121
Artenschutz 19, 65
Arterhaltungszucht 45
Augenmimikry 33
Autotomieverhalten 22

Balz 47
Balzverhalten 23, 39, 47, 52
Basiliscinae 11, 12, 162
Basiliscus 22, 53, 162
- *plumifrons* 46, 59, 163, 164*
- *vittatus* 166*
Baumhühnchen 19, 65
Beschädigungskämpfe 43
Brachylophus 172, 173
- *fasciatus* 63, 173*, 174
- *vittiensis* 173
Brutpflegeverhalten 59
Bundesartenschutzverordnung 64

Callisaurus 47, 194, 195
- *draconoides* 23, 195
Chalarodon 188, 189
- *madagascariensis* 189
Chamaeleolis 12, 80, 121, 154
- *barbatus* 155*, 156
- *chamaeleonides* 156*, 157
Chamaeleonidae 11
Chamäleons 11, 19, 20
Chamaelinorops 20
Chromosomen 61
Chuckwalla 37
Cites 64
Conolophus 59, 64, 172
- *subcristatus* 18
Cophosaurus 194, 196
- *texana* 91, 196*
Corythophanes 162, 167
- *cristatus* 24, 167, 168*
- *hernandezi* 169, 170*
Crocodylus acutus 17
Crotaphytus 11, 40, 47, 54, 90, 111, 194, 197
- *bicinctores* 198*
- *collaris* 31, 199, 200*
Ctenoblepharis 218
Ctenosaura 75, 100, 172, 174
- *acanthura* 174
- *clarki* 175*, 176
- *palearis* 176, 177*
- *similis* 48, 178*
Cyclura 16, 18, 19, 44, 63, 172, 173, 180
- *carinata* 180
- *cornuta* 36, 48, 59, 100, 180, 181*
- *recordi* 182

Dipsosaurus 172, 182
- *dorsalis* 100, 182, 183*
Dornenteufel 29
Dracaena quianensis 17
Drohverhalten 23, 40, 41
Drusenkopf 18

Eiablageplätze 18, 40, 57, 58
Eidechsen 11
Eingewöhnung 48, 49
Endoskopie 47
Enyalioides 218
Enyalius 121
Elektrolythaushalt 26
Epidermis 27
Erdchamäleons 20
Evolutionsparallelismus 19, 21

Femoraldrüsen 29
Femoralporen 34, 47, 51
Fortpflanzungszyklus 50
Fortpflanzungsperiode 51
Fluchtdistanz 38
Fluchtverhalten 38
Futtertierzuchten 102

Gambelia 194, 201
- *wislizenii* 201*, 202
Garbesaura 218
Geckos 11, 20, 22, 72, 81
Genetik 45
Geruchssinn 34
Geschlechterausprägung 61
Geschlechtsreife 48
Gitterschwanzleguane 23
Gleichgewichtssinn 35
Gonocephalus godeffroyi 13
Grasanolis 25, 77
Grüner Leguan 38, 39, 43, 49, 53, 54, 57, 58, 65, 81, 106
Gruppenzusammensetzung 92

Haftborsten 25, 26
Haftmechanismus 26
Haftvermögen 20, 25
Haut 27
Häutung 27, 28, 38
Häutungsprobleme 107
Helmleguan 43
Hemipenistasche 46, 47
Holbrookia 34, 47, 194, 195, 203
- *maculata* 31, 203*
Hoplocerus 22, 218
Hormonbestimmung 47
Hybridisierung 60

Iguana 11, 12, 64, 172, 184
- *delicatissima* 10*, 184
- *iguana* 23, 44, 48, 58, 73, 173, 184, 185*
Iguana-AG 45
Iguaninae 11, 12, 172
Imponierverhalten 39, 40, 47
Inkubator 96, 97

Jakobsonsches Organ 33, 34
Jungfernzeugung 60

Kapillarwirkung 15, 29
Kehlsack 31, 35, 52
Kehlwamme 23, 24, 39, 41, 47
Keimruhe 54

Kielschwanzleguan 218
Körperanhänge 23, 41
Körperkämme 23
Komfortverhalten 38
Kommunikationsmittel 23
Kopulation 52, 53
Krallen 21
Krötenechse 20, 29, 30, 43, 99
Krokodilteju 17

Laemanctus 162, 170
– *seratus* 171*
Lebendgebärend 56
Legenot 109
Leiocephalus 76, 218
– *carinatus* 53, 219
– *cubensis* 220*
– *personatus* 221*
– *schreibersii* 222*, 223
Leiosaurus 121
Leistenkrokodil 17
Linsenauge 32
Liolaemus 16, 39, 47, 50, 53, 56, 68, 76, 99, 218, 223
– *altissimus* 224
– *cyanogaster* 224, 225*
– *lemniscatus* 226*
– *leopardinus* 15, 24, 227*
– *monticola* 224
– *nigromaculatus bisignatus* 228*, 229
– *nigromaculatus kuhlmanni* 15, 229, 230*
– *nigroviridis campanae* 231*
– *nigroviridis nigroviridis* 224, 232*
– *nitidus* 233, 234*
– *pictus* 234, 235*
– *platei* 236
Lockstoffe 34

Meeresechse 16, 17, 18, 42*
Milben 108
Moloch horridus 15
Morunasaurus 11, 218

Nackenbiß 53
Nashornleguan 40, 43, 53
Nesthöhle 58, 59, 64
Niedertrampeln 54
Norops 12

Ohr 34
Ophryoessoides 218
Oplurinae 11, 12, 188
Oplurus 188, 190
– *cyclurus* 190*
– *grandidieri* 191*, 192
– *quadrimaculatus* 193, 194*
Oviparie 56
Ovoviviparie 56
Oxytocin 109

Parietalauge 33
Parthenogenese 60
Partnerbindung 51
Petrosaurus 47, 194, 204
– *thalassinus* 204*, 205
Pflanzliche Nahrung 50, 100, 101, 102
Pheromone 51
Phenacosaurus 23, 121
Phrynosoma 26, 30, 56, 64, 194, 205
– *cornutum* 29, 43, 206
– *coronatum* 43, 99, 206
– *blainvillei* 64
– *platyrhinos* 15, 99, 206*, 207
– *solare* 43, 206
Phymaturus 218, 236
– *palluma* 236, 237*
Pleurodontes Gebiß 11
Plica 218, 237
– *plica* 15, 238*
– *umbra* 239
Polychroides 121
Polychrus 23, 121, 158
– *marmoratus* 19, 32, 158, 159*
Pristidactylus 159
– *torquatus* 159, 160*
– *valeriae* 161*
Proctotretus 218

Quarantäne 105, 106

Rachitis 108
Rain-harvesting 15, 29
Regenwasserernte 15, 29
Revierverhalten 40

Salzdrüsen 26
Sandfisch 20
Sator 194
Saumfinger 120
Sauromalus 172, 186
– *obesus* 37, 54, 187*
– *varius* 63, 187
Scheitelauge 33
Schlange 43
Schleichen 11
Schuppen 15, 18, 21, 27, 28, 47
Schuppenkleid 28
Schwanz 22, 23
Schwanzwedeln 23
Sceloporinae 11, 12, 28
Sceloporus 47, 53, 54, 56, 67, 194, 208
– *chrysostictus* 61
– *cyanogenes* 208, 209*
– *graciosus* 210
– *jarrovi* 61
– *magister* 15
– *malachiticus* 210*, 211
– *occidentales* 212
– *orcutti* 212
– *undulatus* 55, 213*
– *variabilis* 214*
Scincus 21
Sexuelle Duftstoffe 51
Sexuelle Mimikry 43
Sexuelle Synchronisation 50
Signalorgane 24
Skelett 20
Skinke 11
Sondieren 47
Sonnenbrille 32
Sozialverhalten 40
Spermaspeicherung 55
Squamata 12
Steinmimese 26
Stenocerus 218
Strobilurus 218
Stimmfähigkeit 34, 35
Systematik 11

TAGA 61, 62, 97
Tarnung 31
Temperaturregelung 36
Thermoregulation 111
Tropidurinae 11, 12
Tropidurus 52, 218, 239
– *delanonis* 43
– *melanopleurus pictus* 239
– *torquatus* 240*, 241
Tropidodactylus 121
Turnierkampf 23, 43

Umgebungstemperatur 35
Uma 21, 194
– *notata* 21
Uracentron 22, 218
Uranoscodon 218
Urosaurus 194, 215
– *ornatus* 215*
Uta 53, 99, 194, 216
– *stansburiana* 216, 217*
UV-Strahlung 33, 117

Vergesellschaftung 52
Verletzung 108
Verteidigungsverhalten 24, 43
Vorratsbefruchtung 51, 55
Washingtoner Artenschutzabkommen (WA) 63, 180
Wasseranolis 51
Wechselwarme Tiere 35
Winterruhe 36, 50, 90
Wüstenteufel 20

Xiphicercus 23

Zahmheit 38, 81
Zecken 108
Zeitigung 96
Zungenbein 24*